D1690586

Pester
Explosionsschutz elektrischer Anlagen

Fragen und Antworten zur Planung, Errichtung und Instandhaltung

Bibliothek Gebäudetechnik
Elektroplanung, Elektroinstallation

Johannes Pester

Explosionsschutz elektrischer Anlagen

Fragen und Antworten zur Planung, Errichtung und Instandhaltung

Verlag Technik Berlin · VDE-VERLAG GMBH Berlin · Offenbach

Warennamen werden in diesem Buch ohne Gewährleistung der freien Verwendbarkeit benutzt. Texte, Abbildungen und technische Angaben wurden sorgfältig erarbeitet. Trotzdem sind Fehler nicht völlig auszuschließen. Verlag und Autor können für fehlerhafte Angaben und deren Folgen weder eine juristische Verantwortung noch irgendeine Haftung übernehmen.

Die Deutsche Bibliothek – CIP-Einheitsaufnahme

Pester, Johannes:
Explosionsschutz elektrischer Anlagen: Fragen und Antworten zur Planung, Errichtung und Instandhaltung / Johannes Pester. – 1. Aufl. – Berlin : Verl. Technik; Berlin ; Offenbach : VDE-Verl., 1998
  (Bibliothek Gebäudetechnik : Elektroinstallation, -planung)
  ISBN 3-341-01174-9 (Verl. Technik)
  ISBN 3-8007-2383-2 (VDE-Verl.)

ISSN 1435-6740 (Verlag Technik)
ISBN 3-341-01174-9 (Verlag Technik)

ISBN 3-8007-2383-2 (VDE-VERLAG)

1. Auflage
© Verlag Technik GmbH, Berlin 1998
VT 2/7068-1
Printed in Germany
Gestaltung, Reproduktion und Satz: huss GmbH Berlin, Hill & Partner GbR, Berlin
Druck und Buchbinderei: Druckhaus „Thomas Müntzer" GmbH, Bad Langensalza
Einbandgestaltung: Gabriele Schwesinger

Vorwort

Elektrischer Explosionsschutz in Frage und Antwort, was soll das bringen? Das ist doch kein Thema für alle. Damit befaßt man sich, wenn es irgendwann einmal gefragt sein sollte. Aber wer weiß heute, ob das nicht morgen schon sein kann. Vielleicht deshalb, weil man als Elektrofachkraft oder als Sicherheitsfachkraft zeigen muß, daß man sein Fachgebiet rundum beherrscht, oder weil ein lukrativer Auftrag nicht der Konkurrenz anheim fallen soll.
Und wieso gerade jetzt, wo sich aus europäischem Anlaß vieles ändert? Es ist doch noch manches in Bewegung. Eben deshalb! Neue rechtliche Grundlagen haben das Ordnungssystem des Explosionsschutzes umfassend renoviert. In der Übergangszeit bis zum Jahr 2003 wird sich das gesamte Regelwerk darauf einstellen. Der gleitende Übergang auf neu geordnete Rechtsgrundsätze verläuft auf zwei Gleisen, dem alten und dem neuen, aber nicht immer konsequent und in logischer Folge. Was sich naturgemäß nicht verändert, das sind die technisch-physikalischen Grundsätze des Explosionsschutzes. Darauf kommt es vor allem an, wenn im Nebeneinander von alt und neu der Durchblick nicht verloren gehen soll.
Glaubt man der Statistik, so waren Explosionen in den letzten Jahren nur zu 5 % an den Schadensursachen beteiligt, elektrische Einrichtungen dagegen zu 13 %. Wieviel davon auf das Konto elektrischer Anlagen in explosionsgefährdeten Bereichen geht, verschweigt die Statistik. Oft sind nicht technische Mängel die Ursache für Schadensereignisse, sondern subjektives Unvermögen.
Nach amtlichen Ermittlungen hat der Informationsbedarf zur Anlagensicherheit erheblich zugenommen, besonders in mittleren und kleineren Betrieben. Wie weit hat sich die betriebliche Realität schon entfernt vom rapiden Wachstum an Rechtsnormen und Regelwerken?
Meinungsunterschiede zur Explosionssicherheit kann man künftig nicht mehr wie bisher anhand einer technischen Norm bereinigen. Auch andere Lösungen sind rechtens, wenn sie den Grundsätzen der Explosionsschutzverordnung entsprechen. Darüber entscheiden letztlich der Sachverstand des Fachmannes und der Stand der Technik.
Wer als Elektrofachkraft für explosionsgefährdete Betriebsstätten Verantwortung zu übernehmen hat, ob als Planer, Errichter oder in der Instandhaltung, braucht kritischen Sachverstand mehr als bisher. Dazu muß man sich auskennen in den Methoden und Maßnahmen des Explosionsschutzes. Man muß sich mit den neuen Rechtsnormen und technischen Normen vertraut machen, und man muß auch in der Lage sein, eigene Kompetenz richtig einzuordnen. Dazu will dieses Buch mit prakti-

schen Hinweisen beitragen. Kritik wird gern entgegen genommen, wenn sie dazu beiträgt, das Buch zu verbessern.

Besonderer Dank gilt den Fachkollegen im VDE-Arbeitskreis Elektrische Anlagen in explosionsgefährdeten Betriebsstätten und bei der DKE für die hilfreichen Gedanken, auch dem Herausgeber der Elektropraktiker-Bibliothek Herrn Heinz Senkbeil für die ermutigende Unterstützung, und dem Verlag, dessen Geduld und Verständnis es möglich machten, das Buch in dieser Form fertigzustellen.

Nicht zuletzt sei allen Firmen und Personen, die im Bildquellennachweis genannt sind, gedankt für das Überlassen von Fotos und Bildmaterial.

Johannes Pester

Inhalts- und Fragenverzeichnis

1	Zur Arbeit mit dem Buch	15
2	Rechtsgrundlagen und Normen	19
Frage 2.1	Welche Rechtsvorschriften sind wichtig für den Explosionsschutz elektrischer Anlagen?	19
Frage 2.2	Was hat sich in den Rechtsvorschriften des Explosionsschutzes seit 1996 wesentlich geändert?	22
Frage 2.3	Was enthält die **EXVO** und an wen wendet sie sich?	22
Frage 2.3.1	Ist nun für den gerätetechnischen Explosionsschutz nur noch die EXVO maßgebend?	23
Frage 2.3.2	Regelt die EXVO nun auch die Einteilung explosionsgefährdeter Bereiche in Zonen?	26
Frage 2.3.3	Woran erkennt man, daß ein Betriebsmittel der EXVO entspricht?	27
Frage 2.3.4	Ist die CE-Kennzeichnung ein Beleg für geprüften Explosionsschutz?	28
Frage 2.3.5	Gilt die EXVO auch für Importe?	28
Frage 2.3.6	Wo läßt die EXVO Abweichungen zu?	29
Frage 2.3.7	Was ist der Unterschied zwischen einer Konformitätsbescheinigung und einer Konformitätserklärung?	29
Frage 2.4	Was enthält die **ElexV** und an wen wendet sie sich?	**30**
Frage 2.4.1	Zum Anwendungsbereich der ElexV (§ 1): Gilt die neue ElexV auch für das Errichten?	35
Frage 2.4.2	Zu den Begriffsbestimmungen der neuen ElexV (§ 2): Was ändert sich wesentlich durch neue Begriffe?	36
Frage 2.4.3	Was ändert sich mit der Zonen-Einstufung der explosionsgefährdeten Bereiche (§ 2)?	37
Frage 2.4.4	Was ändert sich in Verbindung mit den Arten der Explosionsgefahren?	38
Frage 2.4.5	Zum Maßstab „Stand der Technik" (§ 3): Gibt es im Explosionsschutz noch anerkannte und verbindliche Regeln der Technik?	38
Frage 2.4.6	Zur Erlaubnis von nicht baumustergeprüften Geräten (§ 11): Wo kann auf Ex-Betriebsmittel verzichtet werden?	40
Frage 2.4.7	Zum Nachweis der ordnungsgemäßen Errichtung (§ 12): Darf die Erst-Inbetriebnahme auch ohne Prüfung erfolgen?	41
Frage 2.4.8	Zum Wegfall der Beschaffenheitsforderungen im Anhang der ElexV: Sind diese Sicherheitsgrundätze aufgehoben?	41
Frage 2.5	Gelten die neuen Rechtsvorschriften bedingungslos ab sofort?	41
Frage 2.6	Wie gestaltet sich die Anwendungspraxis im Übergangszeitraum der EXVO?	42
Frage 2.7	Was enthält die UVV VBG 1 zum elektrischen Explosionsschutz und an wen wendet sie sich?	43

Frage 2.8	Welche Technischen Regeln sind wichtig für Ex-Elektroanlagen?	44
Frage 2.9	Wer darf die Elektroanlagen explosionsgefährdeter Betriebsstätten planen, errichten, ändern oder instandhalten?	47

3	**Verantwortung für die Explosionssicherheit**	**48**
Frage 3.1	Wer hat den betrieblichen Explosionsschutz insgesamt zu verantworten?	48
Frage 3.2	Wer hat Verantwortung für den elektrischen Explosionsschutz?	48
Frage 3.3	Welche hauptsächlichen Pflichten verbinden sich mit der Verantwortung für eine explosionsgefährdete Betriebsstätte?	49
Frage 3.4	Welche Pflichten des Betreibers spricht die ElexV besonders an?	49
Frage 3.5	Welche Verantwortung tragen die Auftragnehmer für den Explosionsschutz betrieblicher Anlagen?	50
Frage 3.6	Nimmt das Anwenden von anerkannten Regeln der Technik weitere Verantwortung ab?	50
Frage 3.7	Wofür sind Elektroauftragnehmer grundsätzlich nicht verantwortlich?	51
Frage 3.8	Welche Verhaltensweise wird von einer Elektrofachkraft erwartet, wenn Arbeiten in einem Ex-Bereich durchzuführen sind?	52

4	**Ursachen und Arten von Explosionsgefahren, explosionsgefährdete Bereiche**	**53**
Frage 4.1	Wie kommen Explosionsgefahren zustande?	53
Frage 4.2	Welche Arten von Explosionsgefahren gibt es?	55
Frage 4.3	Was ist gefährliche explosionsfähige Atmosphäre?	56
Frage 4.4	Was ist ein explosionsgefährdeter Bereich?	56
Frage 4.5	Wozu dient die Einteilung in „Zonen"?	58
Frage 4.6	Was geschieht bei mehreren Arten von Gefahren?	59
Frage 4.7	Wie beeinflußt das Vorhandensein von Zündquellen die Explosionsgefahr?	60
Frage 4.8	Welche Bedeutung haben die Zündquellen für den Explosionsschutz?	61
Frage 4.9	Wo findet man verbindliche Angaben über explosionsgefährdete Bereiche?	63
Frage 4.10	Was versteht man unter „integrierter Explosionssicherheit"?	64
Frage 4.11	Was bedeutet „primärer Explosionsschutz"?	65
Frage 4.12	Was sind sicherheitstechnische Kennzahlen?	66
Frage 4.13	Wie kann eine Elektrofachkraft Explosionsgefahren verhindern?	69

5	**Hinweise zur Planung und zur Auftragsannahme**	**71**
Frage 5.1	Weshalb müssen sich die Vertragspartner im Explosionsschutz abstimmen?	71
Frage 5.2	Welche Vorgaben sind unbedingt nötig?	72
Frage 5.3	Was sollte grundsätzlich schriftlich vereinbart werden?	73

Inhalt 9

Frage 5.3.1	Handelt es sich zweifelsfrei um eine explosionsgefährdete Betriebsstätte?................74	
Frage 5.3.2	Welche Dokumente mit Angaben zur Explosionsgefahr kann man grundsätzlich anerkennen?..75	
Frage 5.3.3	Sind die erforderlichen Vorgaben zur Auswahl der Schutzmaßnahmen auch ausreichend dokumentiert?...76	
Frage 5.3.4	Gibt es spezifische sicherheitsgerichtete Forderungen des Betreibers?............78	
Frage 5.3.5	Bestehen spezielle Festlegungen von behördlichen Stellen?..........................78	
Frage 5.3.6	Bestehen Einflüsse durch Bestandsschutz oder durch außerstaatliches Recht?....79	
Frage 5.4	Welche Folgen hat ein Explosionsschutz „auf Verdacht"?........................80	
Frage 5.5	Wie kann man den Auftraggeber unterstützen, um die erforderlichen Vorgaben zu erhalten?..80	
Frage 5.6	Sind Ex-Elektroanlagen meldepflichtig?...81	

6 Merkmale und Gruppierungen elektrischer Betriebsmittel im Explosionsschutz 83

Frage 6.1	Wozu dienen die Gruppierungen des Explosionsschutzes?........................83
Frage 6.2	Welche Arten explosionsgeschützter Betriebsmittel sind hauptsächlich zu unterscheiden?..83
Frage 6.3	Was versteht man unter einer Gerätegruppe?..86
Frage 6.4	Was versteht man unter einer Gerätekategorie?......................................86
Frage 6.5	Was versteht man unter einer Explosionsgruppe?....................................87
Frage 6.6	Was versteht man unter einer Temperaturklasse?....................................89
Frage 6.7	Was ist ein zugehöriges Betriebsmittel?...90
Frage 6.8	Was sind Komponenten?...91
Frage 6.9	Was versteht man unter einem Schutzsystem?......................................91
Frage 6.10	Schließen höhere Gruppierungen die niedrigeren ein?.............................92

7 Zündschutzarten..93

Frage 7.1	Was versteht man unter einer Zündschutzart?.......................................93
Frage 7.2	Welche physikalischen Prinzipien liegen den Zündschutzarten zugrunde?..93
Frage 7.3	Welche Zündschutzarten sind genormt?..94
Frage 7.4	Bei welchen Zündschutzarten gibt es interne Gruppierungen?...................97
Frage 7.5	Sind die Zündschutzarten gleichwertig?...97
Frage 7.6	Wovon ist die Auswahl einer Zündschutzart abhängig?...........................98
Frage 7.7	Was ist bei Betriebsmitteln mit mehreren Zündschutzarten zu beachten?..99
Frage 7.8	Welche Zündschutzarten erfordern anlagetechnische Maßnahmen?.........99
Frage 7.9	Gilt allein die Angabe „geeignet für Zone 2" auch als genormte Zündschutzart?..100
Frage 7.10	Was hat es auf sich mit der Zündschutzart „n"?....................................101
Frage 7.11	Welchen Einfluß haben die IP-Schutzarten?...101

8	**Kennzeichnungen im Explosionsschutz**	**103**
Frage 8.1	Welche Symbole kennzeichnen den Explosionsschutz elektrischer Betriebsmittel?	103
Frage 8.2	Woran kann man ein explosionsgeschützes Betriebsmittel sofort erkennen?	105
Frage 8.3	Wie sind die Kennzeichen-Symbole angeordnet?	107
Frage 8.4	Welche Besonderheiten sind bei der Kennzeichnung zu beachten?	108
Frage 8.5	Wer ist für die Kennzeichnung verantwortlich?	110
Frage 8.6	Was ist ein „Prüfschein"?	111
Frage 8.7	Was sagt die Nummer des Prüfscheins?	112
Frage 8.8	Was bedeuten die Buchstaben in der Prüfschein-Nummer?	113
Frage 8.9	Woran ist die Prüfstelle zu erkennen?	113
Frage 8.10	Was bedeuten die Kennbuchstaben IECEx?	114
Frage 8.11	Wie ist eine Ex-Betriebsstätte gekennzeichnet?	114
9	**Grundsätze für die Betriebsmittelauswahl im Explosionsschutz**	**116**
Frage 9.1	Welche Vorgaben braucht man zur Auswahl von Betriebsmitteln für Ex-Bereiche?	116
Frage 9.2	Welchen Einfluß haben die Umgebungsbedingungen auf den Explosionsschutz?	116
Frage 9.3	Was entnimmt man aus der Betriebsanleitung?	118
Frage 9.4	Ist die Funktionssicherheit besonders zu berücksichtigen?	119
Frage 9.5	Was ist mit Betriebsmitteln älteren Datums?	120
Frage 9.6	Macht ein Schutzschrank Ex-Betriebsmittel vermeidbar?	121
Frage 9.7	Müssen es immer „Ex-Betriebsmittel" sein?	122
Frage 9.8	Welchen Einfluß haben die „atmosphärischen Bedingungen"?	122
Frage 9.9	Was verlangt die Instandhaltung?	123
Frage 9.10	Wie wirkt sich die „Zone" auf die Wahl der Betriebsmittel aus?	124
10	**Einfluß des Explosionsschutzes auf die Gestaltung elektrischer Anlagen**	**127**
Frage 10.1	Weshalb sollen in Ex-Bereichen nur unbedingt erforderliche Betriebsmittel vorhanden sein?	127
Frage 10.2	Wie müssen elektrische Anlagen in Ex-Betriebsstätten grundsätzlich beschaffen sein?	127
Frage 10.3	Hat die Art der Explosionsgefahr Einfluß auf die anlagetechnische Gestaltung?	130
Frage 10.4	Wonach richtet sich die Konzeption der Energieversorgung für Ex-Bereiche?	130
Frage 10.5	Was ist für die Wahl des Standorts von Zentralen zu beachten?	132
Frage 10.6	Ist es zweckmäßig, Schalt- und Verteilungsanlagen frei im Ex-Bereich zu stationieren?	133
Frage 10.7	Was ist bei Schutz- und Überwachungseinrichtungen zu beachten?	136

Inhalt 11

Frage 10.8 Welche Grundsätze gelten für die Ausschaltbarkeit im Gefahrenfall?.....136
Frage 10.9 Wer bestimmt, welche Stromkreise nicht in die Notausschaltung einbezogen werden dürfen? 138
Frage 10.10 Muß für die Ausschaltung von Betriebsmitteln im Gefahrenfall unbedingt ein spezielles Betätigungsorgan vorhanden sein?.................138
Frage 10.11 Wie beeinflußt der Explosionsschutz die Auswahl von Bussystemen? ..138
Frage 10.12 Muß der anlagetechnische Explosionsschutz auch außergewöhnliche Vorkommnisse berücksichtigen? 142

11 Einfluß der Schutzmaßnahmen gegen elektrischen Schlag.............144

Frage 11.1 Gibt es Schutzmaßnahmen gegen elektrischen Schlag, die Zündgefahren durch Fehlerströme sicher verhindern? 144
Frage 11.2 Wie begünstigen die Schutzmaßnahmen gegen elektrischen Schlag den Explosionsschutz?...............144
Frage 11.3 Welche Schutzmaßnahmen gegen elektrischen Schlag dürfen in Ex-Anlagen angewendet werden? 146
Frage 11.4 Wo kann man auch unter Fehlerbedingungen auf Schutzmaßnahmen gegen elektrischen Schlag verzichten?...............147
Frage 11.5 Muß der Neutralleiter gemeinsam mit den Außenleitern geschaltet werden? 147
Frage 11.6 Dürfen Schutzleiter auch separat und blank verlegt werden? 148
Frage 11.7 Was ist beim Potentialausgleich zusätzlich zu beachten?...............148

12 Kabel und Leitungen 149

Frage 12.1 Stellt der Explosionsschutz Bedingungen an das Material der Leiter, der Isolierung oder der Ummantelung?...............149
Frage 12.2 Welche Installationsart ist zu bevorzugen? 151
Frage 12.3 Was gilt für Kabel und Leitungen speziell für die Zonen 0 und 10 bzw. 20? 153
Frage 12.4 Wie müssen Durchführungen durch Wände und Decken beschaffen sein?...............153
Frage 12.5 Ist das Verlegen unter Putz erlaubt?...............154
Frage 12.6 Was ist für die Einführungen von Kabeln und Leitungen in Gehäuse besonders zu beachten?...............155
Frage 12.7 Welche Leiterverbindungen sind zulässig? 158
Frage 12.8 Wie ist mit den Enden von nicht belegten Adern zu verfahren? 159
Frage 12.9 Wie müssen ortsveränderliche Betriebsmittel angeschlossen werden?....160
Frage 12.10 Was gilt für Kabel und Leitungen in eigensicheren Stromkreisen? 160
Frage 12.11 Was ist bei Heizleitungen zu beachten?...............161

13 Leuchten und Lampen ... 164

Frage 13.1 Müssen Leuchten für Ex-Bereiche immer ein robustes Metallgehäuse haben? ... 164
Frage 13.2 Welchen Einfluß hat die Zonen-Einstufung der Ex-Bereiche auf die Leuchtenauswahl? ... 165
Frage 13.3 Welchen Einfluß haben die Temperaturklassen T1 bis T6 auf die Leuchtenauswahl? ... 165
Frage 13.4 Was muß bei der Lampenauswahl für Leuchten in Ex-Bereichen immer beachtet werden? ... 167
Frage 13.5 Was ist bei Glühlampen unter Ex-Bedingungen besonders zu beachten? ... 168
Frage 13.6 Welche zusätzlichen Bedingungen bestehen in Ex-Bereichen für Leuchtstofflampen? ... 168
Frage 13.7 Welche Natriumdampflampen sind verboten und warum? ... 169
Frage 13.8 Darf man an Leuchten für Ex-Bereiche Änderungen vornehmen? ... 169

14 Elektromotoren ... 170

Frage 14.1 Welche Besonderheiten bringt der Explosionsschutz für die unterschiedlichen Arten von Elektromotoren mit sich? ... 170
Frage 14.2 Welchen Einfluß hat die Zonen-Einteilung der Ex-Bereiche auf die Eignung von Elektromotoren? ... 171
Frage 14.3 Welche Unterschiede für den Motorschutz ergeben sich aus der Zündschutzart? ... 172
Frage 14.4 Unter welchen Voraussetzungen darf ein Motor nur mit einer speziell angepaßten Schutzeinrichtung betrieben werden? ... 172
Frage 14.5 Auf welche Bemessungsdaten kommt es bei Motoren der Zündschutzart „e" besonders an? ... 174
Frage 14.6 Was gilt bei Motoren im elektrischen Explosionsschutz als „schwerer Anlauf"? ... 176
Frage 14.7 Was ist bei Motoren mit variablen Drehzahlen zu beachten? ... 176
Frage 14.8 Was ist in Verbindung mit der neuen Normspannung 400 V prinzipiell zu beachten? ... 177

15 Eigensichere Anlagen ... 179

Frage 15.1 Was hat man unter einer eigensicheren Anlage zu verstehen? ... 179
Frage 15.2 Was sind die wesentlichen Besonderheiten eigensicherer Stromkreise? ... 179
Frage 15.3 Welche Forderungen bestehen für das Errichten eigensicherer Stromkreise? ... 180
Frage 15.4 Welchen Einfluß hat die Zoneneinteilung auf die Auswahl von Betriebsmitteln für eigensichere Stromkreise? ... 181
Frage 15.5 Welche Arten elektrischer Betriebsmittel können zu einem eigensicheren Stromkreis gehören? ... 182

Frage 15.6	Welche Bedingungen müssen grundsätzlich erfüllt werden, um die Eigensicherheit zu gewährleisten?	183
Frage 15.7	Welche elektrischen Grenzwerte sind bei eigensicheren Stromkreisen besonders wichtig?	184
Frage 15.8	Welche elektrischen Betriebsmittel normaler Bauart darf ein eigensicherer Stromkreis enthalten?	185
Frage 15.9	Wodurch unterscheidet sich eine Sicherheitsbarriere von einem Potentialtrenner?	186
Frage 15.10	Was ist ein „eigensicheres System"?	187

16 Überdruckgekapselte Anlagen ... **190**

Frage 16.1	Was hat man unter einer überdruckgekapselten Anlage zu verstehen?	190
Frage 16.2	Warum muß bei p-Anlagen nach der Ursache der Explosionsgefahr besonders gefragt werden?	192
Frage 16.3	Auf welche Art kann die Überdruckkapselung elektrischer Betriebsmittel ausgeführt sein?	193
Frage 16.4	Was ist ein Zündschutzgas und welche Bedingungen muß es erfüllen?	195
Frage 16.5	Was versteht man unter einem Containment-System?	196
Frage 16.6	Welche Grundsätze gelten für die Beschaffenheit überdruckgekapselter Anlagen mit p-Betriebsmitteln?	196
Frage 16.7	Welche Grundsätze gelten für den Explosionsschutz von Räumen durch Überdruckbelüftung?	198
Frage 16.8	Was ist eine vereinfachte Überdruckkapselung und wofür verwendet man sie?	200
Frage 16.9	Welchen Einfluß hat die Zoneneinteilung auf die Auswahl von Betriebsmitteln von überdruckgekapselten Anlagen?	200
Frage 16.10	Kann der Elektrofachmann eine überdruckgekapselte Anlage selbständig planen und errichten?	201

17 Staubexplosionsgeschützte Anlagen ... **202**

Frage 17.1	Wodurch unterscheidet sich der Staubexplosionsschutz wesentlich vom Gasexplosionsschutz?	202
Frage 17.2	Welchen Einfluß hat die Zoneneinteilung auf die Betriebsmittelauswahl für staubexplosionsgefährdete Bereiche?	203
Frage 17.3	Was ist zu beachten, wenn Betriebsstätten nach der neuen Zonen-Einstufung errichtet werden sollen?	205
Frage 17.4	Wo stellt der Staubexplosionsschutz besondere Anforderungen an die Betriebsmittel?	207
Frage 17.5	Dürfen Betriebsmittel mit Zündschutzarten wie „d" oder „e" auch bei Staubexplosionsgefahr verwendet werden?	208
Frage 17.6	Was ist bei einer Installation in Bereichen mit Staubexplosionsgefahr besonders zu beachten?	209

18	**Ergänzende Maßnahmen und Mittel des elektrischen Explosionsschutzes**	**211**
Frage 18.1	Welche grundsätzlichen Bedingungen stellt der Blitzschutz?	211
Frage 18.2	Was gilt für den Schutz gegen elektrotstatische Entladungen?	212
Frage 18.3	Welche Bedingungen stellt der Explosionsschutz an elektrische Heizanlagen?	214
Frage 18.4	Was ist für den kathodischen Korrosionsschutz zu beachten?	217
Frage 18.5	Wo können versteckte Zündgefahren vorliegen und wie begegnet man solchen Gefahren?	218
19	**Hinweise für das Betreiben und Instandhalten explosionsgeschützter Anlagen**	**221**
Frage 19.1	Welche normativen Festlegungen sind für das Betreiben von Elektroanlagen in explosionsgefährdeten Betriebsstätten besonders zu beachten?	221
Frage 19.2	Sind Arbeiten an elektrischen Anlagen unter Ex-Bedingungen als „gefährliche Arbeiten" im Sinne der UVV VBG 1 zu betrachten?	224
Frage 19.3	Unter welchen Voraussetzungen kann die regelmäßige Prüfung einer explosionsgeschützten Elektroanlage entfallen?	225
Frage 19.4	Welchen Einfluß hat die Zoneneinstufung auf die Instandhaltung?	226
Frage 19.5	Für welche Arbeiten im Ex-Bereich muß ein Erlaubnisschein vorliegen?	228
Frage 19.6	Muß man in explosionsgefährdeten Bereichen besonderes Werkzeug verwenden?	229
Frage 19.7	Darf die Instandhaltung in explosionsgefährdeten Bereichen auch von Hilfskräften vorgenommen werden?	231
Frage 19.8	Welche Forderungen bestehen für den Nachweis durchgeführter Prüfungen und Instandsetzungen?	233
Frage 19.9	Was ist bei der Instandsetzung elektrischer Betriebsmittel für explosionsgefährdete Bereiche zu beachten?	235
Frage 19.10	Worauf ist beim Umgang mit Brenngasen besonders zu achten?	236
Frage 19.11	Dürfen Anlagen, die nach DDR-Recht errichtet worden sind, noch betrieben werden?	237
Literaturverzeichnis, Normen zur ElexV		**239**
A	Literaturverzeichnis	239
	1 Rechtsgrundlagen	*239*
	1.1 Zum „neuen Recht"	*239*
	1.2 Literatur zum neuen Recht	*240*
	2 Weitere Rechtsnormen („altes Recht")	*241*
	3 Ergänzende Literatur zu den Abschnitten 2 bis 19	*242*
B	Veröffentlichte Normen zur ElexV	250
Sachwörterverzechnis		**253**

1 Zur Arbeit mit dem Buch

Das Buch führt in Frage und Antwort durch die wesentlichen Sachgebiete des Explosionsschutzes elektrischer Anlagen in der Industrie.
Besonders eingegangen wird

– auf den seit 1996 stattfindenden Übergang zu neuen Rechtsgrundsätzen mit der Trennung in zwei Teilbereiche: einerseits die Beschaffenheit elektrischer Betriebsmittel, die auf dem europäischen Markt in Verkehr gebracht werden, und andererseits das Betreiben elektrischer Anlagen
– auf den aktuellen Stand der Normen für das Errichten und Betreiben elektrischer Anlagen in explosionsgefährdeten Bereichen, wobei, soweit vertretbar, auch neue Entwürfe einbezogen worden sind
– auf Fragen zur Anwendungspraxis des Normenwerkes
– auf die Belange der Elektrofachkräfte als Auftragnehmer, wenn es darum geht, die fachlichen Voraussetzungen zu klären, um Rechtssicherheit zu erreichen und Verantwortung zu tragen.

Maßgeblich für die Themenauswahl waren Fragen auf Fachveranstaltungen und Diskussionen in den Fachgremien.
Nicht unmittelbar einbezogen sind der Explosionsschutz im Bergbau unter Tage, im Off-shore-Bereich und in der Medizintechnik.
Als Band der Bibliothek Gebäudetechnik steht das Buch in auch in enger Beziehung zur Elektropraktiker-Bibliothek. Was dort schon ausführlich dargestellt ist, wird einbezogen, aber nicht wiederholt. Das gilt besonders für die Fachbereiche

– „Brandschutz in der Elektroinstallation" und
– „Elektrische Heizleitungen, Bauarten, Einsatz und Verarbeitung"
 (allgemeingültige Aussagen).

Die DIN VDE 0165 hat im Normenwerk für elektrische Anlagen in explosionsgefährdeten Bereichen eine zentrale Position. Kurz bevor dieses Buch zum Druck ging, wurde eine neue europäisch formulierte Fassung (August 1998) als Teil 1 herausgegeben. Das Titelblatt trägt einen Vermerk, wonach damit die Ausgabe Februar 1991 für den Sachinhalt Gasexplosionsschutz teilweise ersetzt werden soll.
Aus mehreren Gründen wurde die neue DIN EN 60079-14 VDE 0165 Teil 1 (08.98) hier nicht maßgebend eingearbeitet, denn sie ist

- bisher nicht europäisch harmonisiert,
- nicht absolut konform zur gesetzlichen Grundlage (ElexV) und
- stellenweise nicht mit dem bisherigen Sicherheitsniveau vergleichbar.

Es gibt noch zu viele Fragen, mit denen die neuen Norm den Anwender im Übergang auf das neue Recht allein läßt. Deshalb eignet sie sich jetzt noch nicht, die Fassung 02.91 für den Gasexplosionsschutz pauschal zu ersetzen. Im Februar 1998 wurde die bisherige DIN VDE 0165 (02.91) erneut staatlich bezeichnet als technische Norm zur ElexV. Damit bleibt die bisherige Fassung 02.91 vorserst weiterhin der behördlich anzuwendende Maßstab. Dennoch ist die neue Norm nicht einfach beiseite geblieben, sondern mit bedacht worden, soweit es dem Verfasser als sinnvoll erschien.

Daß in diesem Rahmen die Ausführlichkeit der Spezialliteratur nicht erreichbar ist, wird der Leser verstehen. Auf die sonst üblichen Literaturangaben in [ ] wurde verzichtet, damit nicht immer wieder die gleichen Bezüge auftauchen. Am Ende des Buches schließt sich ein Literaturverzeichnis an, das die wesentlichen Literaturquellen voranstellt und danach zu jedem Abschnitt die spezielle Literatur angibt. Auch ein Verzeichnis der wichtigsten Normen ist dort zu finden.

Zum Leidwesen vieler bedient sich nicht nur die Fachsprache zahlreicher Abkürzungen und Buchstabensymbole. Die **Tafel 1.1** entschlüsselt solche Kurzformen.

Tafel 1.1 Abkürzungen und Kurzzeichen in Verbindung mit dem Explosionsschutz

Abkürzung	Bedeutung
AcetV	Acetylenverordnung
AI, AII, B	Gefahrklasse brennbarer Flüssigkeiten (Verordnung über brennbare Flüssigkeiten – VbF mit TRbF)
A1 (A2 usw.)	Änderung einer Norm mit lfd. Nr.
ArbSchG	Arbeitsschutzgesetz
ArbStättV	Arbeitsstättenverordnung
ASR	Arbeitsstättenrichtlinien
ATEX 100a, 118a	Artikel zum Explosionsschutz aus dem EWG-Grundlagenvertrag
AVV	Allgemeine Verwaltungsvorschrift zu einer Rechtsnorm, z.B. zur ElexV (AVV ElexV)
BAGUV	Bundesverband der Unfallversicherungsträger der öffentlichen Hand
BAM	Bundesanstalt für Materialforschung und -prüfung, Berlin
BABl.	Bundesarbeitsblatt (Zeitschrift)
BG	Berufsgenossenschaft (andere Bedeutung für BG früher in der DDR: Brandgefährdungsgrade BG 1 bis BG 5, TGL 30042)
BGBl.	Bundesgesetzblatt
BMA	Bundesministerium für Arbeit und Sozialordnung
BVS	Bergbau-Versuchsstrecke Dortmund-Derne (in der DMT)
DIS	Entwurf einer IEC-Norm (Schlußentwurf)
DQS	Deutsche Gesellschaft zur Zertifizierung von Managementsystemen
Draft	Kennzeichnung eines IEC-Normentwurfes (vor dem DIS-Stadium)
CE	europäisches Konformitätskennzeichen
CEN	Europäisches Komitee für Normung
CENELEC	Europäisches Komitee für Elektrotechnische Normung
ChemG	Chemikaliengesetz
D	Kennbuchstabe für Betriebsmittel mit Staubexplosionsschutz (neu, Richtlinie 94/9/EG)
DKE	Deutsche Elektrotechnische Kommission im DIN und VDE (Mitglied in IEC und CENELEC)
DMT	DMT-Gesellschaft für Forschung und Prüfung, Essen
DruckbehV	Druckbehälterverordnung
DVGW	Deutscher Verein des Gas- und Wasserfaches e.V.
e.A.	explosionsfähige Atmosphäre
e, d, i, m, n, o, p, n	Kurzzeichen für genormte Ex-Zündschutzarten elektrischer Betriebsmittel
EMR	Fachgebiet Elektro-, Meß- und Regelungstechnik
Ex	Kennzeichen für den Explosionsschutz elektrischer Betriebsmittel (ausgenommen EEx-Betriebsmittel); auch verwendet als allgemeine Abkürzung für Explosionsgefahr (z.B. Ex-Raum, Ex-Zone)
EEx	Kennzeichen für elektrischen Explosionsschutz nach Europäischen Normen (EN)
EG 1 bis EG 4	Grad der Gas-Explosionsgefährdung (Gefährdungsgrad) früher in der DDR (TGL 30042)
EG-St	Staubexplosionsgefährdung früher in der DDR (TGL 30042)
EWG, EG, EU	Bezeichnungen für den europäischen Wirtschaftsraum
ElexV	Verordnung über elektrische Anlagen in explosionsgefährdeten Bereichen
EN, prEN	Europäische Norm, Entwurf einer europäischen Norm
EX-RL	Explosionsschutz-Richtlinien der BG Chemie (auch als ZH1/10)[1]
ExVO (hier: EXVO)	Explosionsschutzverordnung (11. GSGV, ohne offizielles Kurzzeichen, hier im Unterschied zu der früheren ExVO als EXVO abgekürzt)
FELV, PELV, SELV	Schutzmaßnahmen gegen elektrischen Schlag bei Kleinspannung
Flp (oder Fp)	Flammpunkt einer brennbaren (entzündlichen) Flüssigkeit, in °C
G	Kennbuchstabe für Betriebsmittel mit Gasexplosionsschutz (neu, Richtlinie 94/9/EG)
GAA	Staatliches Gewerbeaufsichtsamt
g.e.A.	gefährliche explosionsfähige Atmosphäre
GefstoffV	Gefahrstoffverordnung
GewO	Gewerbeordnung
GSG	Gerätesicherheitsgesetz
GSGV	Verordnung zum GSG (z.B. die Explosionsschutzverordnung, 11. GSGV)
GUVV	Gemeindeunfallversicherungsverband, z.B. Sächsischer G.
i-Syst	eigensicheres System (bescheinigtes elektrisches System in der Zündschutzart Eigensicherheit „i")
ia, ib	Kategorien der Zündschutzart „i"
IBExU	Institut für Sicherheitstechnik Freiberg (früher Institut für Bergbautechnik IfB)

[1] neuer Titel ab 1998 (15. Lieferung) Explosionsschutz – Regeln

Tafel 1.1 Abkürzungen und Kurzzeichen in Verbindung mit dem Explosionsschutz (Forts.)

Abk.	Bedeutung
IEC	Internationale Elektrotechnische Kommission, Herausgeber der internationalen IEC-Normen
IECEx	freiwilliger Kennzeichnungsmodus für Ex-Betriebsmittel gemäß IEC-Normen
IP..	Internationaler Kennzeichnungsmodus für Schutzarten durch Gehäuse (IP-Code, DIN VDE 0470 Teil 1)
IPC	Industrie-Personalcomputer
ISO	Internationale Standardisierungsorganisation
LWL	Lichtwellenleiter
ZLS	Zentralstelle der Länder für Sicherheitstechnik
M1, M2	Gerätekategorien des Schlagwetterschutzes (neu, RL 94/9/EG)
NAMUR	Normenarbeitsgemeinschaft Meß- und Regelungstechnik in der chemischen Industrie
NASG	Normenausschuß Sicherheitstechnische Grundsätze im DIN
PLS	Prozeßleitsystem
prEN	Entwurf einer europäischen Norm
PTB	Physikalisch-Technische Bundesanstalt Braunschweig, Berlin
QS-System	Qualitätssicherungs-System
QM	Qualitätsmanagement
RL	Richtlinie; z.B. EX-RL, RL 94/9/EG
StörfallV	Störfallverordnung (12. Verordnung zum Bundesimmissionschutzgesetz - BImschG)
TGL	Staatliche Normen der DDR
TR..	Technische Regel für Anlagen, z.B.
TRbF	• zur Lagerung brennbarer Flüssigkeiten
TRB	• Behälter
TRGL	• Gashochdruckleitungen
TRR	• Rohrleitungen
TRT	• Tanks
TRGS	Technische Regel für Gefahrstoffe
TÜ	Staatliche Technische Überwachung (nur in Hamburg und Hessen)
TÜV	Technischer Überwachungsverein e.V. (Organisationen staatlich anerkannter Sachverständiger)
UEG/OEG	untere/obere Explosionsgrenze (Kennzahl entzündlicher mit Luft mischbarer Stoffe, auch als Zündgrenzen bezeichnet, UZG/OZG)
UVV VBG	Unfallverhütungsvorschriften des Hauptverbandes der Berufsgenossenschaften
U-Schein	Prüfbescheinigung für ein „unvollständiges Betriebsmittel" (Bauteil als Komponente, nicht einzeln verwendbar)
ÜA	Überwachungsbedürftige Anlage
VbF	Verordnung über die Lagerung, Abfüllung und Beförderung brennbarer Flüssigkeiten zu Lande (mit den TRbF)
VdS	Verband der Schadenversicherer (bis 1996, jetzt Gesamtverband der Deutschen Versicherungsgesellschaften, GDV; Herausgeber der VdS-Richtlinien)
VDI	Verband Deutscher Ingenieure (Herausgeber der VDI-Richtlinien)
VDSI	Verband Deutscher Sicherheitsingenieure (mit Arbeitskreis Brand- und Explosionsschutz)
VdTÜV	Verband der technischen Überwachungsvereine (Herausgeber der VdTÜV-Richtlinien)
X-Schein	Prüfbescheinigung für ein explosionsgeschütztes Betriebsmittel mit besonderen Bedingungen
ZH1/...	ZH1-Richtlinien des Hauptverbandes der gewerblichen Berufsgenossenschaften (Richtlinien, Grundsätze, Merkblätter)
Zone ..	Einstufung der Explosionsgefahr
I, II	Gerätegruppe I oder II des Explosionsschutzes (Betriebsmittel)
II A, II B, II C	Explosionsgruppe; weitere Unterteilung der Gerätegruppe II (Untergruppe)
II	auch Kennzahl entzündlicher Gase und Dämpfe (brennbarer Flüssigkeiten);
T1 bis T6 (alt: G1 bis G5)	Temperaturklassen explosionsgeschützter Betriebsmittel, auch als Kennzahl entzündlicher Gase und Dämpfe (brennbarer Flüssigkeiten)

2 Rechtsgrundlagen und Normen

Frage 2.1 Welche Rechtsvorschriften sind wichtig für den Explosionsschutz elektrischer Anlagen?

Für den Explosionsschutz als ein spezielles Gebiet der Anlagensicherheit gelten besondere Rechtsgrundlagen. Diese Gesetze und Verordnungen ergänzen das allgemeingültige Recht für die Errichtung und das Betreiben technischer Anlagen (Baurecht, Gefahrstoffrecht, Arbeitsschutzrecht, Versicherungsrecht usw.). Elektroinstallationen als Bestandteil baulicher Anlagen müssen auch den Rechtsgrundsätzen des baulichen Brandschutzes entsprechen. Was dazu zu sagen ist, wird im Band „Brandschutz in der Elektroinstallation" der Elektropraktiker-Bibliothek erläutert. Die speziellen Rechtsgrundlagen des Explosionsschutzes elektrischer Anlagen (nicht zu verwechseln mit dem Explosivstoffschutz) sind in den folgenden unter 1 bis 4 genannten Quellen festgelegt:

1. Das Gerätesicherheitsgesetz (GSG) als Bindeglied zum europäischen Recht
In Deutschland wird das europäische Recht auf dem Gebiet des Explosionsschutzes über das Gerätesicherheitsgesetz (GSG) rechtsverbindlich. Elektrische Anlagen in explosionsgefährdeten Betriebsstätten sind im Sinne des GSG „elektrische Anlagen in besonders gefährdeten Räumen". Damit gehören sie zur Gruppe von Anlagen, die das GSG im § 2(2a) als **überwachungsbedürftig** definiert. Bis 1992 war die Gewerbeordnung (GewO) die Rechtsgrundlage der überwachungsbedürftigen Anlagen.
Das GSG regelt die Rechtsgrundsätze der Beschaffenheit für das Inverkehrbringen von technischen Arbeitsmitteln, und es enthält auch die besonderen Vorschriften für die Errichtung und den Betrieb überwachungsbedürftiger Anlagen. Dazu erlassene EG-Richtlinien werden mit Rechtsverordnungen zum GSG in deutsches Recht übertragen. **Bild 2.1** zeigt das deutsche Ordnungssystem der Rechtsvorschriften des Explosionsschutzes.
Das Bestreben geht dahin, die grundlegenden Rechtsnormen für überwachungsbedürfige Anlagen (ÜA) zentral zusammenzufassen und je nach Erfordernis mit Einzelbestimmungen zu ergänzen. Für den elektrischen Explosionsschutz haben folgende Verordnungen zum GSG zentrale Bedeutung:

2. Die Explosionsschutzverordnung (11. GSGV; EXVO),
Verordnung über das **Inverkehrbringen von Geräten und Schutzsystemen** für explosionsgefährdete Bereiche; neu erlassen am 12. Dezember 1996. Die EXVO stützt sich auf § 4 GSG und reflekiert die

Rechtsgrundlagen und Normen

EG-Richtlinien

94/9/EG (ATEX 100a)

BImSchG z.B: StörfallV	ChemG GefStoffV	Zweite Verordnung zum **GSG**		**Arbeitsschutzgesetz** ArbSchG	EG-Ex-Arbeitsschutzrichtlinie (ATEX 118a)
		Explosionsschutzverordnung 11. GSGV	**Änderung der Verordnung** über überwachungsbedürftige Anlagen		

Beschaffenheitsvorschriften — *Betreibensvorschriften*

harmonisiert

Verordnung über elektrische Anlagen in explosionsgefährdeten Bereichen **ElexV**	Verordnung über Anlagen zur Lagerung und Beförderung brennbarer Flüssigkeiten **VbF**	Weitere Verordnungen über überwachungsbedürftige Anlagen: Acetylenverordnung **AcetV**	Arbeitsstättenverordnung **ArbStättV**
allgemeine Verwaltungsvorschriften AVwV ElexV[1]	*allgemeine Verwaltungsvorschriften AVwV VbF*[1]	Druckbehälterverordnung **DruckBehV**	
Richtlinien für die Vermeidung von Gefahren durch explosionsfähige Atmosphäre **EX-RL**[2]	technische Regeln für brennbare Flüssigkeiten **TRbF TRT**[2]	technische Regeln für Acetylenanlagen **TRAC** technische Regeln für Druckanlagen **TRB, TRF, TRGL, TRR**	Arbeitsstättenrichtlinien **ASR**

Bestimmungen und technische Regeln für die Fachgewerke in explosionsgefährdeten Betriebsstätten

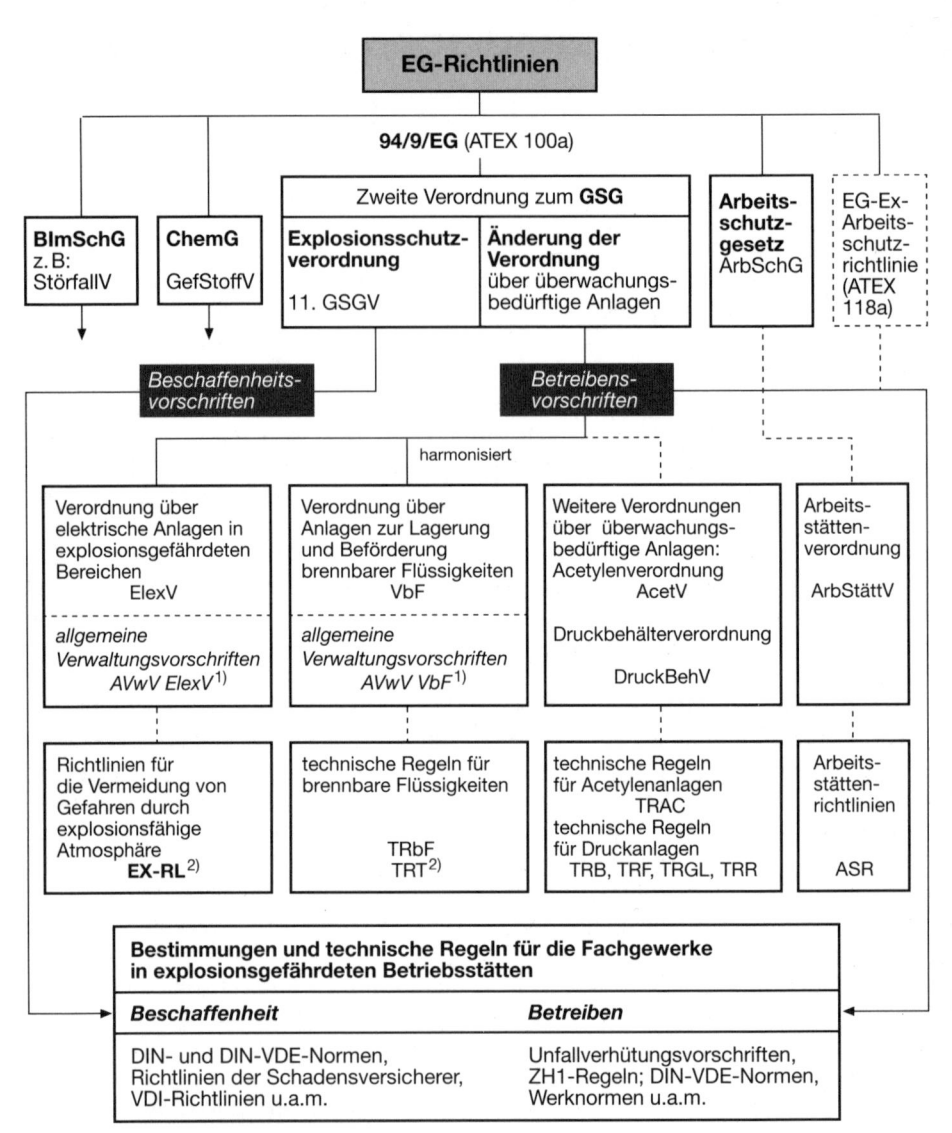

Beschaffenheit	*Betreiben*
DIN- und DIN-VDE-Normen, Richtlinien der Schadensversicherer, VDI-Richtlinien u.a.m.	Unfallverhütungsvorschriften, ZH1-Regeln; DIN-VDE-Normen, Werknormen u.a.m.

1) mit der Neufassung der Verordnung gemäß 11. GSGV nicht aktualisiert
2) wird schrittweise aktualisiert

Bild 2.1 *Rechtsvorschriften und Regelwerke für den anlagentechnischen Explosionsschutz infolge der Explosionsschutzverordnung (EXVO)*

Rechtsgrundlagen und Normen 21

- Richtlinie 94/9/EG
Richtlinie des Europäischen Parlaments und des Rates vom 23. März 1994 zur Angleichung der Rechtsvorschriften der Mitgliedsstaaten für Geräte und Schutzsysteme zur bestimmungsgemäßen Verwendung in explosionsgefährdeten Bereichen (Grundlage: Artikel 100a des EWG-Grundlagenvertrages, auch bezeichnet als ATEX 100a oder EG-Explosionsschutzrichtlinie).
Das europäische Recht dient primär dem Ziel, Handelshemmnisse zwischen den Ländern der Europäischen Union zu beseitigen.
Mit der Richtlinie 94/9/EG, die eine Reihe bisheriger EWG-Richtlinien ablöst, sind die Grundsätze der Beschaffenheit des Explosionsschutzes im Bereich der EU-Mitgliedsländer vollständig harmonisiert worden. Im Anhang II der Richtlinie sind die „grundlegenden Sicherheits- und Gesundheitsanforderungen an Geräte, Schutzsysteme und Vorrichtungen" enthalten. Die Richtlinie ist rechtlicher Bestandteil der EXVO. Soweit ein Erzeugnis bzw. Betriebsmittel weiteren EG-Richtlinien unterliegt, beispielsweise der Maschinenrichtlinie und der Niederspannungsrichtlinie, müssen auch diese Richtlinien einbezogen werden.

3. Die Verordnung über elektrische Anlagen in explosionsgefährdeten Bereichen (ElexV); neu gefaßt mit Datum vom 13. Dezember 1996. Die neue ElexV, auch veröffentlicht als ZH1/309 (Fassung August 1997), stützt sich auf § 11 GSG und hat noch keine europäisch rechtsverbindliche Grundlage. Als Vorschrift *für die betrieblichen Belange* hätte die ElexV einer EG-Richtlinie für den Gesundheits- und Arbeitsschutz beim Betreiben zu folgen. Eine solche Richtlinie nach Artikel 118a des EWG-Grundlagenvertrages liegt zwar im Entwurf vor, aber erst wenn sie endgültig verabschiedet ist, können auch die deutschen Bestimmungen insgesamt aufeinander abgestimmt werden. Dann wird die ElexV abermals anzupassen sein.
Für den Explosionsschutz im Bergbau unter Tage, wo die ElexV nicht gilt, sind diese Fragen durch die Richtlinien 92/91/EWG und 92/104 EWG schon verbindlich geregelt.

Daneben sind hier zu nennen

4. Die UVV VBG 1 und VBG 4
In mehreren Unfallverhütungsvorschriften der gewerblichen Berufsgenossenschaften (UVV VBG) sind sowohl **Schutzziele als auch spezielle Maßnahmen für das Betreiben** explosionsgefährdeter Betriebsstätten festgelegt.
Die UVV VBG 1 (Allgemeine Vorschriften) legt Schutzziele fest. Die UVV VBG 4 (Elektrische Anlagen und Betriebsmittel) enthält keine unmittelbar auf den Explosionsschutz gerichteten Festlegungen. Ein Anhang zu den Durchführungsanweisungen der UVV VBG 4 verweist auch auf VDE-Vorschriften des elektrischen Explosionsschutzes.

Frage 2.2 Was hat sich in den Rechtsvorschriften des Explosionsschutzes seit 1996 wesentlich geändert?

Rechtsvorschriften regeln naturgemäß nur rechtliche Sachverhalte und Pflichten. Auf technisch-physikalische Grundlagen und Zusammenhänge haben sie keinen Einfluß.
1996 ist der Explosionsschutz in Deutschland termingemäß auf das harmonisierte europäische Recht übergegangen. In der Normung dagegen bleibt noch manches zu tun.
Seit dem 1. März 1996 gilt für das Inverkehrbringen und die Inbetriebnahme die Richtlinie 94/9/EG. Grundlage dafür ist der Artikel 110a des EG-Grundlagenvertrages. Dort geht es nicht nur um elektrische Betriebsmittel, sondern um den apparativen Explosionsschutz auf allen Gebieten der Technik.
Forderungen an die Beschaffenheit und an das Betreiben mußten rechtlich getrennt werden. Das ist geschehen einerseits durch

- die neue EXVO (Explosionsschutzverordnung) vom 12.12.1996
und andererseits durch
- die neue ElexV vom 13.12.1996.

Die EXVO ist eine völlig neue Verordnung zum GSG, während die neue ElexV weitmöglich beibehält, was darin schon seit 1980 zum Betreiben festgelegt ist.
Dennoch sind die Eingriffe teilweise recht erheblich.
Gemeinsame Rechtsgrundlage für alles, was sich 1996 auf dem Gebiet der überwachungsbedürftigen Anlagen infolge der Richtlinie 94/9/EG verändert hat, ist die „Zweite Verordnung zum Gerätesicherheitsgesetz und zur Änderung von Verordnungen zum Gerätesicherheitsgesetz" vom 12.12.1996 (BGBl.I Nr. 65 S.1914). Dort sind neben der EXVO auch die Neufassungen der nunmehr europäisch harmonisierten ElexV und der VbF (Verordnung über brennbare Flüssigkeiten) zu finden. Außerdem ist ElexV als ZH1-Schrift veröffentlicht (ZH1/309).
Nachgeordnete Regeln der Technik für das Errichten (z. B. in DIN VDE 0165) legen fest, wie eine Anlage sicherheitstechnisch beschaffen sein muß, damit sie ordnungsgemäß betrieben werden kann. Hier bleibt die Beschaffenheit untrennbar mit dem Betreiben verbunden.
Für den Bereich des Arbeits- und Gesundheitsschutzes beschränkt sich das europäische Richtlinienwerk nach Artikel 118a des Grundlagenvertrages auf Mindestvorschriften. Dazu soll es grundsätzlich keine europäischen Normen geben, damit die Möglichkeit offen bleibt, innerstaatlich weitere darüber hinausgehende Schutzmaßnahmen festzulegen.

Frage 2.3 Was enthält die **EXVO** und an wen wendet sie sich?

Die Explosionsschutzverordnung ist die deutsche Fassung einer europäischen Rechtsnorm, der Richtlinie 94/9/EG. Sie enthält die sicherheitstechnischen Grundsätze (nur) **für das Inverkehrbringen aller**

- **Geräte und Schutzsysteme,**
- **Sicherheits-, Kontroll- und Regelvorrichtungen** und
- **Komponenten** (die in Geräte und Schutzsysteme eingebaut werden).

„Inverkehrbringen" bedeutet hier, daß ein Produkt erstmalig entgeltlich oder unentgeltlich zum Vertrieb oder zur Verwendung im Gebiet der Europäischen Union bereitgestellt wird. Damit wendet sich die EXVO in erster Linie an den Personenkreis, der die genannten Gegenstände bzw. Betriebsmittel herstellt, instandsetzt, prüft und/oder vertreibt. Eingeschlossen ist allerdings auch die Erst-Inbetriebnahme. Der Anwender kann sich weiterhin darauf verlassen, daß ordnungsgemäß als explosionsgeschützt gekennzeichnete Betriebsmittel vorschriftsmäßig beschaffen sind.

Wichtig für den Anwender explosionsgeschützter Geräte (Betriebsmittel) sind einige darin aufgeführte

- grundlegende Begriffe des Explosionsschutzes, die bisher anderslautend in der ElexV enthalten waren sowie
- die neue Ordnung der Qualität explosionsgeschützter Geräte nach Gruppen und Kategorien.

Tafel 2.1 informiert über den Anwendungsbereich und faßt den Inhalt der EXVO zusammen.

Die Richtlinie 94/9/EG als Grundlage der EXVO besteht aus einem Textteil mit 16 Artikeln, dem sich 11 Anhänge anschließen. Nur der Textteil wurde unmittelbar in die EXVO überführt. **Tafel 2.2** stellt in Stichworten zusammen, was sich durch die Einführung der Richtlinie 94/9/EG über die EXVO wesentlich verändert und gibt eine Übersicht über die Anhänge zur Richtlinie.

Ergänzend dazu sollten auch die folgend genannten Sachverhalte bedacht werden:

Frage 2.3.1   Ist nun für den gerätetechnischen Explosionsschutz nur noch die EXVO maßgebend?

Hier kommt es darauf an, wer danach fragt.
Auch die **neue EXVO gilt nicht ausnahmslos**,

- weil sie schon im Anwendungsbereich einige spezielle Erzeugnisse ausschließt (§ 1, s. Tafel 2.1) und
- weil eine Übergangszeit bis zum 30. Juni 2003 festgelegt worden ist.

Für wen oder wofür ist sie unmittelbar maßgebend?
Für **Hersteller**, die ihre Erzeugnisse auf dem europäischen Binnenmarkt verkaufen wollen, unbedingt. Das betrifft auch die vom Hersteller bevollmächtigten Vertragspartner. Erzeugnisse, die im Herstellerland verbleiben, sind jedoch während der Übergangszeit bis 2003 nicht zwingend einbezogen.
Für die **Anwender** der Erzeugnisse indessen nicht unbedingt, weil
- bis 2003 übergangsweise auch weiterhin nach der bisher gültigen ElexV verfahren werden darf (dazu wird bei Frage 2.5 noch etwas gesagt),

Tafel 2.1 Inhalt der Explosionsschutzverordnung (11. GSGV, sinngemäß gekürzt)

Explosionsschutzverordnung (EXVO)
§ 1 Anwendungsbereich
Die Verordnung gilt auch im nichtelektrischen Bereich, aber (nur) für das Inverkehrbringen von   1. Geräten und Schutzsystemen zur bestimmungsgemäßen Verwendung in explosionsgefährdeten Bereichen   2. auch für Sicherheits- Kontroll- und Regelvorrichtungen außerhalb explosionsgefährdeter Bereiche in sicherheitsgerichteter Verbindung mit 1.   3. und für Komponenten, die in 1. eingebaut werden sollen.   Die Verordnung gilt nicht für   - medizinische Geräte in Medizinbereichen   - den Sprengstoffbereich einschließlich chemisch instabiler Substanzen   - häusliche und nicht kommerzielle Anwendung   - persönliche Schutzausrüstungen (8.GSGV)   - Seeschiffe und bewegliche Off-Shore-Anlagen sowie deren Bordausrüstungen   - Beförderungsmittel außerhalb explosionsgefährdeter Bereiche   - militärische Zwecke   Die Verordnung gilt auch nicht für den Schutz gegen sonstige von Geräten und Schutzsystemen ausgehenden Gefahren (Verletzung oder andere Schäden, gefährliche Oberflächentemperatur oder Strahlung, erfahrungsgemäß auftretende nichtelektrische Gefahren, Überlastung) in der Zuständigkeit anderer Rechtsvorschriften.
§ 2 Begriffe
– Geräte: alle energietragenden Maschinen, Betriebsmittel, Vorrichtungen, Steuerungs- und Ausrüstungsteile sowie Warn- und Vorbeugungssysteme mit eigenen potentiellen Zündquellen (bisher als Betriebsmittel bezeichnet, jetzt „Geräte" als erweiterter Oberbegriff)   – Schutzsysteme: Vorrichtungen, die anlaufende Explosionen stoppen oder den betroffenen Bereich begrenzen und als autonome Systeme in Verkehr gebracht werden   – Komponenten: für den sicheren Betrieb von Geräten und Schutzsystemen erforderliche, aber nicht autonom funktionierende Teile   – Explosionsfähige Atmosphäre: Gemisch aus Luft und brennbaren Gasen, Dämpfen, Nebeln oder Stäuben unter atmosphärischen Bedingungen, in dem sich der Verbrennungsvorgang nach erfolgter Entzündung auf das gesamte unverbrannte Gemisch überträgt   – Explosionsgefährdeter Bereich: derjenige Bereich, in dem die Atmosphäre aufgrund der örtlichen und betrieblichen Verhältnisse explosionsfähig werden kann   – Einteilung in Gerätegruppen und Gerätekategorien: nicht hier enthalten, auf Richtlinie 94/9/EG (Anhang I) verwiesen   – Bestimmungsgemäße Verwendung: Verwendung von Geräten ... entsprechend der Gerätegruppe und -kategorie und unter Beachtung aller Herstellerangaben, die für den sicheren Betrieb notwendig sind.
§ 3 Sicherheitsanforderungen
Bedingungen: die Geräte, Schutzsysteme und Vorrichtungen müssen   – die „grundlegenden Sicherheits- und Gesundheitsanforderungen" der Richtlinie 94/9/EG Anhang II erfüllen (bestehend aus den „grundsätzlichen" und den zusätzlichen „weitergehenden" Anforderungen) und   – dürfen bei ordnungsgemäßer Aufstellung, Instandhaltung und bestimmungsgemäßer Verwendung Personen, Haustiere oder Güter nicht gefährden (Prinzip der integrierten Explosionssicherheit nach Richtlinie 94/9/EG).
§ 4 Voraussetzungen für das Inverkehrbringen
1. Ex-Kennzeichnung nach Richtlinie 94/9/EG Anhang II, zusätzlich CE-Konformitätskennzeichnung und beigefügte EG-Konformitätserklärung nach 94/9/EG Anhang X Buchstabe B   2. Beigefügte Betriebsanleitung nach 94/9/EG Anhang II Nr. 1.0.6. (Es folgen konkretisierende Bedingungen für Komponenten, zur Sprache für Dokumentation und Schriftwechsel, Gestattung von Abweichungen durch die Behörden, Koordinierung zu anderen Rechtsvorschriften mit Forderungen hinsichtlich der CE-Kennzeichnung).

▼

Rechtsgrundlagen und Normen 25

Tafel 2.1 *Inhalt der Explosionsschutzverordnung (11. GSGV, sinngemäß gekürzt) (Forts.)*

§ 5 CE- Konformitätskennzeichnung [1]

Die CE-Konformitätskennzeichnung muß
- sichtbar, lesbar und dauerhaft auf jedem Gerät, jedem Schutzsystem, jeder Vorrichtung angebracht sein
- besteht aus den Buchstaben „CE" (Richtlinie 94/9/EG Anhang X) mit Kenn-Nummer der „zugelassenen Stelle" (Prüfstelle; sofern bei Produktionsüberwachung einbezogen)
Andere Kennzeichnungen sind erlaubt, wenn sie nicht irritieren.

§ 6 Ordnungswidrigkeiten

Ordnungswidrig im Sinne des GSG handelt, wer vorsätzlich oder fahrlässig entgegen ... (Aufzählung der Paragraphen) ein Gerät, ... oder eine Komponente in den Verkehr bringt.

§ 7 Übergangsbestimmungen

– Weiteres Inverkehrbringen bis 30. Juni 2003 ist zulässig für Geräte und Schutzsysteme, die den am 23. März 1994 geltenden Bestimmungen entsprechen
– Bis dahin in Verkehr gebrachte elektrische Betriebsmittel: bei Konformitätsbewertungen sind Prüfergebnisse nach ElexV (Ausgabe 1980) zu berücksichtigen.

[1] außerdem ist auf jedem Gerät und Schutzsystem anzugeben:
 – EG-Kennzeichen zur Verhütung von Explosionen ⟨Ex⟩
 – Gerätegruppe und -kategorie (Anhang I zur Richtlinie 94/9/EG)
 – bei Geräten der Gruppe II der Buchstabe G als Kennzeichen für Gasexplosionsschutz oder D für Staubexplosionsschutz
 – Hersteller (Name und Anschrift)
 – Baujahr, Serie und Typ (gegebenenfalls auch die Seriennummer).

bei elektrischen Geräten ist speziell noch anzugeben:
Kennzeichnung nach EN 50014 DIN VDE 0170/0171, Allgemeine Bestimmungen
 – Buchstaben EEx
 – Kurzzeichen der angewendeten Zündschutzart(en), z. B. e – Erhöhte Sicherheit, d - Druckfeste Kapselung, i - eigensicherer Stromkreis
 – Kurzzeichen der Explosionsgruppe (IIA, IIB oder II C) und der Temperaturklasse (T1 bis T6)
 – Nummer der Prüfbescheinigung
 – Kennbuchstabe X , wenn besondere Bedingungen zu beachten sind (Prüfbescheinigung)

- die EXVO mit der Richtlinie 94/9/EG nur für neue Erzeugnisse gilt. Elektrische Betriebsmittel nach altem Recht dürfen auch nach 2003 weiter verwendet werden (falls noch vorhanden, sogar solche nach älteren VDE-Normen oder den TGL der ehemaligen DDR).
- die EXVO für Erzeugnisse in explosionsgefährdeten Bereichen gilt, d. h., für den Einsatz in „explosionsfähiger Atmosphäre". Hier hat sich gegenüber der bisherigen ElexV nichts geändert. Explosionsfähige Atmosphäre erfaßt per Definition nur solche explosionsfähigen Gemische, die unter atmosphärischen Druck- und Temperaturwerten (zwischen 0,8 und 1,1 bar, −20°C und +60°C) auftreten. Innerhalb von Chemieapparaten trifft das oft nicht zu. In Zweifelsfällen sollte man sich vom Hersteller die Schutzeigenschaften des betreffenden Gerätes bestätigen lassen.

Tafel 2.2 *Zur Einführung der Richtlinie 94/9/EG; wesentliche Veränderungen im apparativen Explosionsschutz und Übersicht über die Anhänge zur Richtlinie*

1. Wesentliche Veränderungen gegenüber der ElexV (1980)

Erweiterter Anwendungsbereich, gilt auch für	– andere elektrische Zündquellen – Staubexplosionsschutz – Schutzsysteme, Sicherheitsvorrichtungen und Komponenten
Gerätegruppen und -kategorien eingeführt	Verbindungsglied zur Zoneneinteilung

Grundlegende Sicherheitsanforderungen formuliert:	– Mindestforderungen an die Beschaffenheit
	– bezogen auf Stand der Technik
	– ohne Bezug auf Normen
	– Explosionssicherheit durch
	  · Vermeiden von Ex-Atmosphäre
	  · Vermeiden von Zündquellen
	  · Begrenzung von Explosionen

Verfahren der EG-Konformitäts-bewertung; Dokumentationssystem neu geordnet, dazu eingeführt:	– nach Gerätekategorien abgestufte Bewertungsmodule – Qualitätssicherung der Herstellung nach EN 29000 – Hersteller-Verantwortung, erweiterte Überwachung – Mindestkriterien – Konformitätserklärung für den Anwender [1]
Benennung der Prüfstellen, dazu eingeführt:	– Akkreditierung: EN 45000 ff

2. Anhänge zur Richtlinie 94/9/EG

I	Entscheidungskriterien für die Einteilung der Gerätegruppen in Kategorien
II	Grundlegende Sicherheits- und Gesundheitsanforderungen für Geräte und Schutzsysteme
III	Modul EG-Baumusterprüfung
IV	Modul Qualitätssicherung Produktion
V	Modul Prüfung der Produkte
VI	Modul Konformität mit der Bauart
VII	Modul Qualitätssicherung Produkt
VIII	Modul Interne Fertigungskontrolle
XI	Modul Einzelprüfung
X	CE-Kennzeichnung un Inhalt der EG-Konformitätserklärung
XI	Mindestkriterien für die Benennung der Stellen

[1] anstelle der Baumusterprüfbescheinigung; die EG-Baumusterprüfbescheinigung verbleibt beim Hersteller, besondere Anwendungsbedingungen (bisheriger „X-Schein") sind in der Bedienungsanleitung anzugeben

---

Frage 2.3.2 Regelt die EXVO nun auch die Einteilung explosionsgefährdeter Bereiche in Zonen?

Nein. **Betriebsstätten auf Explosionsgefahren zu beurteilen und einzustufen ist nach deutschem Recht Sache des Betreibers.** Deshalb wird die Zoneneinteilung in den Verordnungen für überwachungsbedürftige Anlagen geregelt. Für elektrische Anlagen gilt in dieser Hinsicht hauptsächlich die ElexV. Daß die Zonen-Definitionen in

Rechtsgrundlagen und Normen 27

der neuen Verordnung über brennbare Flüssigkeiten (VbF) wörtlich nicht absolut mit der ElexV übereinstimmen, bleibt für die Elektrofachleute ohne Bedeutung.

Frage 2.3.3 Woran erkennt man, daß ein Betriebsmittel der EXVO entspricht?

Wesentliche Merkmale für den Explosionsschutz nach neuer Ordnung sind die
- **Kennzeichen für die Gerätegruppen und -kategorien,**
- **die CE-Kennzeichnung und**
- **die mitzuliefernde „Konformitätserklärung" nach Richtlinie 94/9/EG, Anhang X.**

Die neuen Gruppierungen, aufgeführt in **Tafel 2.3** und auch in **Tafel 2.5**, kennzeichnen das konstruktive Sicherheitsniveau. Sie sind aber keinesfalls so zu verstehen, daß damit die genormten Kennzeichen der Temperaturklasse, Explosionsgruppe und Zündschutzart nach EN 50014 ff. (DIN VDE 0170/0171) vernachlässigbar werden. Wenn man genau weiß, welche Pflichten die Hersteller explosionsgeschützter Betriebsmittel gegenüber dem Anwender in jedem Falle zu erfüllen haben, kann man auf eventuelle Mängel rechtzeitig reagieren. Dazu gehören in diesem Zusammenhang

a) die Konformitätserklärung mit
- der Identifikation des Herstellers,
- der Beschreibung des Erzeugnisses,
- dem Hinweis auf die Konformitätsbescheinigung oder die EG-Baumusterprüfbescheinigung,
- der Angabe angewendter Normen,
  - zur Übereinstimmung des Betriebsmittels mit der Richtlinie 94/9/EG,
  - zur Erfüllung weiterer Sicherheitsanforderungen gegen sonstige Gefahren für Personen (Verletzung durch Überlastung, Oberflächentemperatur, Strahlung usw. gemäß Anhang II Ziffer 1.2.7. der Richtlinie 94/9/EG),
  - zur Übereinstimmung mit anderen EG-Richtlinien (z. B. EMV, Maschinen usw.)

b) die Betriebsanleitung
(bei Auslandslieferung auch in der Landessprache des Importlandes)

c) die CE-Kennzeichnung gemäß Anhang X der Richtlinie 94/9/EG, ergänzt durch
- die Nummer der notifizierten Stelle (Prüfstelle), die bei der Herstellung einbezogen war
- die weitere Kennzeichnung nach Anhang II Ziffer 1.0.5. der Richtlinie 94/9/EG (Name und Anschrift des Herstellers, Bezeichnung der Serie und des Typs, Baujahr),
- zusätzlich in der EG-Baumusterprüfbescheinigung festgelegte Kennzeichnungen,
- die Kennzeichnungen für die Qualität des Explosionsschutzes (Gerätegruppe und -kategorie, Kennbuchstaben G für Gasexplosionsschutz oder D für Staubexplosionsschutz sowie die außerdem nach Erzeugnisnorm vorgeschriebenen Kennzeichen, d. h., die Buchstaben EEx, das Zeichen ⟨Ex⟩, die Kennzeichen für die Temperaturklasse, Explosionsgruppe und Zündschutzart; vgl. auch Tafel 2.1 und 2.3).

Tafel 2.3 *Gruppierung von Geräten und Schutzsystemen nach Richtlinie 94/9/EG, Anhänge I und II*

Merkmal			Charakteristik, Sicherheitsniveau
Gerätegruppe		I	für Bergbau unter Tage und über Tage bei Gefahr durch Grubengas und/oder brennbare Stäube,
Gerätekategorien		M 1	sehr hohe Sicherheit (2 unabhängige Zündschutzmaßnahmen, auch bei seltenen Gerätestörungen zündsicher)
		M 2	hohe Sicherheit (aber bei explosionsfähiger Atmosphäre abzuschalten)
Gerätegruppe		II	für alle anderen Bereiche mit Gefahr durch explosionsfähige Atmosphäre
Gerätekategorien		1	sehr hohe Sicherheit (2 unabhängige Zündschutzmaßnahmen, auch bei seltenen Gerätestörungen zündsicher)
		2	hohe Sicherheit (bei häufigen oder üblicherweise zu erwartenden Gerätestörungen zündsicher)
		3	normale Sicherheit (bei normalem Betrieb zündsicher)
(Stoffgruppe)		G	Explosionsschutz für explosionsfähige Atmosphäre durch Gase, Dämpfe oder Nebel
		D	Explosionschutz für explosionsfähige Atmosphäre durch Stäube

Frage 2.3.4   Ist die CE-Kennzeichnung ein Beleg für geprüften Explosionsschutz?

Nein. Die EXVO schreibt mit Bezug auf das europäische Recht bindend vor, daß Geräte und Schutzsysteme die CE-Kennzeichnung zu tragen haben. Das ist aber kein Prüfzeichen. Mit dem CE- Symbol, den Intialen der „Communautes Européennes", der Europäischen Gemeinschaft, bestätigt der Hersteller die Konformität mit allen dafür geltenden EG-Richtlinien. „Komponenten" (Einbauteile, die keine selbständige Funktion haben) dürfen jedoch nicht mit dem „CE" versehen werden. Statt dessen muß der Hersteller oder Lieferant dafür schriftlich die Konformität bescheinigen.
Wo vorschriftsmäßiger gerätetechnischer Explosionsschutz nachzuweisen ist, kann das grundsätzlich nur mit der Baumusterprüfbescheinigung einer anerkannten Prüfstelle und/oder mit einer Konformitätserklärung des Herstellers geschehen.
Davon ausgenommen sind nach altem Recht hauptsächlich die Betriebsmittel für die Zonen 2, 11, M. Weiteres hierzu wird unter 9.7 beantwortet.
Ist ein Betriebsmittel instandgesetzt worden an Teilen, von denen der Explosionsschutz abhängt, aber nicht durch den Hersteller, dann gilt das Prüfzeichen des „Sachverständigen" als Nachweis (§ 9 ElexV). Davon ausgenommen sind nach neuem Recht nur die Betriebsmittel der Gerätekategorie 3 für die Zonen 2 und 22.

Frage 2.3.5   Gilt die EXVO auch für Importe?

Grundsätzlich ja. Sie ist auch dann zu beachten, wenn Betriebsmittel aus Ländern eingeführt werden, die nicht der EU angehören (sogenannte Drittländer), selbst bei gebrauchten Erzeugnissen. Wer solche Betriebsmittel in Verkehr bringt, hat vorher zu

Rechtsgrundlagen und Normen

gewährleisten, daß die Betriebsmittel auf ihre Konformität überprüft und vorschriftsmäßig gekennzeichnet worden sind.

Frage 2.3.6   Wo läßt die EXVO Abweichungen zu?

Abgesehen von den Ausschlüssen im Anwendungsbereich, die man aber nicht als Ausnahmen im wörtlichen Sinne werten kann, räumt die EXVO im **§ 4 Abs. 5** eine Abweichung ein. Die zuständige Landesbehörde kann gestatten, ein Erzeugnis in Verkehr zu bringen, auch wenn keine Konformitätsbewertung stattgefunden hat. Bedingungen dafür sind

- ein plausibles Erfordernis des Explosionsschutzes und
- ein Antrag mit Begründung.

Auf diese Weise ist es möglich, speziell erforderliche Betriebsmittel im Inland weiterhin als Sonderanfertigung in den Verkehr zu bringen wie bisher nach ElexV § 10.

Frage 2.3.7   Was ist der Unterschied zwischen einer Konformitätsbescheinigung und einer Konformitätserklärung?

Die Konformitätsbescheinigung bestätigt die Übereinstimmung explosionsgeschützter Betriebsmittel mit dem geprüften Baumuster, und zwar entweder

- mit Bezug auf die Baumusterprüfbescheinigung oder
- im Sonderfall mit Bezug auf die spezielle EG-Konformitätsprüfung.

Sie darf nur von einer benannten (notifizierten) Stelle ausgestellt werden. Als notifizierte Stellen bezeichnet man diejenigen Prüfstellen, die nun in der EU zur Prüfung des Explosionsschutzes der Betriebsmittel benannt und zugelassen sind. Konformitätsbescheinigungen sind auch bisher schon ausgestellt worden, um zu bestätigen, daß die Betriebsmittel europäischen Normen entsprechen. Daneben war und ist es üblich, eine *Kontrollbescheinigung, Teilbescheinigung* oder einen *Prüfungsschein* auszustellen (hierzu Abschnitt 8).
Eine Konformitätsbescheinigung oder Baumusterprüfbescheinigung mitzuliefern ist der Hersteller nach neuem Recht nicht mehr verpflichtet.
Besondere Bedingungen für den sicherheitsgerechten Einsatz eines Betriebsmittels, erkennbar am Buchstaben X hinter der Nummer der Prüfbescheinigung, kann der Anwender nun nicht mehr unmittelbar aus der Prüfbescheinigung entnehmen. Der Hersteller hat diese Besonderheiten in der Betriebsanleitung anzugeben.
Eine Konformitätserklärung muß der Hersteller neuerdings stets mitliefern, wenn er ein „Gerät", ein „Schutzsystem" oder eine „Komponente" im Sinne der EXVO bzw. der Richtlinie 94/9/EG in Verkehr bringt. Grundlage dafür ist normalerweise die EG-Baumusterprüfbescheinigung der notifizierten Prüfstelle. Wie das bei Kleinteilen (Komponenten) gehandhabt werden soll, z. B. bei Kabel- und Leitungseinführungen, ist noch nicht geklärt.

Rechtsgrundlagen und Normen

Frage 2.4 Was enthält die **ElexV** und an wen wendet sie sich?

Ihrem Titel nach richtet sich die **ElexV** nur an **Elektrofachleute**. So war das ehemals auch beabsichtigt. Es sind aber schon vor längerer Zeit ergänzende fundamentale Festlegungen für alle Teilgebiete des Explosionsschutzes aufgenommen worden:

- der Vorrang primärer Schutzmaßnahmen (§ 7) gegen explosionsfähige Atmosphäre und
- die Gliederung explosionsgefährdeter Bereiche in Zonen (§ 2).

Damit wendet sich die ElexV an diejenigen, die für die technologische Ursache des Entstehens explosionsfähiger Gemische zuständig sind. Elektrofachleuten ist die ElexV seit 1980 bekannt als umfassende europäisch orientierte Rechtsvorschrift für den Explosionsschutz elektrischer Anlagen. Nicht einbezogen war praktisch nur der Bergbau unter Tage, den die Elektro-Bergverordnung (ElBergVO) regelt, ergänzt durch die Elektrozulassungs-Bergverordnung (ElZulBergV) für den Schlagwetterschutz elektrischer Betriebsmittel.

In „alter" Fassung war die ElexV de facto **die Rechtsgrundlage** fast **des gesamten elektrischen Explosionsschutzes**, ausgenommen im Bergbau und in Teilbereichen der Verordnung über brennbare Flüssigkeiten (VbF). Mit den Begriffsbestimmungen zu explosionsgefährdeten Bereichen und vor allem mit der Einteilungen in Zonen war sie praktisch der Angelpunkt für alle Maßnahmen des betrieblichen Explosionsschutzes.

Seit 1996 hat sich das wesentlich geändert. Die genannten Begriffsbestimmungen bleiben zwar Bestandteil der neuen ElexV, aber in korrigierter Form und Blickrichtung. **Alle Festlegungen, deren Inhalt auf die apparative Beschaffenheit neuer Betriebsmittel eingeht, sind nun Gegenstand der neuen Explosionsschutzverordnung (EXVO).** Ausgeschlossen ist nun auch die medizinisch verursachte Explosionsgefahr und alle damit verbundenen Festlegungen.

In „neuer" Fassung **engt sich die Zuständigkeit der ElexV ein auf den restlichen Bereich des Betreibens bzw. des Verwendens, der noch nicht europäisch verbindlich geregelt ist.**

Tafel 2.4 führt durch den Inhalt der neuen ElexV und weist auf Veränderungen hin. Einiges hat nur redaktionellen Hintergrund, anderes geht an die Substanz. Beim Vergleich mit dem bisherigen Inhalt wird deutlich, daß die Väter der neuen ElexV bestrebt waren, bewährte Sicherheit **möglichst beizubehalten.**

Änderungen redaktioneller Art:
Dazu gehören rein verbale Angelegenheiten solcher Art wie die Änderung des Titels von bisher „ ... in explosionsgefährdeten Räumen" auf nunmehr „ ... in explosionsgefährdeten Bereichen", von bisher „der Bundesminister für Arbeit und Sozialordnung" auf nunmehr „das Bundesministerium für Arbeit und Sozialordnung" (ermächtigte Stelle für den Erlaß technischer Vorschriften) und weitere durch Wegfall bedingte Umstellungen.

Rechtsgrundlagen und Normen

Tafel 2.4 *Inhalt der Verordnung über elektrische Anlagen in explosionsgefährdeten Bereichen (ElexV) vom 13. Dezember 1996*

Verordnung über elektrische Anlagen in explosionsgefährdeten Bereichen (ElexV)	
Bisheriger Titel: Verordnung über elektrische Anlagen in explosionsgefährdeten Räumen (ElexV)	
Inhaltsverzeichnis	
§ 1 Anwendungsbereich § 2 Begriffsbestimmungen § 3 Allgemeine Anforderungen, Ermächtigung zum Erlaß technischer Vorschriften § 4 Weitergehende Anforderungen § 5 Ausnahmen § 6 Anlagen des Bundes § 7 Maßnahmen zur Verhinderung explosionsfähiger Atmosphäre § 8 (weggefallen) § 9 Instandsetzung von Betriebsmitteln § 10 (weggefallen) § 11 Nichtanwendung des § 9	§ 12 Prüfungen § 13 Betrieb § 14 Prüfbescheinigungen § 15 Sachverständige § 16 Aufsicht über Anlagen des Bundes § 17 Schadensfälle § 18 Deutscher Ausschuß für explosionsgeschützte elektrische Anlagen § 19 Übergangsvorschriften § 19a (weggefallen) § 20 Ordnungswidrigkeiten § 21 (weggefallen) § 22 (weggefallen)
Inhalt der neuen ElexV	Veränderung gegenüber bisheriger ElexV
Titel	bisher: „Räume" (gesamte Verordnung umgestellt)
Inhaltsverzeichnis	Überschrift der Paragraphen geändert bei § 8 „Inbetriebnahme von elektrischen Betriebsmitteln" weggefallen (jetzt in EXVO) § 9 „ ... oder Änderung..." weggefallen § 10 Sonderanfertigung, weggefallen § 11 anstelle „...8 bis 10" nur noch „ ...des § 9" § 19a Übergangsvorschrift für DExA; weggefallen § 21 Berlinklausel, weggefallen § 22 Außerkrafttreten, weggefallen
§ 1 Anwendungsbereich – gilt für Montage, Installation und Betrieb elektrischer Anlagen in explosionsgefährdeten Bereichen – gilt nicht für elektrische Anlagen des rollenden Materials von Eisenbahnunternehmen und Fahrzeuge von Magnetschwebebahnen (außer Ladegutbehälter unter Bundes- und Länderrecht), die Bundeswehr (ausgenommen im zivilen Bereich), Untertageanlagen gilt auch nicht – für Fahrzeuge außerhalb explosionsgefährdeter Bereiche, Schiffe, Anlagen unter Bergaufsicht in Küstengewässern, im Bereich des Medizinproduktegesetzes und (ausgenommen nach Nr. 3 des Anhangs) für Erprobung im Herstellerwerk	bisher :„Errichtung", neu „Montage, Installation" (aber weiterhin nur für elektrische Anlagen, wogegen die neue EXVO nicht nur elektrisch gilt!) Montage: Zusammenbau und Aufstellung Installation: Einbau von Verbindungsleitungen, Kabeln und Kanälen als Voraussetzung für die bestimmungsgemäße Verwendung unter „gilt auch nicht" – prinzipiell neu: Medizinprodukte ausgenommen, nunmehr im Medizinproduktegesetz geregelt; – entfallen: elektrische Anlagen, die weder gewerblichen b noch wirtschaftlichen Zwecken dienen ...und keine Arbeitnehmer beschäftigt werden (Anpassung an § 1a GSG) beibehalten : elektrische Anlageteile, die gleichzeitig einer anderen Verordnung über überwachungsbedürftige Anlagen unterliegen, müssen auch jener Verordnung entsprechen (z. B. der VbF, AcetV)

▼

Tafel 2.4 *Inhalt der ElexV vom 13. Dezember 1996 (Forts.)*

Inhalt der neuen ElexV	Veränderung gegenüber bisheriger ElexV
§ 2 Begriffsbestimmungen (1) Elektrische Anlagen: einzelne oder zusammengeschaltete Betriebsmittel, die elektrische Energie erzeugen, umwandeln, speichern, fortleiten, verteilen, messen steuern oder verbrauchen	unverändert
(2) Explosionsgefährdeter Bereich: Bereich, in dem die Atmosphäre auf Grund der örtlichen und betrieblichen Verhältnisse explosionsfähig werden kann	gleichlautend mit der EXVO (nicht mehr einbezogen: gefahrdrohende Menge)
(3) Explosionsfähige Atmosphäre: Gemisch aus Luft und brennbaren Gasen, Dämpfen, Nebeln oder Stäuben unter atmosphärischen Bedingungen ...	gleichlautend mit der EXVO (sinngemäß unverändert)
(4) Zonen nach der Wahrscheinlichkeit des Auftretens explosionsfähiger Atmosphäre: Gemischbildung mit Luft durch Gase, Dämpfe oder Nebel 1. ständig, langzeitig oder häufig – Zone 0 2. gelegentlich – Zone 1 3. nicht damit zurechnen; wenn doch, dann selten, kurzer Zeitraum – Zone 2 durch Stäube 4. (wie bei 1.) – Zone 20 5. (wie bei 2.) – Zone 21 6. (wie bei 3.) – Zone 22	eingefügt: langzeitig eingefügt: „nicht damit zu rechnen" wie bisher Zone 10, eingefügt: langzeitig neu (auch in Verbindung mit Zone 22) neu (Zone 11 bisher: gelegentlich kurzzeitig) Zonen G und M gehören nicht mehr zur ElexV
§ 3 Allgemeine Anforderungen, Ermächtigung zum Erlaß technischer Vorschriften (1) Montage, Installation und Betreiben elektrischer Anlagen in explosionsgefährdeten Bereichen müssen entsprechen – dem Anhang zur ElexV – einer nach GSG (§ 11 Abs.1 Nr.3) erlassenen Rechtsverordnung und – dem Stand der Technik. Inbetriebnahme nur bei Übereinstimmung mit der Explosionsschutzverordnung vom 12.12.1996 und nur nach dort festgelegter Zonen-Zuordnung (2) Ermächtigung, zum Erlaß technischer Vorschriften ergänzend zum Anhang der ElexV: Bundesministerium für Arbeit und Sozialordnung	bisher: Errichten und Betreiben bisher: „nach den anerkannten Regeln der Technik", völlig neu: unmittelbarer Bezug auf die Explosionsschutzverordnung (Kernaussage der neuen ElexV!)
§ 4 Weitergehende Anforderungen Anlagen müssen auch zusätzlichen Anforderungen der zuständigen Behörde entsprechen zur Abwendung besonderer Personengefahr	unverändert
§ 5 Ausnahmen Die zuständige Behörde kann im Einzelfall aus besonderen Gründen Ausnahmen von § 3(1) zulassen bei anderweitig gewährleisteter Sicherheit	Ausnahmen auf Herstellerantrag mit PTB-Stellungnahme entfallen
§ 6 Anlagen des Bundes (1) Regelung der Befugnisse nach §§ 4 und 5 für Anlagen unter Bundesverwaltung (2) Ausnahmeregelung für Bundeswehrbereich	sinngemäß unverändert

▼

Rechtsgrundlagen und Normen

Tafel 2.4 *Inhalt der ElexV vom 13. Dezember 1996 (Forts.)*

Inhalt der neuen ElexV	Veränderung gegenüber bisheriger ElexV
§ 7 Verhinderung explosionsfähiger Atmosphäre Aufforderung zu Maßnahmen nach dem Stand der Technik, um explosionsfähige Atmosphäre in gefahrdrohender Menge zu verhindern oder einzuschränken	sinngemäß unverändert (bisher auf anerkannte Regeln der Sicherheitstechnik bezogen)
§ 8 (weggefallen)	bisher „Inbetriebnahme von elektrischen Betriebsmitteln", neu in § 3 einbezogen
§ 9 Instandsetzung von Betriebsmitteln (1) Inbetriebnahme nach schutzbeeinflussender Instandsetzung nur nach Prüfung mit Bescheinigung oder mit Prüfzeichen durch Sachverständigen oder (2) Prüfung und Bestätigung vom Hersteller (EXVO) (3) bei Negativurteil des Sachverständigen: auf Betreiberantrag entscheidet die Behörde	bisher „Instandsetzung oder Änderung..." (2) bisher als Stückprüfung, nun gemäß EXVO ; bisher (3) (Behandlung als „Sonderanfertigung") nicht mehr zulässig
§ 10 (weggefallen)	bisher „Sonderanfertigung" (weiterhin möglich durch § 4(5) der EXVO)
§ 11 Nichtanwendung des § 9 Nichtanwendung bei Betriebsmitteln in den Zonen 2 und 22, in eigensicheren Stromkreisen (wenn nicht sicherheitsbeeinflussend), für Kabel und Leitungen (ausgenommen Heizkabel und -leitungen) sowie bis 1,2 V; 0,1 A; 20 µJ oder 25 mW	sinngemäß unverändert, auf neue Zoneneinteilung bezogen und neuem Inhalt angepaßt (bisher: Nichtanwendung der §§ 8 bis 10)
§ 12 Prüfungen auf ordnungsgemäße Montage, Installation, Betrieb durch Elektrofachkraft oder unter ihrer Leitung und Aufsicht: (1) Betreiber hat Prüfung zu veranlassen 1. vor Erstinbetriebnahme und 2. in bestimmten Zeitabständen (3 Jahre), entfällt bei ständiger Überwachung durch verantwortlichen Ingenieur (2) Regeln nach dem Stand der Technik beachten (3) Prüfbuch führen auf Verlangen der zuständigen Behörde (4) Berechtigung der Aufsichtsbehörde, im Einzelfall besondere Prüfungen anzuordnen	neu: Beschränkung auf Montage, Installation, Betrieb (2) bisher: nach „elektrotechnischen Regeln" (4) bisher: Erstprüfung verzichtbar, wenn der Hersteller oder Errichter den verordnungsgemäßen Zustand dem Betreiber bestätigt – entfallen !
§ 13 Betrieb (1) Betreiberpflichten: Erhaltung des ordnungsgemäßen Anlagenzustandes und Betreibens, ständiges Überwachen, unverzügliches Instandhalten und -setzen, den Umständen nach erforderliche Sicherheitsmaßnahmen treffen (2) Berechtigung der Aufsichtsbehörde, im Einzelfall erforderliche Überwachung anzuordnen (3) Verbot des Betreibens mit gefährdenden Mängeln	sinngemäß unverändert
§ 14 Prüfbescheinigungen (1) Prüfbescheinigungspflicht des Sachverständigen, (ersatzweise auch Prüfzeichen; entfällt bei angeordneter Prüfung), Meldung gefährdender Mängel (2) Aufbewahrung der Prüfbescheinigungen (nach 1) am Betriebsort	(1) sinngemäß unverändert (2) bisher: auch Abdruck der Baumusterprüfbescheinigung am Betriebsort aufzubewahren

▼

Tafel 2.4 *Inhalt der ElexV vom 13. Dezember 1996 (Forts.)*

Inhalt der neuen ElexV	Veränderung gegenüber bisheriger ElexV
§ 15 Sachverständige (1) Prüfberechtigte Sachverständige: Personen 1. nach GSG, § 14 Abs. 1 und 2 2. der Physikalisch -Technischen Bundesanstalt (PTB) 3. behördlich anerkannte Werksangehörige 4. im Saarland bergbehördlich für Tagesanlagen anerkannt sowie behördlich anerkannte Werks-Sachkundige (2) Aufsichtsbehörde kann für § 12 (4) Sachverständigen bestimmen (3) Bundesministerium kann für Wasser- und Schiffahrtsverwaltung sowie Bundeswehr Sachverständige bestimmen	sinngemäß unverändert
§ 16 Aufsicht über Anlagen des Bundes Festlegung der behördlicher Zuständigkeiten	unverändert
§ 17 Schadensfälle (1) Pflicht des Betreibers, elektrisch verursachte Explosionen bei Schadenwirkung der Behörde zu melden, Behörde kann Sachverständigen-Untersuchung fordern (2) Bundeswehr: nicht meldepflichtig	sinngemäß unverändert
§ 18 Deutscher Ausschuß für explosionsgeschützte elektrische Anlagen (1) bis (6); Beratender Ausschuß des Bundes-ministeriums für Arbeit und Sozialordnung, Zusammensetzung, Aufgaben	Aufgaben verändert (DExA neu geordnet und dem veränderten Ziel der neuen ElexV angepaßt)
§ 19 Übergangsvorschriften (1) Am 20. Dez. 1996 befugt betriebene Anlagen dürfen nach den bis dahin dafür geltenden Bestimmungen weiterbetrieben werden. (2) Bestandsschutz für Bergbau-Sachverständige übertage mit landesrechtlicher Anerkennung vor dem 1. Dezember 1990	(1) bisher: Regelung für nach dem 1. Januar 1961 erteilte PTB- und BVS-Prüfbescheinigungen und Bauartzulassungen der Bundesländer (entfallen) (2) bisher auf landesrechtliche Bauartzulassungen für Übertageanlagen bezogen (gleiches Datum) § 19a (DExA-Übergangsvorschrift): zeitlich überholt
§ 20 Ordnungswidrigkeiten (1) Aufzählung von 5 als ordnungswidrig erklärten Verstößen gegen Bestimmungen der §§ 3 und 12 (Prüfung, Aufsicht bei Erprobung) (2) Verstoß gegen die Anzeigepflicht nach § 17 Abs.1	(1) bisher: Aufbewahrungspflicht eines Abdruckes der Baumusterprüfbescheinigung am Betriebsort unter 5. einbezogen (Verstoß ordnungswidrig) allgemein: bisher auf Betriebsmittel bezogen (nun auf Anlage bezogen)
Anhang (zu § 3 Abs.1) 1. Betrieb und Unterhaltung 1.1 Arbeiten unter Spannung nur dann, wenn keine Zündgefahr oder keine gefährliche explosionsfähige Atmosphäre entstehen kann 1.2 Reinigung in staubexplosionsgefährdeten Anlagen muß gefahrdrohende Staubansammlungen in und auf den Betriebsmitteln verhindern	bisher 1: Beschaffenheit elektrischer Anlagen[1] (auch Kennzeichen ⟨Ex⟩) hier entfallen bisher 1.1.1 bisher 3.2

Tafel 2.4 *Inhalt der ElexV vom 13. Dezember 1996 (Forts.)*

Inhalt der neuen ElexV	Veränderung gegenüber bisheriger ElexV
2. Schutzmaßnahmen in explosionsgefährdeten Bereichen Soweit betriebstechnisch möglich, – Verhindern, daß gefährliche explosionsfähige Atmosphäre die Betriebsmittel berührt (Dichtheit) – oder lüftungstechnische Konzentrationsminderung. Meßgeräte für Explosionsschutz: funktionssicher	bisher 4.
3 Entwicklung und Erprobung 3.1 Allgemeine Bestimmungen Anlagenmontage, -installation oder -betrieb im Herstellerwerk: möglichst die Schutzvorschriften für den Normalbetrieb einhalten, Gefahrenbereiche festlegen, Personenaufenthalt nur soweit betriebserforderlich 3.2 Programm Schriftliches Programm, Ziel: Risikominderung 3.3 Leitung: durch erfahrene fachkundige Person, die gefahrmindernd eingreifen kann 3.4 Personal: Mindestalter 18 Jahre, auch vertraut mit probeweise blockierten Sicherheitseinrichtungen, Einsatzzeit angemessen begrenzen	bisher 5. Erprobung, sinngemäß unverändert

1) vgl. EXVO mit Richtlinie 94/9/EG (Anhang II, „Grundlegende Sicherheits- und Gesundheitsanforderungen ..."
   für Geräte und Schutzsysteme)

Änderungen von substantieller Bedeutung:
Darüber informiert die Tafel 2.4.
Ergänzend dazu sollen folgend gleich hier noch einige Hinweise gegeben werden.

Frage 2.4.1   Zum Anwendungsbereich der ElexV (§ 1): Gilt die neue ElexV auch für das Errichten?

Wo es bisher um das Errichten ging, verwendet die neue ElexV die sprachliche Wendung „die Montage, die Installation...". Weil der Begriff Errichtung im Sinne des § 11 GSG sowohl Beschaffenheits- als auch Betriebensanforderungen umfaßt, durfte er in der einer Betriebensvorschrift, wie sie die ElexV nun geworden ist, nicht mehr erscheinen. In diesem Zusammenhang ist interessant, daß nach einem Kommentar zur ElexV das „Errichten" in der ElexV und in der Elektro-Errichtungsnorm DIN VDE 0165 seit jeher in unterschiedliche Richtungen zielen. Trotzdem erklärt die Norm ausdrücklich die ElexV zur Grundlage. Aber nicht nur deswegen sind die **Planer** und **Errichter** von der ElexV auch neuerdings keineswegs ausgeschlossen. Sie **müssen die ElexV beachten, um die sachlichen Voraussetzungen für das vorschriftsmäßige Betreiben zu schaffen.**

Frage 2.4.2 Zu den Begriffsbestimmungen der neuen ElexV (§ 2): Was ändert sich wesentlich durch neue Begriffe?

Die Definitionen „explosionsgefährdeter Bereich" (bisher ... Raum) und die „explosionsfähige Atmosphäre" lauten jetzt etwas anders. Hier bestimmt die EXVO den Wortlaut. Das Kriterium „gefahrdrohende Menge" ist nicht mehr unmittelbar einbezogen. Da aber weiterhin nach § 7 Maßnahmen verlangt werden, um explosionsfähige Atmosphäre in gefahrdrohender Menge zu verhindern oder einzuschränken, dürfte sich die Anwendungspraxis nicht ändern.
Etwas anders sieht es jedoch bei den Stufen der Explosionsgefahren aus, den „Zonen". **Ein Kernpunkt des neuen Konzeptes besteht darin, jeder Stufe der Explosionsgefahr das erforderliche Niveau des Explosionsschutzes direkt zuzuordnen,** ausgedrückt durch die Gerätegruppen und -kategorien der neuen EXVO.
Die Umrisse zur Definition der Zonen auf internationaler Ebene sind zwar schon länger erkennbar, aber bei der wörtlichen Formulierung streitet man noch über mehrere Varianten. Für die ElexV mußte vorab ein gemeinsamer Nenner gefunden werden in Form der Zoneneinteilung nach § 2(4).
Tafel 2.5 enthält die Zuordnung der neuen Merkmale explosionsgeschützter Geräte zu den einzelnen Zonen.

Tafel 2.5 Zuordnung explosionsgeschützter Geräte der Gruppe II gemäß Richtlinie 94/9/EG (EXVO) zur Einteilung explosionsgefährdeter Bereiche gemäß Neufassung der ElexV (13.12.1996)

1.	explosionsfähige Atmosphäre (ElexV) besteht durch					
	brennbare Gase, Dämpfe oder Nebel			brennbare Stäube		
	Zone 0	Zone 1	Zone 2	Zone 20	Zone 21	Zone 22
2.	Kennzeichen der dafür am besten geeigneten Geräte (94/9/EG)					
	II 1 G	II 2 G	II 3 G	II 1 D	II 2 D	II 3 D
3.	Kennzeichen ebenfalls dafür zulässiger Geräte (94/9/EG)					
	–	II 1 G	II 1 G II 2 G	–	II 1 D	II 1 D II 2 D

Erläuterung zu 2. und 3.
Kurzzeichen für die Qualität (Arten und Stufen) des Explosionsschutzes nach Richtlinie 94/9/EG :
II   – Gerätegruppe II (geeignet für allgemeine Anwendung, ausgenommen im Bergbau untertage)
1, 2, 3 – Gerätekategorie (Merkmal der Zuverlässigkeit apparativer Zündschutzmaßnahmen, Maximum bei 1);
➥ für elektrische Geräte (Betriebsmittel) der Kategorien 1 und 2 muß dem Hersteller eine EG-Baumuster-Prüfbescheinigung vorliegen, der Anwender hingegen muß für jedes Gerät, gleich welcher Kategorie, vom Hersteller keine Prüfbescheinigung bekommen, sondern eine Konformitätserklärung
G   – für gasexplosionsgefährdete Bereiche (engl. gas)
D   – für staubexplosionsgefährdete Bereiche (engl. dust)

Rechtsgrundlagen und Normen 37

Die Erweiterung bei der Staubexplosionsgefahr von bisher zwei Zonen (10 und 11) auf neuerdings drei (20 bis 22) birgt noch erheblichen Orientierungsbedarf. Gründe dafür sind u. a.

- die DIN VDE 0165 Ausgabe 02.91, die als technisches Regelwerk für das Errichten elektrischer Anlagen in explosionsgefährdeten Bereichen noch nicht angepaßt werden konnte,
- das Warten auf europäische Normen für elektrische Betriebsmittel in staubexplosionsgefährdeten Bereichen; darüber wird noch beraten.

Das wirkt sich aus

- bei bestehenden Anlagen, deren Einstufung auf die neuen Zonen umgestellt worden ist. Dabei muß die Eignung der elektrischen Betriebsmittel überprüft werden.
- beim Übergang von Zone 11 auf die neue Zoneneinteilung. Bestandsschutz kann hier nur bedenkenlos erhalten bleiben, wenn er in die Zone 22 erfolgt.

Woran orientiert man sich dann? Wo der Zugriff auf europäisch harmonisierte technische Regeln noch fehlt – so heißt es in den Verwaltungsvorschriften zum GSG – sind konforme national bekanntgemachte (also deutsche) Normen und Spezifikationen heranzuziehen. Ansonsten bilden die grundlegenden Sicherheitsanforderungen der Richtlinie 94/9/EG und der Stand der Technik den Beurteilungsmaßstab. Dabei darf das bisher genormte Sicherheitsniveau nicht unterschritten werden. Zweifelsfälle muß die nach Landesrecht zuständige Aufsichtsbehörde entscheiden.

Frage 2.4.3 Was ändert sich mit der Zonen-Einstufung der explosionsgefährdeten Bereiche (§ 2)?

Während der Übergangszeit werden sowohl Betriebsmittel nach altem Recht (Zuordnung zur Zoneneinstufung nach der Errichtungsnorm DIN VDE 0165) als auch nach neuem Recht (Zuordnung durch die Gerätekategorie nach EXVO bzw. Richtlinie 94/9/EG) angeboten. Wie die gestaffelte Zuordnung nach neuem Recht aussieht, zeigt Tafel 2.5.
Planer und Errichter treffen ihre Betriebsmittelauswahl nach der jeweiligen Auftragsdokumentation und den maßgebenden Errichtungsnormen. Betreiber müssen ihre Instandhaltung ebenfalls dementsprechend gestalten und für das Betreiben weitere Bestimmungen beachten.
Als Arbeitsgrundlage sollte immer eine aktuelle Beurteilung und Einstufung der explosionsgefährdeten Bereiche vorliegen.
Beim Vergleich der Definitionen zur Zoneneinteilung in den dafür geltenden Regeln und neuen Entwürfen stellt man noch immer bemerkenswerte Unterschiede fest (ElexV/EG-Entwurf nach ATEX 118a/EN 1127-1 u. a. m.). Das kann verwirren, muß es aber nicht. Für das Auswählen der elektrischen Betriebsmittel macht es nämlich keinen Sinn, wörtliche Definitionen der Zonen gegeneinander abzuwägen. Dazu muß nur das markierte Gefahrenniveau erkennbar sein, also die Ziffer der Zone. Das allein ist die Grundlage der Auswahlanweisungen in den Errichtungsnormen.

Rechtlich maßgebend für alles, was auf deutschem Gebiet zur Einteilung explosionsgefährdeter Bereiche festgelegt werden muß, sind die ElexV und die VbF (innerhalb ihrer Anwendungsbereiche). Welche internationale oder nationale Grundlage für ausländische Standorte gelten soll, bedarf der konkreten Vereinbarung.

Frage 2.4.4 Was ändert sich in Verbindung mit den Arten der Explosionsgefahren?

- **Gasexplosionsgefährdete Betriebsstätten (Zonen 0, 1 und 2):**
  Für Betriebsstätten, die durch Gase, Dämpfe oder Nebel explosionsgefährdet sind, bringt das neue Recht keine wesentlichen Änderungen gegenüber der bisherigen Verfahrensweise mit sich.
- **Staubexplosionsgefährdete Betriebsstätten (Zonen 20, 21 und 22):**
  Bei staubexplosionsgefährdeten Betriebsstätten dagegen muß man vorerst mit Komplikationen rechnen. Gründe:

a) Instandhaltung (Bestandsschutz)
In der gültigen DIN VDE 0165 (02.91) sind nur die Errichtungsregeln mit Bezug auf die alte Einstufung (Zone 10, Zone 11). erfaßt. Der Einsatz von Betriebsmitteln der neuen Qualität II D 2 (Staubexplosionsschutz in Gerätekategorie 2) wäre für Zone 11 möglich, aber nicht erforderlich, für Zone 10 jedoch zu verbieten.

b) Rekonstruktion und Neubau
Zur neuen Einstufung (Zonen 20 bis 22) liegen angepaßte Errichtungsregeln noch nicht vor. Weiteres hierzu ist im Abschnitt 17 enthalten.
- **Medizinische Bereiche (Zonen G und M)** Für den medizinischen Bereich, der bisher durch die Zonen G und M erfaßt war, bleiben Fragen offen. Die neue ElexV gilt dafür nicht mehr. Das Medizinproduktegesetz geht jedoch auf den Explosionsschutz nicht ein. Berechtigt dies zu der Annahme, daß nun in den Op- und Analgesie-Bereichen elektrischer Explosionsschutz unnötig geworden ist? Darauf sollte man nicht bedenkenlos vertrauen (DIN EN 60601-1).

Frage 2.4.5 Zum Maßstab „Stand der Technik" (§ 3): Gibt es im Explosionsschutz noch anerkannte und verbindliche Regeln der Technik?

Elektrische Anlagen müssen nach dem „Stand der Technik" montiert, installiert und betrieben werden. Das fordert nun die ElexV im § 3 an jener Stelle, wo es bisher hieß, daß die Anlagen im übrigen nach den „allgemein anerkannten Regeln der Technik" errichtet und betrieben werden müssen.
Sind deshalb die allgemein anerkannten Regeln der Technik nun für den Explosionsschutz passé? Das kann nicht sein, denn kein anderes Mittel eignet sich besser, behördlich akzeptierte Maßstäbe der technischen Sicherheit eindeutig zu beschreiben. Am Beispiel der eigensicheren Stromkreise zeigt es sich besonders deutlich: **ohne praktikable und einverständlich anwendbare Regeln der Technik ist elektrischer Explosionsschutz nicht möglich.**

Rechtsgrundlagen und Normen 39

Allgemeine Verwaltungsvorschriften legen fest, wonach sich die Behörde zu richten hat, wenn sie den ordnungsgemäßen Zustand überwachungsbedürftiger Anlagen überprüft. In der Allgemeinen Verwaltungsvorschrift (AVV) zum 2. Abschnitt des Gerätesicherheitsgesetzes (GSG) vom 10. Januar 1996 wird die prüfende Aufsichtsbehörde angewiesen, welche technischen Regeln in diesem Zusamenhang als anerkannt zu betrachten sind. Auch die behördlich heranzuziehenden Regeln der Sicherheitstechnik werden dort einzeln angegeben. Genannt sind als allgemein anerkannte Regeln der Technik die DIN, VDE, DVGW und andere. Als Regeln der Sicherheitstechnik gelten die Durchführungsanweisungen zu den Unfallverhütungsvorschriften einschließlich der zugehörigen Richtlinien, Sicherheitsregeln und Merkblätter sowie weitere Regeln, die das Bundesministerium für Arbeit und Sozialordnung im Bundesarbeitsblatt (BABl.) bekannt gibt. Im BABl. I 9/96 sind Normen zur Allgemeinen Verwaltungsvorschrift des GSG veröffentlicht worden. Dort sind auch die DIN VDE-Bestimmungen des elektrischen Explosionsschutzes angegeben.
Zur bisherigen ElexV gibt es eine Allgemeine Verwaltungsvorschrift (AVV zur ElexV vom 27.02.1980).

Dort wird verwiesen auf

- die Explosionsschutz-Richtlinien (EX-RL) und auf
- die einschlägigen VDE-Bestimmungen, die vom Bundesminister für Arbeit und Sozialordnung (BMA) im BABl. bezeichnet worden sind. Im BABl. 4/98 wurde wieder eine Liste bekannt gegeben. **Nur amtlich bekanntgemachte Normen haben verpflichtenden Charakter** (Ermächtigung des BMA nach § 11 GSG und § 3 ElexV, technische Vorschriften zur Anwendung in explosionsgefährdeten Bereichen zu erlassen).

An dieser Stelle ist auch auf den § 3 der UVV VBG 4 hinzuweisen. Dort heißt es, daß die Anlagen und Betriebsmittel „den elektrotechnischen Regeln entprechend errichtet, geändert und instandgehalten werden" müssen, und im Anhang 3 der VBG 4 sind die Regeln einzeln angegeben.
Vorrang hat nun der Stand der Technik. Bleibt eine Regel erkennbar dahinter zurück, dann muß sich der verantwortliche Anwender mit der zuständigen Behörde darüber verständigen.
Nach den Normungsgrundsätzen der Deutschen Elektrotechnischen Kommission im DIN Und VDE (DKE) vom 24.02.1997 haben die Normen den jeweiligen Stand von Wissenschaft und Technik zu berücksichtigen. Dazu heißt es: *„Bei sicherheitstechnischen Festlegungen in DIN- bzw. in DIN-VDE-Normen besteht juristisch eine tatsächliche Rechtsvermutung dafür, daß sie fachgerecht, das heißt, daß sie „anerkannte Regeln der Technik" sind."*
Auch wenn sie meist schon bei Erscheinen der neueste Stand der Technik punktuell überholt hat.

Frage 2.4.6 Zur Erlaubnis von nicht baumustergeprüften Geräten (§ 11): Wo kann auf Ex-Betriebsmittel verzichtet werden?

Zunehmender Kostendruck liefert permanent den Anlaß, das Vorschriftenwerk zuerst danach abzuklopfen, wo explosionsgeschütztes Gerät vermeidbar sein könnte. Fündig wird man nach wie vor nur

- **im unteren Grenzbereich der Explosionsgefahr (Zonen 2 oder 22), und dort nur teilweise zu den bisherigen Bedingungen.**

Diese Frage bleibt auch weiterhin interessant

- **bei solchen Zündschutzarten, die „normale" Betriebsmittel prinzipiell einbeziehen und deren Zündgefahr anderweitig ausschließen.** Das sind die Überdruckkapselung „p" und die Eigensicherheit „i".

Als Sonderfall sind *Versuchsaufbauten und vorübergehend betriebene Meßeinrichtungen* zu erwähnen. DIN VDE 0165 (02.91) gestattet es, normale nicht baumustergeprüfte Betriebsmittel zu verwenden, wenn andere dort genannte Sicherheitsmaßnahmen angewendet werden, um Zündgefahren auszuschließen. Weitere Voraussetzungen: nur befristete bestehende Einrichtungen, ständige Überwachung durch besonders geschultes Personal, schriftliche Festlegung der Maßnahmen. Soweit aus der Norm. Und *wo findet man die rechtliche Grundlage dafür, unter welchen Voraussetzungen auf eine Baumuster-Prüfbescheinigung für den Explosionsschutz eines elektrischen Betriebsmittels verzichtet werden kann?*
In der bisher gültigen ElexV regelt das der § 11. Für das Betreiben sind diese Festlegungen in den § 11 der neuen ElexV praktisch gleichbedeutend übernommen worden (hierzu weiteres unter Frage 9.6)
Bezogen auf das Inverkehrbringen nach neuem Recht geben die EXVO (§ 4) und die Richtlinie 94/9/EG Antwort auf diese Frage. Geräte der Kategorien 1 und 2 haben eine Baumusterprüfung zu absolvieren, die mit Prüfungsschein belegt werden muß. Nur Geräte der Kategorie 3 (nur für die Zonen 2 oder 22 bzw. 11 nach bisheriger Einteilung verwendbar) unterliegen nicht der EG-Baumusterprüfpflicht, aber in jedem Falle muß dem Anwender eine EG-Konformitätserklärung vorliegen. Weitere Informationen sind der Tafel 2.5 zu entnehmen.
Neben dem „Gerät" definiert die Richtlinie auch „Schutzsysteme" und „Komponenten" als Objekte des apparativen Explosionsschutzes (Tafel 2.1). Die Geräte-Definition der EXVO enthält weitere entscheidende Merkmale zu dieser Frage. *Als Geräte gelten Maschinen, Betriebsmittel usw., die einzeln oder kombiniert ihren Zweck erfüllen.* Es kommt also auch auf die Art der Anwendung an. Zumeist handelt es sich um einzeln in Verkehr gebrachte Geräte, die in der Anlage auch einzeln austauschbar sind. *Das trifft nicht mehr zu, wenn Einzelgeräte, Schutzsysteme oder Komponenten zu fabrikfertig angebotenen Einheiten montiert werden, die nur im funktionalen Zusammenhang bestimmungsgemäß arbeiten.* Solche kombinierten Geräte sind nicht frei austauschbar. In diesem Fall muß die funktionale Einheit bescheinigt werden, aber nicht die einzelnen Einbauten.

Trifft das auch auf eine neu errichtete oder rekonstruierte Produktionsanlage zu? Nein, dafür kann es logischerweise nicht zutreffen, weil diese Anwendung kein kombiniertes Gerät darstellt, sondern eine individuelle Kombination von Geräten. Andernfalls müßte man die Anlage als Ganzes einem EG-Konformitätsprüfungsverfahren unterziehen, ohne zu wissen, auf welcher Grundlage, und man müßte die CE-Kennzeichnung anbringen.

Frage 2.4.7   Zum Nachweis der ordnungsgemäßen Errichtung (§ 12):
Darf die Erstinbetriebnahme auch ohne Prüfung erfolgen?

Nein. Vor der Erstinbetriebnahme einer Anlage muß der vorschriftsmäßige Zustand grundsätzlich durch Prüfung nachgewiesen werden. Am Grundsatz hat sich nichts geändert, wohl aber an der Art des Nachweises der Inbetriebnahmeprüfung. Die neue ElexV läßt es nicht mehr zu, auf die Inbetriebnahmeprüfung zu verzichten und dem Betreiber oder Auftraggeber vereinfachend nur eine sogenannte Errichterbescheinigung zu übergeben.

Frage 2.4.8   Zum Wegfall der Beschaffenheitsforderungen im Anhang der ElexV:
Sind diese Sicherheitsgrundätze aufgehoben?

Wenn dem tatsächlich so wäre, dann gäbe es keine gesetzlichen Grundregeln mehr für die Explosionssicherheit elektrischer Anlagen. Daß man diese Grundregeln in der neuen ElexV nicht mehr direkt nachlesen kann, liegt an der Struktur des europäischen Rechts.
Alles, was die ElexV bisher zur Beschaffenheit elektrischer Betriebsmittel regelt, ist eingegangen in die „grundlegenden Sicherheits- und Gesundheitsanforderungen" der Richtlinie 94/9/EG (Anhang II), und damit ist es nun Gegenstand der EXVO.
Gemäß § 3 der neuen ElexV dürfen elektrische Anlagen in explosionsgefährdeten Räumen nur in Betrieb genommen werden, wenn sie den Anforderungen der EXVO entsprechen. Das erscheint nicht logisch, denn der Anwendungsbereich der EXVO erstreckt sich auf „Geräte ...", aber nicht auf Anlagen. Kabel und Leitungen sind grundsätzlich nicht einbezogen. Begreiflich wird es, wenn man ein Betriebsmittel auch als Anlage interpretiert (§ 1 ElexV) und darin den Willen des Gesetzgebers erkennt, die bisher verbindlichen Beschaffenheitsgrundsätze nicht aufzugeben.

Frage 2.5   Gelten die neuen Rechtsvorschriften bedingungslos ab sofort?

In der neuen ElexV gibt es keine Übergangsbestimmungen. Die Zweite Verordnung zum Gerätesicherheitsgesetz mit den Änderungen der Verordnungen über überwachungsbedürftige Anlagen und der EXVO ist am Tage nach ihrer Verkündung, also am 13. Dezember 1996, rechtskräftig geworden.
Übergangsbestimmungen enthält aber der § 7 der EXVO. Dort heißt es unter § 7 (1): *„Geräte und Schutzsysteme, die den am 23. März 1994 im Geltungsbereich die-*

42 Rechtsgrundlagen und Normen

ser Verordnung geltenden Bestimmungen entsprechen, dürfen bis zum 30. Juni 2003 in den Verkehr gebracht werden".

Bild 2.2 stellt die Situation grafisch dar (entnommen aus einer Information der Physikalisch-technischen Bundesanstalt Braunschweig).

Das bedeutet, **für das neue Recht zur Beschaffenheit und zum Inverkehrbringen gilt eine Übergangszeit bis zur Jahresmitte 2003.** In diesem Zeitraum steht es frei, dafür entweder die neue EXVO anzuwenden oder die ElexV in ihrer bisherigen Fassung.

Andererseits haben bestehende Anlagen vollen Bestandsschutz. Normgerecht beschaffene Betriebsmittel dürfen auch nach dem 30. Juni 2003 weiter ihren Dienst tun, ob sie nun der EXVO entsprechen oder nicht.

Frage 2.6   Wie gestaltet sich die Anwendungspraxis im Übergangszeitraum der EXVO?

Nach dem Willen des Gesetzgebers sollen Produkte, die der EXVO bzw. Der Richtlinie 94/9/EG entsprechen, nur nach den Regelungen der neuen ElexV betrieben werden. Hersteller müssen auf Kostensenkung bedacht sein und können sich nur gleitend auf die neuen europäischen Grundsätze einstellen. Ob der Übergang bis zum Jahr 2003 umfassend abgeschlossen werden kann, ist noch fraglich. Wonach kann sich der Betreiber richten, wenn der objektive anlagetechnische Bestand es nicht zuläßt, mit sauberem Schnitt auf das neue Recht umzustellen? Versucht man, juristische Komplikationen mit technischem Sachverstand zu umgehen, so führt dies zu folgenden grundsätzlichen Überlegungen:

Gesetzliche Übergangszeit im Explosionsschutz

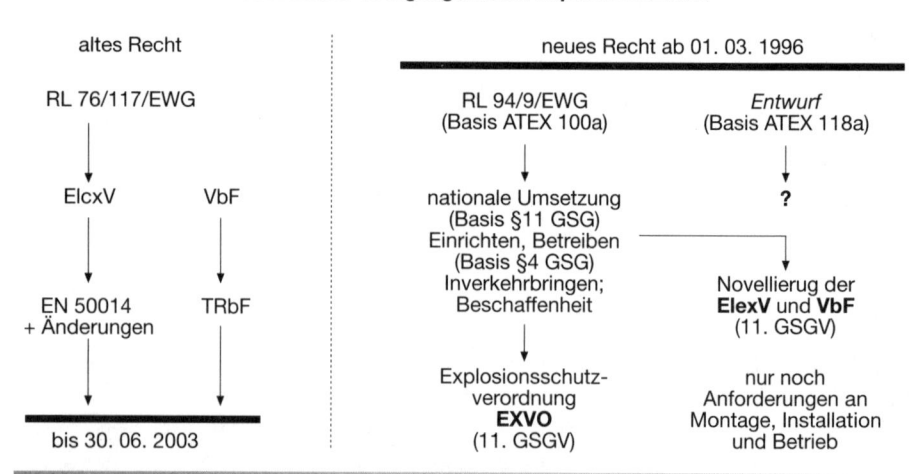

altes Recht		neues Recht ab 01. 03. 1996	
RL 76/117/EWG		RL 94/9/EWG (Basis ATEX 100a)	*Entwurf* (Basis ATEX 118a)
↓		↓	↓
ElcxV	VbF	nationale Umsetzung (Basis §11 GSG) Einrichten, Betreiben (Basis §4 GSG) Inverkehrbringen; Beschaffenheit	?
↓	↓		↓
EN 50014 + Änderungen	TRbF		Novellierug der **ElexV** und **VbF** (11. GSGV)
↓	↓	↓	↓
bis 30. 06. 2003		Explosionsschutz- verordnung **EXVO** (11. GSGV)	nur noch Anforderungen an Montage, Installation und Betrieb

Bild 2.2 Übergangszeiten von Rechtsnormen des Explosionsschutzes

(Quelle: PTB)

Rechtsgrundlagen und Normen 43

1. Die ElexV definiert elektrische Anlagen als einzelne oder zusammengeschaltete energietragende Betriebsmittel. Mit dieser historischen Definition ist dem Sicherheitsanspruch elektro- und automatisierungstechnischer Anlagen nach heutigem Stand der Technik nicht beizukommen. Aus vorschriftsmäßig beschaffenen Betriebsmitteln kommt nicht zwangsläufig eine explosionssichere Anlage zustande. **Anlagetechnische Explosionssicherheit entsteht durch das Anwenden technischer Regeln für die Betriebsmittel und technischer Regeln für das Zusammenwirken. Rechtliche und technische Regeln müssen aufeinander abgestimmt sein.**

Ein rechtlich sauberer Übergang auf die neue ElexV kann im Einzelfall erst dann vollzogen werden, wenn diese sachlichen Voraussetzungen vollständig erfüllt sind. Bis dahin muß das erforderliche Sicherheitsniveau auf bisheriger Grundlage sichergestellt werden.

2. Angebotsgrundlage für den Planer oder Errichter kann grundsätzlich nur eine Anlage nach dem Stand der Technik und der Sicherheitstechnik sein. Mittel dazu sind die aktuellen Errichtungsnormen und die Einstufung der explosionsgefährdeten Bereiche nach neuer ElexV. **Für die Instandhaltung muß es möglich sein, neue Betriebsmittel in bestehende Anlagen einzubauen und Zubehörteile bisheriger Produktion, z. B. Kabel- und Leitungseinführungen, auch in neuen Betriebsmitteln zu verwenden. Kommt es dabei zu Komplikationen, dann werden die Hersteller dazu beitragen, eine sachgerechte Lösung zu finden.** *Sie werden von der Richtlinie 94/9/EG in die Pflicht genommen, Betriebsanleitungen zu liefern. Darin müssen auch alle erforderlichen Angaben zur sicheren Installation, Verwendung und Inbetriebnahme enthalten sein.*

Frage 2.7   Was enthält die UVV VBG 1 zum elektrischen Explosionsschutz und an wen wendet sie sich?

Die Unfallverhütungsvorschriften der gewerblichen Berufsgenossenschaften (UVV VBG)

– gelten grundsätzlich nur für die Mitgliedsunternehmen,
– enthalten verbindliche Schutzziele, die in Durchführungsanweisungen orientierend (nicht rechtsverbindlich) erläutert werden,
– schließen andere mindestens ebenso sichere Lösungen nicht aus.

Sie wenden sich hauptsächlich an den Unternehmer (Arbeitgeber), aber auch an die Versicherten (Beschäftigte).
In der UVV VBG 1 sind auch für explosionsgefährdete Bereiche zentrale Schutzziele formuliert. § 44 befaßt sich mit den „Maßnahmen zur Verhinderung von Explosionen":

1. Verhindern oder Einschränken des Entstehens explosionsfähiger Atmosphäre in gefahrdrohender Menge oder Verhindern der Zündung explosionsfähiger Atmosphäre

2. Verhindern gefährlicher Explosionswirkungen innerhalb von Behältern und Apparaten, falls explosionsfähige Gemische unvermeidlich sind

3. Vermeiden von Zündquellen, besonders genannt: kein offenes Feuer und Licht, Rauchverbot; deutlicher Hinweis auf dieses Verbot

4. Deutliche Kennzeichnung explosionsgefährdeter Bereiche.
Elektrischer Explosionsschutz zielt auf das Verhindern der Zündung.

Frage 2.8 Welche Technischen Regeln sind wichtig für Ex-Elektroanlagen?

Technische Regeln sollen es dem Fachmann ermöglichen, gesetzliche Schutzziele auf eine in Fachkreisen anerkannte Weise zu verwirklichen. Im Grundsatz nicht rechtsverbindlich erhalten sie jedoch verbindlichen Charakter, wenn es sich wie im Explosionsschutz um „staatlich bezeichnete Normen" handelt.
Das gilt dann auch für diejenigen Normen, die in den bezeichneten Normen zitiert werden. Andere technische Regeln darf man anwenden, wenn sie dem Stand der Technik entsprechen und mindestens die gleiche Explosionssicherheit gewährleisten.
Dazu ein Beispiel: DIN VDE 0165 für das Errichten elektrischer Anlagen in explosionsgefährdeten Bereichen ist eine staatlich bezeichnete Norm zur ElexV (altes Recht). Sie enthält jedoch noch nicht alles, was der Errichter wissen muß und nimmt unmittelbar Bezug auf die Normen DIN VDE 0170/0171 für den Explosionsschutz elektrischer Betriebsmittel und weitere technische Regeln. Am Schluß enthält die Norm eine Liste mit mehr als 70 weiteren zitierten Normen, beginnend mit DIN VDE 0100 bis zur AfK-Empfehlung Nr. 5 für den elektrischen Korrosionsschutz und zum PTB-Bericht W-39 für das Zusammenschalten linearer und nichtlinearer eigensicherer Stromkreise.
Eine andere Regel der Technik für Ex-Elektroanlagen ist die IEC-Norm 79-14, die als DIN EN 60079-14 und VDE 0165 Teil 1 übernommen worden ist (vgl. Abschnitt 1). Diese Norm bezieht jedoch den Staubexplosionsschutz nicht mit ein. Das soll die DIN EN 50281-1-2 VDE 0165 Teil 2 übernehmen.
Weil sich die neuen EG-Richtlinien auf abstrakt gefaßte grundlegende Sicherheitsanforderungen beschränken, bedarf es ergänzender technischer Regeln in Form von europäischen Normen. Die DIN-Normen für Ex-Betriebsmittel orientieren sich schon längere Zeit an der europäischen Normung. Diese Normen sind ebenfalls zunächst nicht verbindlich. Aber wenn sie angewendet werden und die CE-Kennzeichnung vorgenommen wurde, darf man vermuten, daß die verbindlichen grundlegenden Sicherheitsanforderungen erfüllt sind. Der Hersteller kann die Anforderungen der EG-Richtlinien jedoch auch auf andere Weise erreichen als nach der Norm.
Die Anwendung der Normen kann im besonderen Fall daran scheitern, daß die Anpassung an andere deutsche (zitierte) Normen nicht anstandslos funktioniert.
Die DIN VDE-Normen für das Errichten und das Betreiben elektrischer Anlagen in explosionsgefährdeten Bereichen beziehen sich sowohl

Rechtsgrundlagen und Normen 45

a) auf die allgemeingültigen Grundnormen für elektrische Anlagen als auch
b) auf die Grundnormen für den Explosionsschutz elektrischer Betriebsmittel
und ergänzen diese Normen mit speziellen Anforderungen des Explosionsschutzes.
Auch in den technischen Regeln zu anderen Verordnungen über überwachungsbedürftige Anlagen (Bild 2.1) können solche speziellen Forderungen enthalten sein.
Im Explosionsschutz sind die wesentlichen unmittelbar auf elektrische Anlagen bezogenen Normen noch überschaubar und in Tafel 2.6 **zusammengestellt. Als unmittelbare Arbeitsgrundlage dafür sind die unter 1. und 2. als DIN VDE aufgeführten Normen zu betrachten.**

Dazu kommen weitere Normen
- für den Schutz gegen bestimmte Arten von Zündquellen, z.b. Blitzschlag (DIN VDE 0185), elektromagnetische Felder (DIN VDE 0848 Teil 3)
- für bestimmte Arten explosionsgeschützter Geräte, z.b. elektrostatische Handsprüheinrichtungen (EN 50053 ff. DIN VDE 0745) und ortsfeste elektrostatische Sprühanlagen (EN 50176 ff. VDE 0147),
- für bestimmte Arten elektrischer Anlagen, z.B. Heizung, Analysenmeßhäuser und Anlagen in Überdruck-Schutzsystemen, wofür bisher nur Normenentwürfe vorliegen sowie weitere spezifische Normen, auf die hier nicht eingegangen werden kann.

Auf zwei Normen soll noch besonders hingewiesen werden, weil sie den elektrischen Explosionsschutz unmittelbar berühren:

- **EN 1127-1** Explosionsfähige Atmosphären - Explosionsschutz - Teil 1: Grundlagen und Methodik; Ausgabe August 1997. Diese Norm ist inhaltlich mit den deutschen Explosionsschutz-Richtlinien (EX-RL) der BG Chemie vergleichbar und soll in die EX-RL eingearbeitet werden. Ergänzend zu den Prinzipien und Grundsätzen des Explosionsschutzes sind Abschnitt „Elektrische Anlagen" (6.4.5) die dafür maßgebenden EN-Normen aufgeführt, auch die
- **EN 60079-10** Elektrische Betriebsmittel für gasexplosionsgefährdete Bereiche, Teil 10: Einteilung der gaseplosionsgefährdeten Bereiche (IEC 79-10; DIN VDE 0156 Teil 101 Ausgabe September 1996). Diese Norm beschreibt den Beurteilungsvorgang zur Einstufung explosionsgefährdeter Bereiche.

Wichtig beim Suchen nach Normativen und technischen Regeln für spezielle Probleme:
- Der Titel einer Norm für sich allein ist kein präziser Wegweiser, Anwendungsbereiche und Verweise auf fachlich benachbarte Normen beachten
- Technische Normen erheben weder Anspruch auf Vollständigkeit noch auf lückenlose Abstimmung
- Widersprüche zwischen fachlich benachbarten Normen sind entwicklungsbedingt nicht auszuschließen.
- auch bezeichnete und daher rechtswirksame Normen können den Sachverstand nicht ersetzen.

Tafel 2.6 *Elektrische Anlagen in explosionsgefährdeten Bereichen; wesentliche nationale und internationale Normen, Stand Februar 1998 (kursiv: Entwürfe)*

Thema	Internationale Norm [1]	Europäische Norm	Deutsche Norm
1. Elektrische Anlagen – Auswahl, Errichten bei Gasexplosionsgefahr bei Staubexplosionsgefahr	IEC 60079-14 *IEC 61241-1-2*	EN 60079-14 *prEN 50281-1-2*	DIN VDE 0165 (02.91) DIN EN 60079-14 VDE 0165 Teil1 (08.98) *DIN VDE 0165 (Teil 2)*
– Errichten bis 1000 V Nennspannung, Basisnorm	Reihe IEC 60364	Harmonisierungs- dokument HD 384	Reihe DIN VDE 0100
– Betreiben		*pr EN 50110*	DIN VDE 0105 Teil 1 DIN VDE 0105 Teil 9
– Prüfung und Instandhaltung (Gas-Ex)	IEC 60079-17	EN 60079-17	*DIN VDE 0170/0171 Teil 110*
– Prüfung und Instandhaltung (Staub-Ex)	*IEC 61241-1-2*	*prEN 50281-1-2*	*DIN VDE 0165 Teil 2*
2. Elektrische Betriebsmittel – Allgemeine Bestimmungen	IEC 60079-0	EN 50014	DIN VDE 0170/0171 Teil 1
Zündschutzarten – Ölkapselung „o" – Überdruckkapselung „p" – Sandkapselung „q" – Druckfeste Kapselung „d" – Erhöhte Sicherheit „e" – Eigensicherheit „i" – Vergußkapselung „m" – Eigensichere elektrische Systeme „i" – *Betriebsmittel für Zone 0* – Betriebsmittel für Zone 10 – *Betriebsmittel „n"*	IEC 60079-6 IEC 60079-2 IEC 60079-5 IEC 60079-1 IEC 60079-7 IEC 60079-11 IEC 60079-15	EN 50015 EN 50016 EN 50017 EN 50018 EN 50019 EN 50020 EN 50028 EN 50039 *EN 50284*[3] *prEN 50021*	... Teil 2 ... Teil 3 ... Teil 4 ... Teil 5 ... Teil 6 ... Teil 7 ... Teil 9 ... Teil 10 ....*Teil 12* ... Teil 13 ... Teil 16
– *Staubexplosionsschutz*	*IEC 61241-1-1*[2]	*prEN 50281-1-1*	*(...Teil 15-1-1)*
3. Beurteilung der gefährdeten Bereiche – mit Gas-Explosionsgefahr	IEC 60079-10	EN 60079-10	(EX-RL) DIN EN 60079-10 /VDE 0165 Teil 101
–mit Staubexplosionsgefahr	*IEC 61241-3*	*prEN 61241-3*	(EX-RL) *DIN EN 61241-3* */VDE 0165 Teil 102*
4. Explosionsschutz; Grundlagen und Methodik		EN 1127-1	EX-RL

1) neue Benummerung bei IEC: es wird 60000 addiert, Beispiel: aus IEC 79-14 wurde IEC 60079-14 . Auch die EN werden im Nummernsystem von 5... auf 6... wechseln
2) zum Staubexplosionsschutz elektrischer Betriebsmittel in Vorbereitung:
  IEC 61241-4 Zündschutzart „pD"; IEC 61241-5 Eigensichere Betriebsmittel
3) DIN EN 50284 Spezielle Anforderungen an die Prüfung und Kennzeichnung elektrischer Betriebsmittel der Gerätegruppe II – Kategorie 1G

Hier nicht einbezogen: Normen für spezielle Betriebsmittel und Anlagen, z. B. für elektrostatisches Sprühen von Beschichtungsstoffen, elektrische Widerstandsheizung, Sicherheit in elektromagnetischen Feldern

Frage 2.9 Wer darf die Elektroanlagen explosionsgefährdeter Betriebsstätten planen, errichten, ändern oder instandhalten?

In den Rechtsgrundlagen des Explosionsschutzes elektrischer Anlagen gibt es dafür keine unmittelbaren Festlegungen, ausgenommen für die Prüfung (hierzu Abschnitt 19).
Es gelten die Grundsätze für alle elektrischen Anlagen nach § 3 der UVV VBG 4. Unternehmer tragen Führungsverantwortung bei der Auswahl der Elektrofachkräfte, die sie mit solchen Arbeiten betrauen. An der Elektrofachkraft liegt es dann, verantwortlich zu entscheiden, ob auch eine „elektrotechnisch unterwiesene Person" unter Aufsicht bestimmte Arbeiten übernehmen kann.
Persönliche Erkenntnislücken kann man in dieser Entscheidungskette nicht ausschließen. Es wird gefährlich, wenn sie sich addieren. Daß die UVV VBG 4 es dem Personenkreis mit Führungsverantwortung zubilligt, sich auf die Fachverantwortung der Elektrofachkraft zu verlassen, macht es nicht leichter. Wenn das Risiko durch die Mitwirkung Fachfremder nicht sicher überschaubar ist, sollte man es besser vermeiden.

3 Verantwortung für die Explosionssicherheit

Frage 3.1 Wer hat den betrieblichen Explosionsschutz insgesamt zu verantworten?

Der Vollständigkeit halber sei zuserst gesagt, daß hier nicht die arbeitsrechtlichen Belange im Vordergrund stehen, sondern die Arbeitssicherheit und die technische Sicherheit. Elektrischer Explosionsschutz ist ein Teilgebiet der insgesamt erforderlichen Schutzmaßnahmen gegen Explosionsgefahren. Der Explosionsschutz insgesamt ordnet sich ein in das große Gebiet des Arbeitsschutzes und der Anlagensicherheit. Hauptsächliche Ziele sind einerseits der Personenschutz, anderseits der Sachschutz. **Nach den Festlegungen im Arbeitsschutzrecht gehört der betriebliche Arbeitsschutz zu den Pflichten des Arbeitgebers** (Unternehmers), nachzulesen

- im Arbeitsschutzgesetz (ArbSchG) § 3,
- in der Arbeitsstättenverordnung (ArbStättV) § 3,
- in der Gewerbeordnung (GewO) § 120a,
- in der Gefahrstoffverordnung (GefStoffV) § 15 ff,
- in der Unfallverhütungsvorschrift UVV VBG 1 Abschn. I und
- in weiteren arbeitsschutzrechtlichen Grundlagen.

Das sind Führungsaufgaben. Verantwortung dafür hat die Führungskraft, der die betreffende Betriebsstätte unmittelbar untersteht. Sie trägt zumeist auch die Leitungs- und Aufsichtsverantwortung. **Die Fachverantwortung verbleibt grundsätzlich der Fachkraft.**

Frage 3.2 Wer hat Verantwortung für den elektrischen Explosionsschutz?

Unmittelbare Rechtsgrundlage des elektrischen Explosionsschutzes ist die ElexV. Im § 13 nimmt die ElexV das übergeordnete Recht auf und spricht den Arbeitgeber als Betreiber an: „**Wer eine elektrische Anlage in explosionsgefährdeten Bereichen betreibt, hat diese in ordnungsgemäßem Zustand zu erhalten, ordnungsmäßig zu betreiben, ständig zu überwachen, notwendige Instandhaltungs- und Instandsetzungsarbeiten unverzüglich vorzunehmen und die den Umständen nach erforderlichen Sicherheitsmaßnahmen zu treffen.**"
text

Verantwortung für die Explosionssicherheit

Das schließt eine Reihe spezieller Pflichten ein:

- die Verantwortungsbereiche personell zu regeln (Übertragung von Unternehmerpflichten; UVV VBG 1 § 12, ZH1/5.1) und die sachlichen Voraussetzungen abzusichern (fachkundige und erfahrene Personen, materielle Arbeitsfähigkeit),
- abzusichern, daß Auftragnehmer (Planer, Errichter, Instandhalter, Sachverständige) sach- und sicherheitsgerecht zur Arbeitsaufgabe eingewiesen und koordiniert werden, auch auf Baustellen
- zu veranlassen, daß der ordnungsgemäße Zustand der Anlagen entsprechend den rechtlichen Festlegungen (§ 12 ElexV) kontrolliert wird.

Es sollte nach Meinung des Verfassers auch einschließen, daß der Betreiber Kontakt hält zu den Aufsichtsorganen.

Es schließt jedoch nicht ein, daß ein Betreiber deshalb auch in die unmittelbare Verantwortung externer Auftragnehmer eingreifen darf.

Frage 3.3 Welche hauptsächlichen Pflichten verbinden sich mit der Verantwortung für eine explosionsgefährdete Betriebsstätte?

Ursache möglicher Explosionsgefahren ist der Umgang mit entzündlichen Stoffen im Sinne der „Verordnung zum Schutz vor gefährlichen Stoffen" (Gefahrstoffverordnung; GefStoffV).
Aus den Festlegungen des Arbeitsschutzgesetzes, des § 16 der Gefahrstoffverordnung, der UVV VBG 1 und weiteren zur Frage 3.1 genannten Quellen geht hervor:

- **die Gefahren und Gefährdungen, die von solchen Stoffen ausgehen, sind zu beurteilen und schriftlich zu dokumentieren und**
- **die erforderlichen Schutzmaßnahmen sind festzulegen und durchzuführen.**

Dazu gehört auch das Abstimmen der Verantwortungsbereiche und Unterweisungspflichten mit den Auftragnehmern.

Frage 3.4 Welche Pflichten des Betreibers spricht die ElexV besonders an?

Die ElexV knüpft an die grundsätzlichen Pflichten des Betreibers (s. Fragen 3.1 und 3.2) an und fordert,

1. **es sollen Maßnahmen getroffen werden, um Explosionsgefahren zu verhindern oder einzuschränken (§ 7),**

2. **es sind explosionsgefährdete Bereiche festzulegen und in Zonen einzustufen (§ 2)**

3. **die elektrische Anlagen sind ordnungsgemäß zu montieren, zu installieren und zu betreiben,** wozu auch das vorschriftsmäßige Prüfen und Instandhalten gehört (§§ 3, 4, 9 ff).

Frage 3.5 Welche Verantwortung tragen die Auftragnehmer für den Explosionsschutz betrieblicher Anlagen?

Wenn Planer, Errichter, Instandhalter und andere Auftragnehmer Teilaufgaben des Explosionsschutzes übernehmen, tragen sie die Verantwortung für die sachgerechte Umsetzung der Vorgaben der Hersteller und Betreiber sowie für die sicherheitsgerechte Ausführung ihrer jeweiligen Leistungen (Qualitätssicherung, Gewährleistung, Haftung nach einschlägigen Rechtsgrundlagen und vertraglichen Festlegungen).

- **Als Auftragnehmer für Arbeitsverfahren oder technologische Leistungen** haben sie alles aufzubereiten und zu dokumentieren, was der Betreiber wissen muß, um seine Pflichten zur Frage 3.4 erfüllen zu können. Sind sie selbst der Auftraggeber für EMR-Leistungen und nicht der Betreiber, dann haben sie die unter 3.4 (1. und 2.) angesprochenen Pflichten allein wahrzunehmen, bis ein Betreiber sie übernimmt.
- **Als Auftragnehmer für EMR-Leistungen** haben sie sich nach den Vorgaben des Betreibers oder Auftraggebers zu richten, die Auftragsdokumentation fachlich zu prüfen und erkannte Mängel dem Auftraggeber mitzuteilen. Als Errichter oder Instandhalter sind sie verantwortlich für den Brand- und Explosionsschutz beim Umgang mit entzündlichen Arbeitsstoffen (z. B. Brenngase, Lösemittel). Dazu müssen sie die gesetzlichen Bestimmungen und das Vorschriftenwerk des Brand- und des Explosionsschutzes beachten.
- **Als Hersteller oder Lieferer von Geräten** (Betriebsmittel, fabrikfertige Anlagen) sind sie verantwortlich für die vorschriftsmäßige Beschaffenheit der Lieferung. Dazu gehört nach neuem Recht auch eine ausführliche Betriebsanleitung mit allen Daten, die für Explosionssicherheit beim Errichten und Betreiben erforderlich sind.

Tafel 3.1 faßt zusammen, was Auftraggeber und Auftragnehmer gegenseitig zu verantworten haben.

Frage 3.6 Nimmt das Anwenden von anerkannten Regeln der Technik weitere Verantwortung ab?

Nein. Dazu der Standpunkt der Deutschen Elektrotechnischen Kommission im DIN und VDE (DKE), enthalten in einem Rundschreiben vom 24.02.1997:
„Die Normen bilden einen Maßstab für einwandfreies technisches Verhalten; dieser Maßstab ist auch im Rahmen der Rechtsordnung von Bedeutung. Die Anwendung einer Norm ist grundsätzlich freiwillig, eine Anwendungspflicht kann sich aufgrund von Rechts- oder Verwaltungsvorschriften ((Anm. des Verfassers: so auch im Explosionsschutz)) sowie aufgrund von Verträgen oder sonstigen Rechtsgründen ergeben. **Durch das Anwenden von Normen entzieht sich niemand der Verantwortung für eigenes Handeln. Jeder handelt insoweit auf eigene Gefahr.**"
Nicht anders ist das mit der Beratung durch Sachverständige. Sachkundige Beratung enthebt zwar nicht von der eigenen Verantwortung, trägt aber sehr dazu bei, die „eigene Gefahr" deutlicher zu erkennen und zu umgehen.

Verantwortung für die Explosionssicherheit 51

Beratende Hilfe können geben

- die anerkannten Sachverständigen
  - der technischen Überwachungsvereine (TÜV),
  - der Berufsgenossenschaften,
  - der Physikalisch-Technischen Bundesanstalt Braunschweig (PTB) (Zonen 0, 1 und 2),
  - der Bergbau-Versuchsstrecke Dortmund (BVS) (Zonen 10 und 11 bzw. 20 bis 22) und
  - des Instituts für Sicherheitstechnik Freiberg (IBExU)
- die Sachverständigen der Hersteller,
- anerkannte betriebliche Sachverständige bzw. Sachkundige,
- das Komitee K 235 der DKE, Stresemannallee 15, 60596 Frankfurt,
- der Arbeitskreis „Elektrische Anlagen in explosionsgefährdeten Betriebsstätten" im VDE-Bezirksverein Leipzig/Halle, im Hause WESAG, Friedrich-Ebert-Straße, 04416 Markkleeberg,
- die Sachverständigen der Sachversicherer.

Frage 3.7 Wofür sind Elektroauftragnehmer grundsätzlich nicht verantwortlich?

Verantwortung ist auch an fachliche Voraussetzungen gebunden. Der Verantwortliche muß dazu fähig sein, Gefahrensituationen in seinem Verantwortungsbereich zu erkennen und sachgerecht zu beurteilen, um ihnen wirksam zu begegnen. Trägt jemand Führungsverantwortung und muß feststellen, daß ihm diese Fähigkeiten im speziellen Fall fehlen, dann hat er die Pflicht, seinen Vorgesetzten sofort zu informieren.
Um Explosionsgefahren real zu beurteilen und eine effektive Sicherheitskonzeption zu entwickeln, sind Kenntnisse erforderlich, über die Elektrofachleute berufsbedingt nicht verfügen. Deshalb können sie im Grunde dafür auch nicht verantwortlich gemacht werden.
Im Zusammenwirken mehrerer Auftragnehmer verpflichtet nicht nur die UVV VBG 1 (§ 6) zur gegenseitigen Abstimmung. Hier liegt das Ziel im Vermeiden zeitlich und örtlich bedingter gegenseitiger Gefährdungen auf Baustellen. Eine Pflicht für Auftragnehmer, sich auf kurzem Weg unmittelbar über Probleme des anlagetechnischen Explosionsschutzes abzustimmen, ist daraus weder abzuleiten noch wäre sie vertragsrechtlich zulässig.
Über Zweifelsfälle zur sicherheitsgerechten Gestaltung und zum Betreiben explosionsgefährdeter Betriebsstätten entscheidet die örtlich zuständige Aufsichtsbehörde (DIN VDE 0165). Ganz gleich, wer sich davon einen Vorteil verspricht, bleibt es auch hier in der Verantwortung des Betreibers, sich mit seiner Berufsgenossenschaft abzustimmen und den Behördenentscheid einzuholen.

Tafel 3.1 *Abgrenzung von Verantwortungsbereichen beim Errichten von Ex-Elektroanlagen*

1. **Grundsatz**
   Für die Arbeitssicherheit einschließlich der technischen Sicherheit ist der Unternehmer (Betreiber) verantwortlich.

2. **Verantwortungsbereich des Auftragnehmers**
   – Prüfung der Auftragsvorgaben auf Übereinstimmung mit den Rechtsgrundlagen und den Regeln der Technik,
   – Abstimmung mit dem Auftraggeber zu speziellen sicherheitstechnischen Forderungen,
   – Qualitätsgerechte sicherheitstechnisch ordnungsgemäße Ausführung anhand der Rechtsgrundlagen und der anerkannten oder speziell vereinbarten Regeln der Technik

3. **Verantwortungsbereich des Auftraggebers**
   – Übergabe sach- und sicherheitsgerechter Auftragsdokumente (z. B. auch schriftliches Beurteilungsergebnis der Gefahrensituation mit allen gemäß EXVO/ElexV/DIN VDE erforderlichen Angaben),
   – Konkretisierung des technischen Regelwerkes (z. B. bei Export/Import),
   – Angabe zusätzlich zu beachtender Festlegungen (z. B. Werknormen, Richtlinien der Schadenversicherer, Behördenauflagen),
   – Abstimmung des Gesamtkonzeptes der Explosionssicherheit mit weiteren Auftragnehmern,
   – Einholen sicherheitstechnischer Entscheidungen über Zweifelsfälle des Explosionsschutzes bei der Aufsichtsbehörde

Frage 3.8 Welche Verhaltensweise wird von einer Elektrofachkraft erwartet, wenn Arbeiten in einem Ex-Bereich durchzuführen sind?

In einem explosionsgefährdeten Bereiche muß jeder Beschäftigte sein Verhalten so einrichten, wie es die jeweilige betriebliche Situation erfordert. **Die Verantwortung der Elektrofachkraft für das arbeitsschutz- und sicherheitsgerechte Verhalten schließt eine bewußte Vorgehensweise ein:**
– Arbeiten sicherheitsgerecht vorbereiten, umsichtig durchführen, ordnungsgemäß beenden,
– Einrichtungen nur bestimmungsgemäß verwenden,
– Mängel sofort abstellen oder melden,
– Sicherheitsanweisungen konsequent befolgen,
– Sicherheitsmaßnahmen konzentriert unterstützen.

4 Ursachen und Arten von Explosionsgefahren, explosionsgefährdete Bereiche

Frage 4.1 Wie kommen Explosionsgefahren zustande?

Natürlich **durch Gefahrstoffe**, falls diese explosionsgefährdend sind. Oder durch „explosionsgefährliche" oder „explosionsfähige" Stoffe, wie es in der Gefahrstoffverordnung (Anhang I der GefStoffV) heißt? Beides ist möglich, aber nicht dasselbe. **Explosionsgefahren können die unterschiedlichsten stofflichen und technischen Ursachen haben.** Deswegen findet man in den Rechtsgrundlagen anstelle einer faßbaren Definiton der „Explosionsgefahr" immer Umschreibungen.
Im rechtlichen Sinn sind nur solche Gefahrstoffe als „explosionsgefährlich" einzuordnen, die dem Sprengstoffgesetz unterliegen. Auch als „Explosivstoffe" bekannt haben sie aber mit den Belangen der ElexV nichts zu tun, gehören also hier nicht zum Thema und für elektrische Anlagen gilt dann die DIN VDE 0166.
Daneben unterscheidet die GefStoffV verschiedenartig „entzündliche" (jedoch nicht „explosionsgefährliche") Gefahrstoffe. **Tafel 4.1** *informiert über die Gruppierung der Entzündlichkeit nach R-Sätzen als vorgeschriebene Kennzeichnung für den Handel.*
Diese Stoffe bilden eine „explosionsfähige Atmosphäre" im Sinne der ElexV, wenn sie
- in fein verteilter Form vorliegen (Gas, Dampf, Nebel, Staub) und die Konzentration innerhalb der Explosionsgrenzen liegt (untere/obere Explosionsgrenze, auch als Zündgrenzen bezeichnet, abgekürzt UEG/OEG bzw. UZG/OZG, Maßeinheit Vol.-% oder g/m^3) und wenn noch
- ein Reaktionspartner (Sauerstoffanteil der Luft) dazu kommt.

Eine solche Explosion in der Gasphase, die man auch als Deflagration bezeichnet, verläuft
- etwas weniger heftig als eine Sprengstoffexplosion (Detonation), aber
- wesentlich heftiger als eine Verpuffung

Die Reaktionsgeschwindigkeit bleibt unterhalb der Schallgeschwindigkeit, wobei der maximale Explosionsdruck nur selten 10 bar übersteigt.
Dabei kann eine Explosion *mit gefährlichen Auswirkungen* **nur eintreten, wenn gleichzeitig**
- eine *gefahrdrohende Menge* an explosionsfähiger Atmosphäre und
- eine *wirksame Zündquelle*

aufeinander treffen.

Tafel 4.1 *Einstufung und Kennzeichnung gefährlicher Stoffe nach ihrer Entzündlichkeit (R-Sätze nach Anhang 1 Nr.1 der Gefahrstoffverordnung – GefStoffV)*

Einstufung	Definition der Stoffe und Zubereitungen	Kennzeichnung
entzündlich	flüssig mit Flammpunkt 21 bis 55 °C[1)]	R 10
leichtentzündlich	flüssig, Flammpunkt < 21°C, aber nicht hochentzündlich; oder **fest**,[2)] wenn bei kurzzeitig einwirkender Zündquelle leicht entzündbar und dann selbständig weiterbrennend	R 11 F und Flammensymbol (Warnschild **W01** nach UVV VBG 125)
hochentzündlich	flüssig mit Flammpunkt < 0°C und Siedepunkt (-beginn) (35 °C, aber nicht leichtententzündlich; oder **gasförmig** zündlich in Luft bei normalen Druck- und Temperaturwerten	R 12 F+ und Flammensymbol (Warnschild **W01** nach UVV VBG 125)

1) bei Flammpunkten > 40 °C ohne zusätzliche Erwärmung in der Regel keine explosionsfähige Atmosphäre möglich
2) auch bei dispergierten Festtoffen (Stäube)!

Im Sinne der ElexV nicht unmittelbar zu betrachten
(aber beim Beurteilen technologischer Zündgefahren einzubeziehen):

R 1	in trockenem Zustand explosionsgefährlich
R 2	durch Schlag, Reibung, Feuer oder andere Zündquellen explosionsgefährlich
R 3	durch Schlag, Reibung oder andere Zündquellen besonders explosionsgefährlich
R 4	bildet hochempfindliche explosionsgefährliche Metallverbindungen
R 5	beim Erwärmen explosionsfähig
R 6	mit und ohne Luft explosionsfähig
R 7	kann Brand verursachen
R 8	Feuergefahr bei Berührung mit brennbaren Stoffen
R 9	Eplosionsgefahr bei Mischung mit brennbaren Stoffen
R14	reagiert heftig mit Wasser
R16	explosionsgefährlich in Mischung mit brandfördernden Stoffen
R17	selbstentzündlich an der Luft
R18	bei Gebrauch Bildung explosionsfähiger leichtentzündlicher Dampf-Luft-Gemische möglich
R19	kann explosionsfähige Peroxide bilden
R30	kann bei Gebrauch leichtentzündlich werden
R44	explosionsgefährlich bei Erhitzen unter Einschluß

Umgekehrt betrachtet ergibt sich daraus die prinzipielle Wirkungsweise aller Maßnahmen des Explosionsschutzes. Schadensereignisse durch Explosionen werden verhindert, wenn es gelingt, eine der Voraussetzungen zu beseitigen. Diesen Sachverhalt demonstriert das sogenannt Explosionsdreieck (**Bild 4.1**). Das Problem dabei ist: Nicht jede der drei Bedingungen (Stoff, Reaktionspartner, Zündquelle) ist mit gleicher Elle zu messen.

Ursachen und Arten von Explosionsgefahren 55

```
              ┌──────────────┐
              │explosionsfähige│
              │  Atmosphäre  │
              └──────────────┘
               ↗            ↖
entzündlicher Stoff    Reaktionspartner
(Gas, Dampf,           (Sauerstoff)
Nebel oder Staub)
               ↘            ↙
                 ┌─────────┐
                 │Explosion│
                 └─────────┘
                      ↑
                ┌──────────┐
                │ wirksame │
                │Zündquelle│
                └──────────┘
```

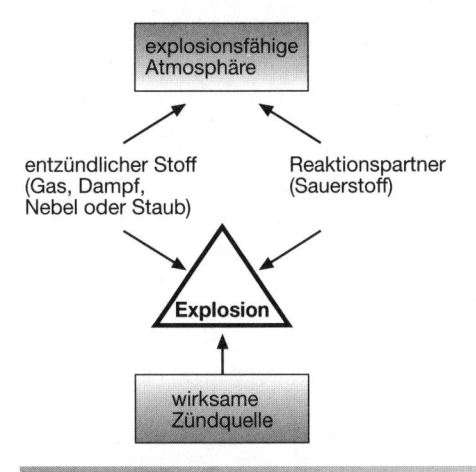

Bild 4.1 Voraussetzungen für eine Explosion (Gasphase)

Frage 4.2   Welche Arten von Explosionsgefahren gibt es?

Auf den Geltungsbereich der ElexV bezogen bestimmt der jeweils maßgebende entzündliche Stoff, wovon man zu sprechen hat, ob von einer
- **Gasexplosionsgefahr**
  - durch Gase (die sich mehr oder minder spontan mit Luft vermischen),
  - durch Dämpfe von Flüssigkeiten (Flüssigkeiten müssen erst in den gasförmigen Zustand übergehen, bevor sie sich mit Luft vermischen können),
  - durch Flüssigkeitsnebel, oder (selten) auch
  - durch Feststoffe, die sublimieren können,
- **Staubexplosionsgefahr** durch dispergierte Feststoffe in Korngrößen <0,4 mm (die sich in der Luft verteilen, zumeist durch Aufwirbeln, und unterschiedlich schnell wieder absetzen),
- Explosionsgefahr durch hybride Gemische (gas- und staubförmig; gefährlicher als die Gemische der einzelnen Gas- und Staubkomponenten!).

Nicht einbezogen in die Betrachtung nach ElexV sind die
- Schlagwetter-Explosionsgefahr (untertägiger Bergbau, ElBergVO),
- Explosionsgefahr durch explosionsgefährliche Stoffe (Explosivstoffstoff-Bereich),
- Explosionsgefahren durch chemische Reaktionen sowie
- physikalisch bedingte Explosionsgefahren, z. B. durch Überdruck in Dampferzeugern, Druckbehältern).

Frage 4.3 Was ist eine gefährliche explosionsfähige Atmosphäre?

„**Explosionsfähige Atmosphäre**" definieren die EXVO und die ElexV als *ein Gemisch aus Luft und brennbaren Gasen, Dämpfen, Nebeln oder Stäuben unter atmosphärischen Bedingungen, in dem sich der Verbrennungsvorgang nach erfolgter Entzündung auf das gesamte unverbrannte Gemisch überträgt.* Das trifft auch zu auf das Gas-Luft-Gemisch an der Düse eines Taschenfeuerzeuges, aber es wäre mehr als schlimm, wenn man damit bei normalem Gebrauch Explosionsschäden verursachen könnte.

Ob gefährliche Druckwirkungen auftreten, ist sehr wesentlich vom **Gemischvolumen** abhängig (neben den Diffusions- und den Verbrennungseigenschaften des jeweiligen Stoffes, der wirksamen Zündenergie, dem Ort der Zündquelle und weiteren Einflußfaktoren). Deshalb knüpfen viele technische Regeln ihre Forderungen zum Explosionsschutz an das **Kriterium der „gefahrdrohenden Menge"** explosionsfähiger Atmosphäre. „**Gefährliche explosionsfähige Atmosphäre**" (abgekürzt mit geA) **bedeutet**

- explosionsfähige Atmosphäre (erklärt unter Frage 4.1)
- in gefahrdrohender Menge.

Bei explosionsgefährdeten Betriebsstätten geht man vom Vorhandensein einer gefahrdrohenden Menge aus, wenn in geschlossenen Räumen mindestens etwa

- 10 l oder
- in Räumen < 100 m^3 $^1/_{10\,000}$ des Raumvolumens an explosionsfähiger Atmosphäre zusammenhängend auftreten kann (EX-RL, Abschnitt D 2.3).

Frage 4.4 Was ist ein explosionsgefährdeter Bereich?

Ein „**Explosionsgefährdeter Bereich**" im Sinne der EXVO und der ElexV (§ 2) *ist „derjenige Bereich, in dem die Atmosphäre auf Grund der örtlichen und betrieblichen Verhältnisse explosionsfähig werden kann."* Diese europäisch fixierte Definition aus der Richtlinie 94/9/EG verschweigt den Einfluß der gefahrdrohenden Menge. Für die Anwender der ElexV bleibt die gefahrdrohende Menge trotzdem wichtig, weil sie die ElexV im § 7 und andere Bestimmungen bei den primären Schutzmaßnahmen weiterhin unmittelbar einbeziehen.

Beim Beurteilen explosionsgefährdeter Betriebsstätten werden

- die primären Schutzmaßnahmen diskutiert, um explosionsgefährdete Bereiche möglichst zu vermeiden oder einzuschränken, dazu
- die explosionsgefährdeten Bereiche festgelegt und in „Zonen" eingeordnet sowie ergänzend
- die außerdem erforderlichen technischen und organisatorischen Schutzmaßnahmen in Verbindung mit den explosionsgefährdeten Bereichen festgelegt.

Ursachen und Arten von Explosionsgefahren 57

Bild 4.2 informiert über die prinzipielle Vorgehensweise. Wie unterschiedlich der Einfluß durch die örtlichen Verhältnisse sein kann, zeigt die **Tafel 4.2**. Damit wird nochmals deutlich, daß hier andere Sachkunde als die von Elektrofachkräften gefragt ist.

```
        auf Explosionsgefahr
    zu beurteilende Betriebsstätte
                │
                ▼
    Sind brennbare Stoffe vorhanden?        ──nein──┐
    sicherheitstechnische Kennzahlen sichten        │
                │ ja                                │
                ▼                                   ▼
    Kann durch Verteilung der Stoffe in Luft  ──nein──▶  keine Explosionsgefahr
    ein explosionsfähiges Gemisch entstehen?
    Stoffmengen und Freisetzungsquellen beurteilen
                │ ja                                ▲
                ▼                                   │
    Kann „explosionsfähige Atmosphäre"       ──nein──┘
    (eA) entstehen?
    Bildung explosionsfähiger Atmpsphäre verhindern
    oder weitmöglich einschränken
                │ ja
                ▼
    Ist das Entstehen von eA durch primäre    ──ja──▶  keine weiteren Maßnahmen
    Schutzmaßnahmen völlig verhindert?                 zum Explosionsschutz erforderlich
                │ nein
                ▼
    weitere Schutzmaßnahmen durchführen
```

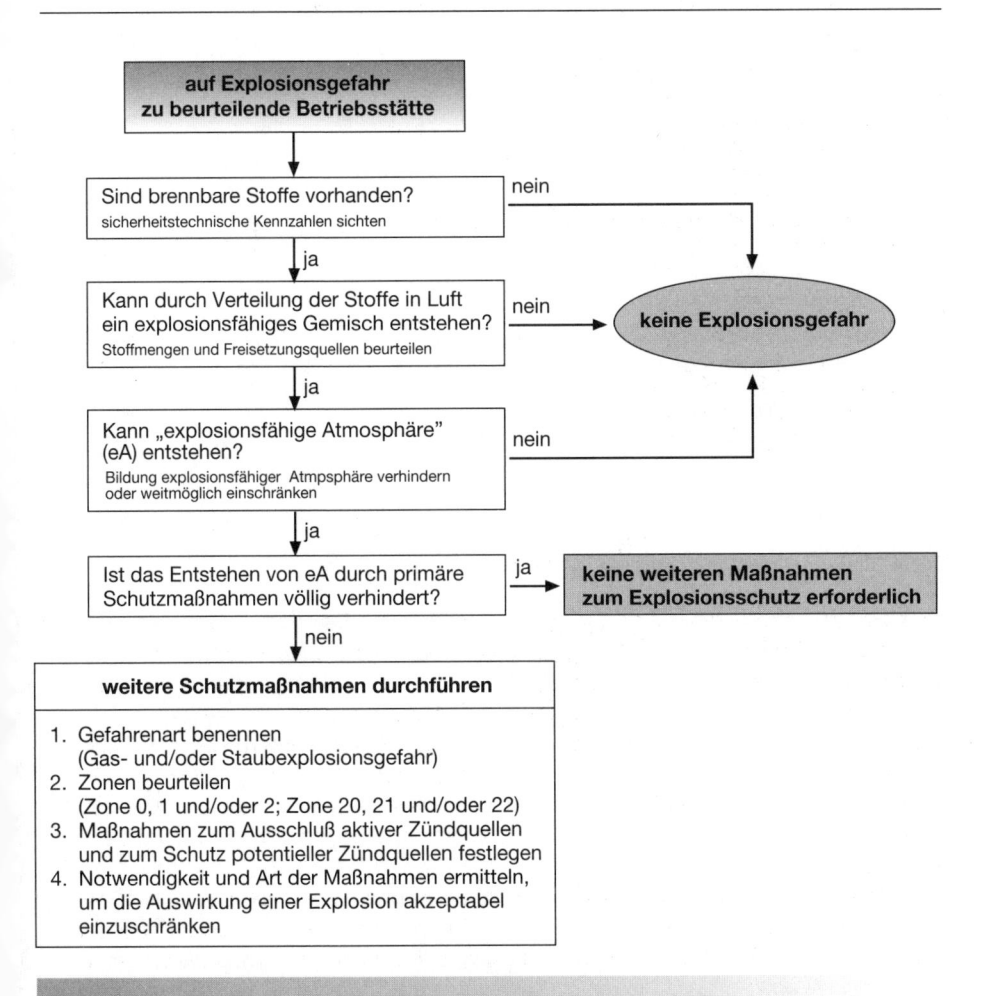

1. Gefahrenart benennen
   (Gas- und/oder Staubexplosionsgefahr)
2. Zonen beurteilen
   (Zone 0, 1 und/oder 2; Zone 20, 21 und/oder 22)
3. Maßnahmen zum Ausschluß aktiver Zündquellen
   und zum Schutz potentieller Zündquellen festlegen
4. Notwendigkeit und Art der Maßnahmen ermitteln,
   um die Auswirkung einer Explosion akzeptabel
   einzuschränken

Bild 4.2 Beurteilung von Explosionsgefahren, Explosionsschutz

Tafel 4.2 *Wesentliche Einflußfaktoren auf die Ausdehnung und die Einstufung explosionsgefährdeter Bereiche*

1. Einflüsse speziell auf die örtliche Ausdehnung (Bereich)
- Massen- bzw. Volumenströme der Freisetzungsquellen (Mengen je Zeiteinheit)
- Aggregatzustände der freigesetzten Stoffe
- Druck in den Prozeßeinrichtungen (Apparate, Rohrleitungen, Behälter)
- Geländeform
- bauliche Gegebenheiten
- Hindernisse für die freie Gemischbildung
- Überschreitung des unteren Explosionspunktes nur innerhalb oder auch außerhalb der Prozeßeinrichtung

2. Einflüsse speziell auf die „Zone" (Intensität)
- Freisetzungzyklus (Häufigkeit, Dauer)
- Wahrscheinlichkeit von Freisetzungen bei Betriebsstörung
- Neigung der freigesetzen Stoffe zur Gemischbildung
- Verweilzeiten explosionsfähiger Gemische

3. Einflüsse auf die örtliche Ausdehnung und die „Zone"
- Dichtheitsgrad der Anlage
- Lage der Freisetzungsquellen
- sicherheitstechnische Kennzahlen
- Temperaturverhältnisse
- Möglichkeit der Ansammlung explosionsfähiger Gemische
- Möglichkeit zur Beseitigung explosionsfähiger Gemische
- Lüftung (Wind, Sogwirkungen)
- Intensität der Überwachung
- Bedingungen des Umweltschutzes

Frage 4.5 Wozu dient die Einteilung in „Zonen"?

Im § 2(4) der ElexV heißt es: *„Explosionsgefährdete Bereiche werden nach der Wahrscheinlichkeit des Auftretens explosionsfähiger Atmosphäre in folgende Zonen eingeteilt: ..."* (es folgen die Zonen 0, 1 und 2 zur Gasexplosionsgefahr und die Zonen 20, 21 und 22 zur Staubexplosionsgefahr, enthalten in Tafel 2.4).
Folglich ist die „Zone" eine Abstufung für die zeitliche Intensität der Explosionsgefahr. Es gibt prinzipiell drei mit Ziffern bezeichnete Stufen, wobei jeweils die Stufe mit der kleinsten Ziffer die höchste Intensität bezeichnet, während die größte Ziffer das Minimum darstellt. **Bild 4.3** faßt das Zonen-Prinzip in grafischer Darstellung zusammen.
Maßstab beim Einstufen sind die Häufigkeit und die Dauer des Auftretens explosionsfähiger Atmosphäre. Wer die Explosionsgefahr durch Gase oder durch Stäube in einem Raum oder örtlichen Bereich zu beurteilen hat, muß feststellen oder gewissenhaft abschätzen,

- wie oft eine explosionsfähige Atmosphäre auftreten kann,
- in welchen zeitlichen Abständen das geschieht und

Ursachen und Arten von Explosionsgefahren 59

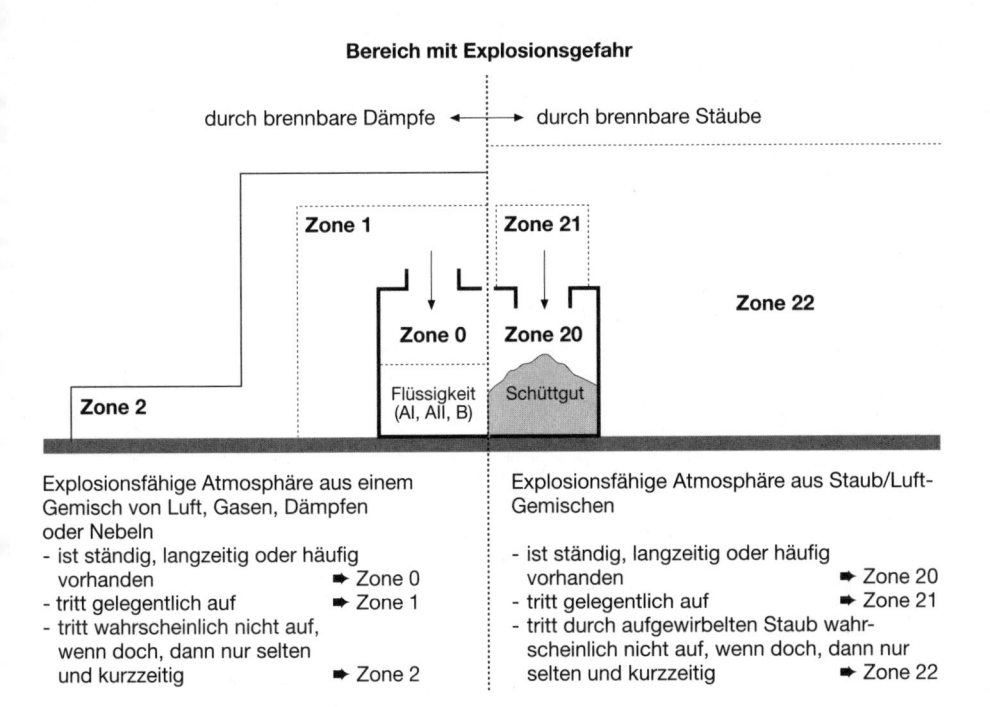

Bereich mit Explosionsgefahr

durch brennbare Dämpfe ←→ durch brennbare Stäube

Zone 1	Zone 21
Zone 0	Zone 20	Zone 22
Zone 2	Flüssigkeit (AI, AII, B)	Schüttgut

Explosionsfähige Atmosphäre aus einem Gemisch von Luft, Gasen, Dämpfen oder Nebeln
- ist ständig, langzeitig oder häufig vorhanden ➡ Zone 0
- tritt gelegentlich auf ➡ Zone 1
- tritt wahrscheinlich nicht auf, wenn doch, dann nur selten und kurzzeitig ➡ Zone 2

Explosionsfähige Atmosphäre aus Staub/Luft-Gemischen
- ist ständig, langzeitig oder häufig vorhanden ➡ Zone 20
- tritt gelegentlich auf ➡ Zone 21
- tritt durch aufgewirbelten Staub wahrscheinlich nicht auf, wenn doch, dann nur selten und kurzzeitig ➡ Zone 22

Bild 4.3 *Prinzip der Zoneneinteilung explosionsgefährdeter Bereiche nach ElexV am Beispiel von Behältern, die von oben befüllt werden*

- wie lange es jeweils dauert, bis die Explosionsfähigkeit wieder abgeklungen ist.

Die Einstufung dient unmittelbar zur Auswahl angemessener Schutzmaßnahmen. In der EXVO wird der apparative Aufwand für explosionsgeschützte Geräte in drei Kategorien untergliedert (s. **Tafel 2.5**). Mit gleichem Hintergrund staffelt DIN VDE 0165 die Anforderungen für den Explosionsschutz elektrischer Anlagen nach Zonen.

Frage 4.6 Was geschieht bei mehreren Arten von Gefahren?

Einerseits haben Explosionen oft Brände zur Folge. Anderseits kann ein Brand zur Zündquelle einer Explosion werden, und rechtzeitiges Löschen des Brandes kann das Sekundärereignis verhindern. **Es kommt öfter vor, daß neben einer bestimmten Explosionsgefahr eine erhöhte Brandgefahr auftritt.**
Für unsere Belange interessiert vor allem das Zusammentreffen von

– unterschiedlichen Explosionsgefahren (Gase und Stäube) oder
– Explosionsgefahren mit Brandgefahren.

Allgemeingültige Schutzziele sind oft so abstrakt formuliert, daß sie für mehrere Arten von Gefahren zutreffen. Aber wenn es konkret wird, hat jede Gefahrenart doch ihre spezifische Eigenheiten und speziellen sicherheitstechnischen Erfordernisse. Brände und Explosionen haben zwar den gleichen physikalischen Ursprung, entwickeln sich jedoch auf unterschiedliche Weise. So kann z. B. das Anwenden von Wasser, wie es im abwehrenden Brandschutz üblich ist, bei akuter Explosionsgefahr mitunter den Schaden noch vergrößern.

Wie vielfältig die Konstellationen durch die unterschiedlichen Eigenschaften der reaktionsfähigen Gefahrstoffe in einer Produktionsanlage sein können, kann man sich vorstellen anhand der Übersicht in Tafel 4.1. Nicht immer genügt es, die Schutzmaßnahmen nach den Bedingungen des gefährlichsten Stoffes auszuwählen. **Bei einigen Stoffen ergeben sich durch das Zusammentreffen höhere Explosionswirkungen als durch die schärfste Komponente**, z. B. bei hybriden Gemischen aus Gasen und Stäuben. Darauf können die Regelwerke verständlicherweise nicht umfassend eingehen. Wenn überhaupt findet man dazu bestenfalls punktuelle Hinweise.

Auch die vorbeugend angelegten elektrischen Schutzmaßnahmen in DIN VDE-Vorschriften sind zunächst nur für den Anwendungsbereich gedacht, den die jeweilige Vorschrift angibt. **Wenn neben den Maßnahmen des Explosionsschutzes nach DIN VDE 0165 auch spezielle Maßnahmen des elektrotechnischen Brandschutzes angewendet werden sollen, z. B. nach DIN VDE 0100 Teil 482, dann muß dieser Sachverhalt ausdrücklich festgelegt werden.** Dazu gehört auch die dort vorausgesetzte Einstufung nach der Art der gefährdenden Stoffe.

Wo solche Fragen aufkommen, kann sie der Elektrofachmann zumeist nicht allein klären, denn Sachverstand beim Beurteilen der Gefahrensituation ist dann besonders gefragt.

Es muß herausgefunden werden

- ob unvermeidliche Überschneidungen unterschiedlich gefährdeter Bereiche auftreten und
- ob eine Art der Gefahr als primär oder vorherrschend zu betrachten ist.

Es muß dementsprechend festgelegt werden,

- welche Art von Schutzmaßnahmen anzuwenden ist (abhängig von der als primär zu behandelnden Art der Gefahr),
- welche Besonderheiten ergänzend einbezogen werden müssen.

Frage 4.7   Wie beeinflußt das Vorhandensein von Zündquellen die Explosionsgefahr?

Selbst wenn es manchen vielleicht verwundert: überhaupt nicht, wenn die Frage im Zusammenhang mit der ElexV gestellt wird. **Ob eine Explosionsgefahr vorliegt und mit welcher Zone oder ob keine Explosionsgefahr besteht, hängt nicht vom Vorhandensein irgend einer Zündquelle ab.** Und dabei bleibt es auch, obwohl immer wieder einmal zu hören ist, ohne Zündquelle gäbe es keine Explosionsgefahr.

Ursachen und Arten von Explosionsgefahren 61

Zur Frage 4.1 wurde erklärt, wie eine Explosionsgefahr zustande kommt. Wie auch aus den Explosionsschutz-Richtlinien (EX-RL, ZH1/10) hervorgeht, beantwortet sich die Frage nach der Explosionsgefahr aus der Möglichkeit des Auftretens „explosionsfähiger Atmosphäre" (s. Bild 4.2). Anders als bei der Brandgefährdung ist die Zündquelle hier nicht das Kriterium für eine Gefahr im Sinne der Vorschrift.
Elektrofachleute interessiert diese Frage nicht nur deshalb, weil sich ihre Tätigkeit im Explosionsschutz darauf konzentriert, Zündquellen zu vermeiden. Immer noch müssen sie sich gegen Meinungen wehren, daß es hauptsächlich die elektrischen Geräte und Anlagen wären, von denen die Gefahr ausgeht. *Das Sicherheitskonzept einer explosionsgefährdeten Betriebsanlage wäre unbrauchbar, wenn es nur elektrische Zündquellen erfassen würde. Auch wenn es in diesem Punkt komplett ist, heben die Zündschutzmaßnahmen den explosionsgefährdeten Bereich nicht auf.*

Frage 4.8   Welche Bedeutung haben die Zündquellen für den Explosionsschutz?

Schutzmaßnahmen gegen Zündquellen sind unumgänglich, wenn es nicht gelingt, gefährliche explosionsfähige Atmosphäre mit technologischen Maßnahmen auszuschließen. Wie Bild 4.1 schon zeigt, wird eine Explosion dann nur durch Zündschutzmaßnahmen vermeidbar. **Tafel 4.3** enthält eine Übersicht über die Vielzahl möglicher Zündquellen, die im Explosionsschutz zu bedenken bzw. unwirksam zu machen sind.
Die Entzündlichkeit eines Gefahrstoffes und die Intensität einer Zündquelle (Zündfähigkeit) bestimmen den Umfang der erforderlichen Zündschutzmaßnahmen. Wie gefährlich eine Zündquelle werden kann, hängt von der Qualität des Wärmeübergangs auf das explosionsfähige Gemisch ab. Einfluß darauf haben vor allem die

– Temperatur- und Energiewerte sowie die
– Häufigkeit und Wirkungsdauer.

Das wird deutlich am Unterschied der freigesetzen Energien eines Schweißbrenners im Gegensatz zum Schaltfunken eines Solartaschenrechners.
Wärmequellen erreichen schon bei Temperaturen ab 85 °C die genormten Zündtemperatur-Bereiche (Temperaturklassen). Vergleichsweise noch viel niedriger liegen die Energiewerte, um ein explosionsfähiges Brennstoff/Luft-Gemisch (explosionsfähige Atmosphäre) unter Prüfbedingungen zu entzünden. Als stoffliche Kennzahl dafür dient die Funkenenergie eines kapazitiven Prüfstromkreises (Mindestzündenergie E_{min}). Die E_{min}-Werte betragen z. B. für sehr zündwillige Gase wie Wasserstoff und Schwefelkohlenstoff < 0,02 mJ, für Vergaserkraftstoffe und Propan/Butan-Gemische > 0,2 mJ oder etwa 20 mJ für den als besonders zündwillig bekannten Magnesiumstaub.
Diese Werte zeigen, daß man in elektrischen Anlagen naturgemäß nicht ohne Zündschutzmaßnahmen auskommt. Und trotzdem sind nicht alle elektrischen Betriebsmittel unbesehen als aktive Zündquellen zu betrachten (hierzu Abschnitt 9).

Ursachen und Arten von Explosionsgefahren

Tafel 4.3 *Beispiele für Zündquellen*

1. Offene Flammen
Alle Arten von gewollter und ungewollter Flammen mit freiem Luftzutritt (Verbrennung, Brand, Flammendurchschlag), z. B. an oder in Feuerungsanlagen, Verbrennungsmotoren (schadhafte Abgasanlage), Gasfackeln, flammenanwendenden Arbeitsmitteln (Schweißen, Schneiden, Erwärmen), speziellen MSR-Analysengeräten; einschließlich der heißen Verbrennungsprodukte

2. Heiße Oberflächen
Alle Oberflächen mit zur Entzündung ausreichender Wärmeenergie, z. B. Feuerungsanlagen, Anlagen zur Verarbeitung, Lagerung oder zu Transport erhitzter Stoffe, Wasserdampfanlagen, Verbrennungsmotoren (Auspuff, Zylinder), Verdichter, wärmeanwendende Arbeitsmittel

3. Elektrische Anlagen
Alle elektrotechnischen Betriebsmittel, die sich im bestimmungsgemäßen Betrieb (Normalbetrieb) oder bei Abweichungen davon bis zu Zündfähigkeit erwärmen oder Funken verursachen; betriebsmäßig z. B. an bzw. durch Lichtbögen, Ausgleichsströme, vagabundierende Ströme, induktive oder kapazitive Beeinflussung, Heizungen, Leuchten, Schaltgeräte, Schmelzsicherungen, Elektrowerkzeuge, Schleif- oder Rollenkontakte (z. B. an Motoren, Schleifleitungen), drahtlose Kommunikationstechnik; bei Störzuständen z. B. an bzw. durch Erdschlußströme, Entladungserscheinungen an Hochspannungsanlagen, Implosion von Lampen oder Röhren, elektrische Leiter aller Art, Kurzschlußläufermotoren, Transformatoren, Kondensatoren, Magnetspulen, Akkumulatoren, Klemmstellen, Anschlußräume, Anlagen für kathodischen Korrosionsschutz

4. Elektrostatische Auflagungen
Durch mechanische Trennvorgänge entstandene Ladungen, bei deren Ausgleich über Luft zündfähige Funken auftreten, wobei mindestens einer der getrennten Stoffe elektrisch isolierende Eigenschaften hat; durch Stoffströme aus Öffnungen, z. B. durch Rohrleitungen in isolierende Behälter; durch Abhebungsvorgänge; z.B. an Riementrieben, durch isolierendes Schuhwerk und isolierende Fußböden (allgemein > 10^6 Ω); durch Reibung, z. B. beim Ausströmen Fremdteilchen mitführender Gase und Dämpfe, Vernebeln isolierender Flüssigkeiten, Strömen oder Aufwirbeln von Stäuben, Tragen von Kunstfaserbekleidung, Kondensation oder Sublimation reiner Gase

5. Heiße Gase und Flüssigkeiten
Gase und Dämpfe aller Art (besonders unbrennbare) und hochsiedende Flüssigkeiten, die durch Aufheizung zur Zündquelle werden können, z. B. überhitzter Wasserdampf, Verbrennungsabgase, glühende Feststoffpartikel, flüssige Wärmeträger, Hochtemperatur-Prozeßanlagen

6. Mechanisch erzeugte Funken
Durch mechanische Reibungs- oder Verformungsarbeit entstehende Funken mit zur Entzündung ausreichender Wärmeenergie; Schlag-, Reibschlag und/oder Reibfunken, unter Beteiligung von Stein/Stahl/Rost, begünstigt auch durch Leichtmetalle, spezielle Edelstähle und/oder starke Oxidationsmittel, z. B. durch gegen Stahl, Rost oder Stein schlagende Arbeitsmittel; Schleifen als spanabhebendes Verformen oder Trennen (Stahl, Stein); schleifende Maschinenteile (z. B. an schadhaften Ventilatoren); mechanische Bremsen

7. Transportmittel, Maschinenelemente
Transportanlagen, Fahrzeuge oder Betriebsmittel mit Zündquellen, z. B. Fahrzeug- oder Geräteelektrik, Abgasanlage, schadhafte Lager, heiße Motoren- oder Maschinenteile, lose Ketten, anderweitige Energiepotentiale

8. Atmosphärische Entladungen
Blitz (kurzzeitige starke Gleichstromentladung); unvermeidliche Zündgefahr an der Einschlagstelle sowie bei unzureichender oder unkontrollierter Ableitung durch fehlenden oder unzureichenden äußeren und/oder inneren Blitzschutz

▼

Ursachen und Arten von Explosionsgefahren 63

Tafel 4.3 *Beispiele für Zündquellen (Forts.)*

9. Strahlung, Schall
- *Hochfrequenz;* elektromagnetische Wellen von 9 kHz bis 300 GHz, z. B. Funksender, HF-Generatoren für Erwärmen, Trocknen, Härten, Schweißen, Schneiden;
- *optische Strahlung;* elektromagnetische Wellen von $3 \cdot 10^{11}$ Hz bis $3 \cdot 10^{15}$ Hz bzw. Wellenlängen von 1 000 µm bis 0,1 µm, z. B. fokussiertes Sonnenlicht, von Staubpartikeln absorbiertes Blitzlicht, Laser (> 5 mW/mm^2 bei Dauerstrichlaser, 0,1 mJ/mm^2 bei Impulslaser oder Lichtquellen mit (≥ 5 s Impulsabstand)
- *ionisierende Strahlung,* Energieabsorption, z. B. aus UV-Strahlern, Röntgentechnik, Lasern, radioaktiven Stoffen, Beschleunigern oder Kernreaktoren; außerdem Bildung weiterer explosionsgefährdender Stoffe möglich
- *Ultraschall,* Energieabsorption aus Schallwandlern (z. B. Prüfgeräten) in festen oder flüssigen Stoffen

10. Stoßwellen, Kompression
Stoßwellen und adiabatische Kompression, schlagartige Gasentspannung, Temperaturentwicklung ist abhängig vom Druckverhältnis; z. B. plötzliche Entspannung von Gashochdruckeinrichtungen (Freisetzung mit Überschallgeschwindigkeit), Bruch von Leuchtstofflampen

11. Chemische Reaktionen
Exotherme Vorgänge, bei denen zündgefährliche Energien freigesetzt werden, z. B. durch
- selbstentzündliche Stoffe wie verölte Putzwolle, falsch gelagerte Braunkohle, Kupferacetylid, Metallalkyle, Peroxide;
- Chemikalien, die mit Wasser Wärme entwickeln (Calciumcarbid, einige Säuren u.a.m.)
- Polymerisation, Crackvorgänge und andere chemische Prozesse
- pyrophore Stoffe und Verbindungen (z. B. Eisen-Schwefel-Verbindungen in Behältern chemischer Prozeßanlagen)
- durchgehende Reaktionen und anderweitige Zerfallsreaktionen (einschließlich der Explosivstoff-Reaktionen)

12. Strömende Gase
Exotherme Vorgänge bei speziellen chemisch-physikalischen Zuständen, z. B.
- Entzündung komprimierten Wasserstoffes bei Entspannungsvorgängen (Joule-Kelvin-Effekt; druck-, temperatur- und stoffabhängig),
- Entzündung mitgerissener Teilchen im komprimierten Sauerstoffstrom (Rost; Schieber und Ventile)

Frage 4.9 Wo findet man verbindliche Angaben über explosionsgefährdete Bereiche?

Hinweise über die Ausdehnung und Einstufung explosionsgefährdeter Bereiche sind enthalten

- **als umfangreiche Beispielsammlung in den Explosionsschutz-Richtlinien (EX-RL, ZH1/10)**
- **in einigen Unfallverhütungsvorschriften der gewerblichen Berufsgenossenschaften, z.B. den UVV VBG 21 (Flüssiggas) VBG 23 (Farbgebung), VBG 61 (Gase)**

- **in Technischen Regeln für spezielle überwachungsbedürftige Anlagen**, z. B. TRbF 100 ff für brennbare Flüssigkeiten und TRB 610 (Anlage 4) oder TRB 801 (Anlagen) für Druckbehälter. Die Angaben haben zumeist modellhaften Charakter (Beispiele) und sind dann nur bei Kenntnis der speziellen örtlichen und betrieblichen Bedingungen sachgerecht einzuordnen. Auch bauliche Gegebenheiten können dazu veranlassen, die Mindestangaben einer Vorschrift zur Ausdehnung eines explosionsgefährdeten Bereiches betrieblich anzupassen.

Verbindlichen im rechtlichen Sinne sind für die Belange der Elektrofachkraft

- **zunächst nur die Festlegungen des verantwortlichen Betreibers (bzw. des Auftraggebers)**,
- **danach die Festlegungen in Unfallverhütungsvorschriften oder in Technischen Regeln zu Verordnungen über überwachungsbedürftige Anlagen**, soweit sie nicht lediglich als Beispiele deklariert sind. Die laufende Aktualisierung der Regelwerke durch die Normenausschüsse ist insgesamt nur schwer zu verfolgen. Sachverständige arbeiten teilweise mit Vorabunterlagen oder anderen als quasirechtlich betrachteten Materialien, wodurch der „außenstehenden" Elektrofachkraft die Möglichkeit zur rechtssicheren Selbsthilfe weitgehend verschlossen bleibt.

Weitere Hinweise gibt die Anwort zur Frage 5.3.2.

Frage 4.10   Was versteht man unter „integrierter Explosionssicherheit"?

Ein erheblicher Vorteil der neuen Betrachtungsweise im EG-Maßstab liegt in ihrer sachlichen Logik von Ursache und Wirkung, die aus den deutschen Explosionsschutz-Richtlinien (EX-RL, ZH1/10) bekannt ist. Maßnahmen des Explosionsschutzes müssen sich zuerst damit befassen, das Freisetzen gefährdender Stoffe zu unterbinden. Erst, wenn auch weitere Schutzmaßnahmen (u. a. elektrische) das Risiko nicht akzeptabel einschränken, müssen schadensbegrenzende Maßnahmen den Explosionsschutz entsprechend ergänzen.

Dafür gibt die **Richtlinie 94/9/EG** (Anhang II der Richtlinie, grundlegende Sicherheits- und Gesundheitsanforderungen ...) als grundsätzliche Anforderungen für Geräte und Schutzsysteme die

- „*Prinzipien der integrierten Explosionssicherheit*" vor.

Dazu ist

- eine *3fach gestaffelte Rangordnung* der apparativen Schutzmaßnahmen festgelegt.

Tafel 4.4 gibt diese Rangordnung in Kurzfassung wieder und bringt sie mit den betrieblichen Maßnahmen in Zusammenhang.

Ursachen und Arten von Explosionsgefahren

Tafel 4.4 *Grundsätze des anlagetechnischen Explosionsschutzes gemäß EG-Richtlinie für den Gesundheits- und Arbeitsschutz in explosionsgefährdeten Arbeitsstätten (Vorschlag; ATEX 118a) und EG-Richtlinie 94/9/EG für die Explosionssicherheit von Geräten und Schutzsystemen (ATEX 100a)*

Arbeitsstätten	Geräte und Schutzsysteme
Prinzipien der ganzheitlichen Beurteilung	**Prinzipien der integrierten Explosionssicherheit**
Vermeiden von Explosionen durch	Vermeiden von Explosionen durch
– Abstimmung organisatorischer Maßnahmen auf die technische Problemstellung	– Ausschluß des Erzeugens einer explosionsfähigen Atmosphäre
– Auswahl, Errichtung, Installation und Zusammenbau von geeigneten Arbeitsmitteln und geeignetem Installationsmaterial	– Ausschluß des Entzündens der explosionsfähigen Atmosphäre durch Zündquellen beliebiger Art (elektrisch als auch nicht elektrisch)
– Beurteilung sämtlicher Gefahrenpotentiale, die explosionsfähige Atmosphäre und Explosionsrisiken verursachen können (Anlage, Stoffe, Verfahren, Wechselwirkungen)	– Ausschluß von Gefährdungen für Personen, Tiere oder Güter, falls es dennoch zu einer Explosion kommen sollte

Frage 4.11 Was bedeutet „primärer Explosionsschutz"?

Diese Frage zielt ebenfalls auf eine Rangordnung der Schutzmaßnahmen und berührt den gleichen Sachverhalt wie die vorhergehende Frage.
Als primärer Explosionsschutz bezeichnet man solche Maßnahmen, die sich unmittelbar gegen die Explosionsgefahr richten, weil sie die das Auftreten explosionsgefährdender Gemische in einem örtlichen Bereich entweder

a) *total verhüten*, z. B. durch
– Ersatz entzündlicher Stoffe durch nicht entzündliche,
– technisch dichte Ausführung von technologischen Behältern, Apparaten und Rohrleitungen (auf Dauer dichte Konstruktion),
– Inertisierung, Unterdruck (Sauerstoffentzug, kombiniert mit MSR-Sicherheitsmaßnahmen),
– Sicherheitsabstand zu externen explosionsgefährdeten Bereichen
oder
b) *auf ungefährliche Mengen einschränken*, z. B. durch
– technische Lüftungsmaßnahmen (Konzentrationsminderung, kombiniert mit Gaswarntechnik),
– Umhüllung der Freisetzungsquelle (Verhindern des Ausbreitens),
– natürliche Lüftung, Abschrägung von Staubablagerungsflächen (Verhindern des Ansammelns).

Sekundärer Explosionsschutz ist die Bezeichnung für eine zweite Gruppe von Maßnahmen, mit denen verhindert wird, daß eine Zündquelle zur Explosion führt.

Dazu gehören alle technischen Maßnahmen, die bewirken, daß potentielle Zündenergie nicht freigesetzt werden kann. „Sekundär" ist hierbei keineswegs im Sinne von nebensächlich zu verstehen, sondern soll den Vorrang primärer Maßnahmen hervorheben. In der Fachliteratur wird ab und an auch von *tertiärem Schutz* gesprochen, wenn es darum geht, Schadenswirkungen durch Explosionsdruck zu vermeiden oder zu begrenzen, z. B. durch baulichen Explosionsschutz mit Druckentlastungsflächen.

Schließlich gibt es noch die *organisatorischen Schutzmaßnahmen*, womit hauptsächlich Verhaltensforderungen für Beschäftigte zur Arbeits- und Betriebssicherheit angesprochen sind. Bei der Instandhaltung müssen hier alle erforderlichen technischen Schutzmaßnahmen einbezogen werden. Immer wieder wird menschliches Fehlverhalten als eigentlicher Anlaß für Brände und Explosionen erkannt, weil die organisatorischen Schutzmaßnahmen unzureichend waren.

Nach dieser Betrachtungsweise besteht elektrotechnischer Explosionsschutz überwiegend aus sekundären Schutzmaßnahmen.

Frage 4.12 Was sind sicherheitstechnische Kennzahlen?

Um die Eigenschaften entzündlicher Stoffe als Gefahrenursachen eindeutig zu beschreiben, bedient man sich sicherheitstechnischer Kennzahlen (SKZ). Im Unterschied zu physikalischen Stoffkonstanten, z. B. die Molekularmasse oder das -volumen, handelt es sich bei den SKZ um sogenannte konventionelle Größen, deren Aussagekraft und Wiederholbarkeit an spezielle Prüfmethoden gebunden sind. Die SKZ beziehen sich in der Regel auf atmosphärische Bedingungen, d. h. auf 20 °C und normalen Luftdruck (1013 mbar). Sicherheit in der Beurteilung von Explosionsgefahren wird erst dadurch möglich, daß man mit diesem Wissen die charakteristischen physikalischen und chemischen Kennzahlen gefährdender Stoffe abwägend gegenüber stellt. Auch zur Definition bestimmter Eigenschaften des Explosionsschutzes werden derartige Kennzahlen oder -ziffern verwendet, um Soll-Ist-Vergleiche vorzunehmen, z. B. Beim Nachweis der sachgerecht ausgewählten Temperaturklasse und Explosionsgruppe eines Betriebsmittels. **Tafel 4.5** gibt die wichtigsten SKZ an. Anerkannte Quellen für die Zahlenwerte sind hauptsächlich

- das Tabellenwerk von Nabert/Schön/Redeker: „Sicherheitstechnische Kennzahlen brennbarer Gase und Dämpfe" mit 6. Nachtrag,
- das Tabellenwerk „Brenn- und Explosions-Kenngrößen von Stäuben" im BIA-Handbuch,
- die Ergebnisse von Prüfinstituten wie z. B. der Physikalisch-Technischen Bundesanstalt Braunschweig/Berlin (PTB), der Fachstelle für Sicherheit elektrischer Betriebsmittel der DMT in Dortmund-Derne (BVS) oder des Instituts für Sicherheitstechnik Freiberg (IBExU) oder
- die Tabellen in einschlägigen Normen, z. B. in DIN VDE 0165 oder EN 50014 (Explosionsgruppen A, B, C), oder in den Unfallverhütungsvorschriften (UVV VBG), wobei man dort zumeist nur spezielle für die jeweilige Norm wesentliche Kennzahlen findet.

Ursachen und Arten von Explosionsgefahren

Tafel 4.5 *Bedeutung von sicherheitstechnischen Kennzahlen (Auswahl)*

Sicherheitstechnische Kennzahl (SKZ)	Einheit	Anwendungsbereich, Bedeutung, Interpretation
1. Zur Beurteilung der Explosionsgefahr		
Flammpunkt	°C	Nur für Flüssigkeiten: Liegt der Flammpunkt niedriger als die Flüssigkeits- oder Umgebungstemperatur +15 K, dann ist grundsätzlich mit explosionsgefährdenden Dampf-Luft-Gemischen zu rechnen.
Gefahrklasse nach VbF	–	Nur für Flüssigkeiten: Gruppierung nach dem Flammpunkt und der Mischbarkeit mit Wasser: AI – Flammpunkt < 21 °C, nicht wassermischbar AI – Flammpunkt zwischen 21 °C und 55 °C, nicht wassermischbar AIII – Flammpunkt > 55 °C, nicht wassermischbar B – Flammpunkt < 21 °C, wassermischbar; explosionsgefährdend bei Umgebungstemperatur: AI, B, AII mit Flammpunkt bis 40 °C
Explosionsgrenzen (Zündgrenzen)	Vol-% g/m^3	Für alle brennbaren Stoffe, die mit Luft explosionsfähige Gemische bilden können: Zwischen den Konzentrationswerten untere und obere Explosionsgrenze (UEG, OEG bzw. UZG, OZG) besteht Explosionsfähigkeit, für Beurteilung von Betriebsstätten nur UEG (bzw. UZG) interessant, bei Stäuben stark abhängig von Feinheit und Feuchte; sicherheitstechnischer Grenzwert allgemein: 50 % UEG.
Explosionspunkte	°C	Nur für Flüssigkeiten: Zu den Explosionsgrenzen korrespondierende Temperaturwerte (Flüssigkeitstemperatur, bei der sich die UEG bzw. OEG einstellen; die Temperatur des unteren Explosionspunktes entspricht in der Dampfdruckkurve theoretisch dem Flammpunkt.
Dichteverhältnis Dichte (Luft =1)	–	Nur bei Gasen und Flüssigkeiten (Dämpfen): Verhältniszahl der Stoffe im gasförmigen Zustand zur Dichte von Luft bei 20 °C; schwere Gase oder Dämpfe (Dichteverhältnis > 1) breiten sich bodennah aus und sammeln sich in Vertiefungen.
Verdunstungszahl (Diethylether =1)	–	Nur für Flüssigkeiten: Vergleichszahl zur Abschätzung der Flüchtigkeit (Diethylether verdunstet sehr schnell);
Diffusionskoeffizient	cm^2/s	Für Gase und Flüssigkeiten (Dämpfe): kennzeichnet die Diffusionsneigung der Stoffe in die Luft (Wasserstoff hat einen sehr hohen Diffusionskoeffizient)
2. Zur Festlegung von Schutzmaßnahmen und zur Auswahl explosionssicherer Betriebsmittel		
Zündtemperatur	°C	Für alle brennbaren Stoffen, die mit Luft explosionsfähige Gemische bilden können; niedrigste Temperatur einer erhitzten Oberfläche, an der sich ein definiertes Brennstoff/Luft-Gemisches unter festgelegten Prüfbedingungen entzündet; zündgefährliche Oberflächen eines Betriebsmittels dürfen die Zündtemperatur nicht erreichen (bei Stäuben: $2/3$ der Zündtemperatur darf nicht überschritten werden)
Temperaturklasse[1]	—	Nur für Gase und Flüssigkeiten (Dämpfe, Nebel); genormte Gruppierung in T1 bis T6 nach der Höhe der Zündtemperatur

▼

Ursachen und Arten von Explosionsgefahren

Tafel 4.5 *Bedeutung von sicherheitstechnischen Kennzahlen (Auswahl) (Forts.)*

Glimmtemperatur	°C	Nur für Stäube: Entzündungstemperatur einer 5 mm dicken Schicht auf einer offenen Wärmeplatte unter festgelegten Prüfbedingungen; äußere Oberflächen eines Betriebsmittels dürfen diesen Wert vermindert um 75 K nicht überschreiten, weitere Verminderung erforderlich, wenn sich dickere Schichten ablagern können
Grenzspaltweite	mm	Bisher nur für Gase und Flüssigkeiten (Dämpfe, Nebel): Maß für die Zünddurchschlagfähigkeit einer Explosion aus dem Gehäusespalt eines Prüfgefäßes heraus unter festgelegten Prüfbedingungen (maximale experimentelle Grenzspaltweite MESG)
Mindestzündstrom	mA	Kleinste Stromstärke, die unter festgelegten Prüfbedingungen ein definiertes Brennstoff/Luft-Gemisch durch Entladungsfunken entzündet; Bemessungsgrundlage der Zündschutzart „i" und Basis für das Mindestzündstromverhältnis im Vergleich zu Methan (MIC-Verhältnis), das zur Einordnung in die Explosiongruppe dient
Explosionsgruppe[1]	—	Bisher nur für Gase und Flüssigkeiten (Dämpfe, Nebel); Gruppierung in IIA, IIB und IIC nach der experimentellen Grenzspaltweite und/oder dem MIC-Verhältnis
Mindestzündenergie	mJ	Kleinste Energie eines kapazitiven elektrischen Stromkreises, dessen Entladungsfunken ein definiertes Brennstoff-Luft-Gemisch entzünden; vor allem zur Beurteilung elektrostatischer Zündgefahren verwendet

3. Zur Minderung von Explosionswirkungen und für die Festigkeit von Apparaturen

maximaler Explosionsdruck	bar	Größter Druckwert, der bei der Explosion eines definierten Brennstoff/Luft-Gemisches nach dem festgelegten Prüfverfahren gemessen wird (allgemein ≤ 10 bar im Unterschied zur wesentlich höheren Druckentwicklung bei einer Detonation)
maximaler Druckanstieg	bar/s	Maximalwert des Differentialquotienten der Druck-Zeit-Kurve, die bei bei der Messung des maximalen Explosionsdruckes erhalten wird (größte Schnelligkeit der Druckzunahme; Werte stark volumenabhängig und umrechenbar mit dem „kubischen Gesetz", Ausgangswert zur Bestimmung der Explosionskonstanten K_g und K_{st})
Staubexplosionsklasse	—	Gruppierung der Brisanz nach Bereichen des K_{st}-Wertes (bar·m/s), St1, St2, St3; (St1 repräsentiert die höchste Brisanz)

[1] weiteres im Abschnitt 6

Ursachen und Arten von Explosionsgefahren 69

Elektrofachleute sollen sich die jeweils erforderlichen SKZ gefährdender Stoffe aber nicht selbst aussuchen, sondern sie sich vom Betreiber oder Auftraggeber schriftlich übermitteln lassen. Dann gibt es später keinen Streit bei Unsicherheiten.

Frage 4.13 Wie kann eine Elektrofachkraft Explosionsgefahren verhindern?

Juristen würden dazu wohl der folgenden Formulierung zustimmen: „Um die von einer Explosion ausgehenden Gefahren zu vermeiden, hat sich die Elektrofachkraft

a) an die dafür geltende Rechtsverordnung ElexV zu halten,
b) das zugehörige Vorschriften- und Regelwerk zu beachten und
c) ihre Tätigkeit in Kenntnis der Gefahren sicherheitsgerecht auszuführen."

Elektrofachleute sehen das etwas konkreter. **Sicherheitsgerechter Explosionsschutz soll gemäß ElexV dort beginnen, wo die Gefahr durch explosionsfähige Atmosphäre verursacht wird. Und das geschieht nicht in der elektrischen Anlage. Die wesentlichen Aufgaben der EMR-Fachleute beim** *Vermeiden von Explosionsgefahren* **bestehen** (nach Meinung des Verfassers) **darin,**

- *auffällige Unregelmäßigkeiten an betriebstechnischen Einrichtungen dem verantwortlichen Betreiber unverzüglich mitzuteilen und im eigenen Verantwortungsbereich sofort sicherheitsgerecht zu handeln,*
- *mit arbeitsbedingt erforderlichen leicht entzündlichen Arbeitsstoffen, z.B. mit technischen Gasen, Lösemitteln usw., bestimmungsgemäß umzugehen und die dafür maßgebenden Vorschriften zu beachten,*
- *den verantwortlichen Betreiber oder den Auftraggeber darauf hinzuweisen, wo und wie sich die Qualität der technologischen Schutzmaßnahmen auf den Bedarf an elektrotechnischen Maßnahmen auswirkt und*
- *Vorschläge zu unterbreiten, auf welche Weise elektrischer Explosionsschutz unter den betrieblichen Bedingungen effektiv gestaltet werden kann.*

M&K MAEHLER & KAEGE AG

Explosionsgeschützte Polyesterleuchte ATEX 100a

Die Maehler & Kaege AG als Hersteller explosionsgeschützter Leuchten hat ein nach der Ex-Schutz-Richtlinie 94/9/EG zugelassenes europäisches Ex-Polyester-Langfeldleuchten-Konzept entwickelt. Besonderer Wert wird auf geringen Wartungsaufwand wie z. B. einfachen und schnellen Lampenaustausch gelegt. Durch leicht trennbare Leuchtenkomponenten wird das Recyceln vereinfacht und die Umwelt somit größtmöglichst entlastet. Die Serie umfasst eine Ex-Polyesterleuchte nach 94/9/EG Atex 100a in Schutzart IP66 für eine bzw. zwei Leuchtstofflampen 36 Watt oder 58 Watt, zugelassen für Umgebungstemperaturen von -30 bis + 50° C. Die für Gleich- und Wechselspannung konzipierte Leuchte ist so wohl zur Bestückung mit Einstift- wie auch mit Zweistiftsockel-Leuchtstofflampen lieferbar.

MAEHLER & KAEGE AG
Elektronische Spezialfabrik
Am Großmarkt 4
D-55218 Ingelheim/Rhein
Tel./Fax: 0 61 32 / 783-0 / -101

5 Hinweise zur Planung und zur Auftragsannahme

Frage 5.1 Weshalb müssen sich die Vertragspartner im Explosionsschutz abstimmen?

Je höher die Anforderungen an das Sicherheitsniveau sind, um so eher müssen die Beteiligten ihre Mitwirkungs- und Verantwortungsbereiche zweifelsfrei regeln.
Aus der Sicht eines Elektro-Auftragnehmers gibt es dafür elementare Gründe:

- Rechtssicherheit (Beweissicherung im Sinne der Produkt- und der Produzentenhaftung),
- Erkennen verdeckter Risiken,
- eigene Handlungssicherheit.

Die Angaben zur Planung elektrischer Anlagen, die in den Normen DIN VDE 0100 Gruppe 300 zu finden sind, erfassen nur die allgemeingültigen Grundsätze.
Als Bestandteil des Sicherheitsmanagements betrieblicher Anlagen ist der Explosionsschutz interdisziplinär. **Um das Ziel der Explosionssicherheit insgesamt zu erreichen, müssen die jeweils effektiven Schutzmaßnahmen herausgefunden und aufeinander abgestimmt werden. Eine schriftliche Sicherheitskonzeption eignet sich am besten, das Ergebnis für alle Beteiligten zusammenfassend darzustellen.**
Bild 5.1 verdeutlicht die Wechselwirkungen zwischen Explosionsgefahr und Explosionsschutz. EMR-Schutzsysteme sind eine tragende Säule im Gesamtkonzept des betrieblichen Explosionsschutzes. Wenn es nicht nur um ein paar Handgriffe geht wie das Auswechseln einiger Leuchten, dann macht sich das schon bei der Planung deutlich bemerkbar. Bild 5.1 läßt erkennen, daß es auch innerhalb der EMR-Bereiche noch Wechselbeziehungen gibt mit Abstimmungsbedarf. Und haben die Techniker sich schließlich geeinigt, dann entscheiden Kaufleute später wieder ganz anders.
Wendet sich ein Auftragnehmer an einen Fachbetrieb, dann tut er das in der Erwartung, daß dieser seine fachspezifischen Vorschriften und Regeln souverän beherrscht. Der Fachbetrieb wird aber nicht effektiv und sicherheitsgerecht arbeiten können, wenn der Auftraggeber in seinem Verantwortungsbereich nicht die gleichen Voraussetzungen erfüllt. Dazwischen liegt eine Grauzone, über die sich die Partner verständigen müssen.
Gegenseitige Verläßlichkeit kann man selbst bei bestem Willen nicht einfach voraussetzen. Was der eine als Geschäftsgrundlage betrachtet, hält vielleicht der andere für nebensächlich.

Hinweise zur Planung und zur Auftragsannahme

```
                    ┌─────────────────────┐
                 ──▶│ Explosionsgefahr    │◀──
                │   │    Beurteilung      │   │
                │   └─────────────────────┘   │
    ┌───────────────────────┐      ┌───────────────────────┐
    │    Schutzmaßnahmen    │◀────▶│     Schutzsysteme     │
    │ Auswahl und Koordinierung │      │ Auswahl und Koordinierung │
    └───────────────────────┘      └───────────────────────┘
```

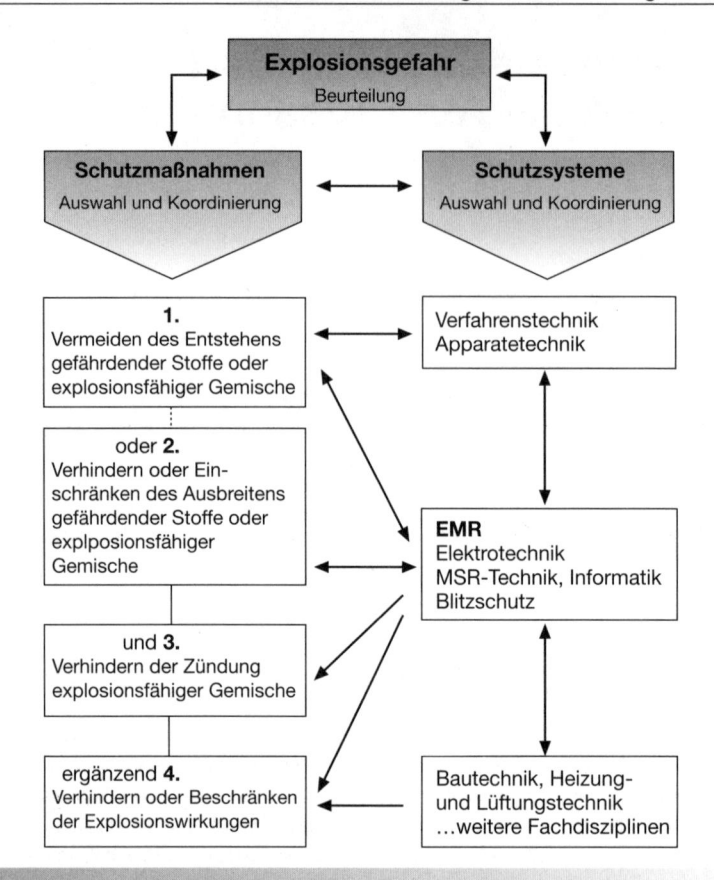

1. Vermeiden des Entstehens gefährdender Stoffe oder explosionsfähiger Gemische	Verfahrenstechnik Apparatetechnik
oder **2.** Verhindern oder Einschränken des Ausbreitens gefährdender Stoffe oder explposionsfähiger Gemische	**EMR** Elektrotechnik MSR-Technik, Informatik Blitzschutz
und **3.** Verhindern der Zündung explosionsfähiger Gemische	
ergänzend **4.** Verhindern oder Beschränken der Explosionswirkungen	Bautechnik, Heizung- und Lüftungstechnik …weitere Fachdisziplinen

Bild 5.1 *Wechselbeziehung zwischen Explosionsgefahr und Explosionsschutz*

Selbst wer den Betrieb des Auftraggebers schon kennt, kann nicht sicher davor sein, überraschend Veränderungen vorzufinden.
Tafel 5.1 faßt zusammen, worüber man sich Klarheit verschaffen sollte. Weiteres wurde schon im Abschnitt 3 erläutert oder folgt anschließend.
Wer sich davor scheut, Mitwirkungspflichten vertraglich festzulegen und auf Zuruf arbeitet, zahlt letztlich für die Nachlässigkeiten anderer.

Frage 5.2   Welche Vorgaben sind unbedingt nötig?

Das hängt unmittelbar davon ab, was gerade zu tun ist. Allein ein Zuruf „Explosionsgefahr" befähigt bestenfalls dazu, sofort den Evakuierungsweg zu suchen, aber nicht eine technische Lösung. **In jedem Fall, ob bei der Planung, Projektabwicklung oder Instandhaltung, braucht man bestimmte präzisierende Angaben, die in Tafel 5.2 zusammengestellt sind.** Mitunter können aus der vorletzten Zeile „Grund-

Hinweise zur Planung und zur Auftragsannahme

Tafel 5.1 *Abstimmungsbedarf zum Explosionsschutz für Auftragnehmer*

1. Wer hat die erforderlichen Festlegungen zu verantworten?
2. Handelt es sich zweifelsfrei um eine explosionsgefährdete Betriebsstätte?
3. Sind nach Art der Anlage spezielle Bedingungen zu beachten?
4. Gibt es spezifische sicherheitsgerichtete Forderungen des Betreibers?
5. Bestehen spezielle Festlegungen von behördlichen Stellen?
6. Bestehen Einflüsse durch Bestandsschutz oder durch außerstaatliches Recht?
7. Sind die erforderlichen Vorgaben zur Auswahl der Schutzmaßnahmen auch ausreichend dokumentiert?
8. Sind alle wesentlichen Leistungstermine fixiert?

legende Mindestforderungen" einige spezielle Vorgaben kostenorientiert zurückgestellt werden, z. B. für ein Angebot mit Preismodifikationen. Auf welche Vorgaben es vielleicht nicht oder nicht sofort ankommt, ergibt sich aus der jeweiligen Situation.

Frage 5.3 Was sollte grundsätzlich schriftlich vereinbart werden?

Alle Bedingungen, die über die gesetzliche Arbeitsgrundlage hinaus für erforderlich gehalten werden, sind speziell zu vereinbaren.
Deutsche Rechtsgrundlagen (Gesetze, Verordnungen, staatliche Mitteilungen) gelten grundsätzlich auch ohne vertragliche Vereinbarung. Aber nicht im Ausland. Sie enthalten zumeist nur Schutzziele oder, wie im Regelwerk, Mindestforderungen. Abweichungen, die das Schutzziel anderweitig erreichen, sind möglich, doch darüber sollte man sich eingehend vergewissern und verständigen. Dazu gehören einige Sachverhalte, die man nicht nur im Explosionsschutz bedenken sollte, so z. B.

- Besonderheiten beim Eingriff in bestehende Anlagen,
- Zusammenarbeit mit weiteren (dritten) Partnern,
- Abweichungen von anerkannten Regeln der Technik,
- zusätzliche Forderungen (Werknormen, Beistellungen usw.),
- behördliche Auflagen,
- Arbeitsschutz auf der Baustelle,
- gesetzliche und technische Grundlagen bei Anlagenexporten,
- Anwendung völlig neuer Technik,
- Probebetrieb,
- besondere Prüfbedingungen.

Erfahrene Elektroaufnehmer prüfen die Vollständigkeit der erforderlichen Vorgaben gründlich nach, weil sie wissen, daß sie sich damit spätere Ungelegenheiten ersparen können. Bevor ein Installationskonzept zusammengestellt wird, sollten folgende Fragen geklärt sein (**Tafel 5.2**):

Tafel 5.2 *Beurteilung der Explosionsgefahr im Sinne der ElexV, Mindestinhalt als Arbeitsgrundlage für den anlagetechnischen Explosionsschutz*

Erforderliche Aussagen zur Beurteilung des explosionsgefährdeten Bereiches		
	bei Gasexplosionsgefahr (brennbare Gase, Dämpfe oder Nebel)	bei Staubexplosionsgefahr (brennbare Stäube)
Gefahr, Art und Ursache	• Art der festgestellten Gefahr (Gas- oder Staubexplosionsgefahr) • Ursache der Gefahr – maßgebende Gefahrstoffe – Freisetzungsstellen in der Anlage bei Normalbetrieb bzw. bei wahrscheinlichen Störungen	
Gefahrbereich	• explosionsgefährdete Bereiche[1] (Räume oder Außenbereiche, mit eindeutiger örtlicher Begrenzung) • Einstufung für jeden Bereich, in	
	Zonen 2, 1, oder 0	Zonen 22, 21 oder 20 (bzw. Zonen 11 oder 10 nach alter Ordnung)
Maßgebende Kennzahlen [2]	Zündtemperatur, Temperaturklasse, Explosionsgruppe	Zündtemperatur, Glimmtemperatur; leitfähiger Staub?
Grundlegende Mindestforderungen	• speziell anzuwendende Bestimmungen z. B. DIN VDE mit anlagebezogenen Festlegungen, UVV VBG..., TRbF..., Werknormen Forderungen der Schadensversicherer • Forderungen spezieller Gewerke (z. B. Technologie, Bau, Heizung und Lüftung,) • Verhaltensforderungen zum Ausschluß von Zündquellen • Auflagen von Behörden • Koordinierung mit Dritten	
Bestätigung	Unterschrift des Verantwortlichen für die Beurteilung der betreffenden Betriebsstätte, Datum	

1) zeichnerisch und/oder mit schriftlichen Maßangaben (dreidimensional)
2) Für jeden explosionsgefährdeten Bereich, wenn nicht überall der gleiche Gefahrstoff maßgebend ist

Frage 5.3.1 Handelt es sich zweifelsfrei um eine explosionsgefährdete Betriebsstätte?

Wozu die Frage? Wenn ein Auftraggeber Explosionsschutz bestellt, soll er das auch bekommen, und zwar in bester Qualität. Aber was ist damit gemeint, wenn er weiter nichts verlangt als eine möglichst preiswerte Elektroanlage mit der erforderlichen Sicherheitstechnik?
Effektiver Explosionsschutz ist Maßarbeit. Etwas mehr kann durchaus gut sein, aber dann an der richtigen Stelle, also vor allem dort, wo man Maßnahmen nach § 7 der ElexV anwenden kann, um explosionsfähige Atmosphäre zu verhindern oder einzu-

Hinweise zur Planung und zur Auftragsannahme

schränken. Solche verfahrenstechnische und technologische Schutzmaßnahmen können, wenn sie gut sind, den elektrischen Explosionsschutz wesentlich entlasten oder sogar verzichtbar machen. **Sache der Elektrofachleute ist es, mit Hinweis auf die ElexV den Auftraggeber danach zu fragen. MSR-Fachleute dagegen können automatisierungstechnisch unmittelbar dazu beitragen, Explosionsgefahren zu vermeiden oder einzuschränken.**

Frage 5.3.2   Welche Dokumente mit Angaben zur Explosionsgefahr kann man grundsätzlich anerkennen?

Von einer sachgerechten Beurteilung der Gefahrensituation kann man ausgehen, wenn der Auftraggeber eine der folgend genannten Nachweise vorlegt:

- ein *Beurteilungsdokument* mit Bezug auf die
  - Explosionsschutz-Richtlinien (EX-RL), die EN 60079-10 DIN VDE 0165 Teil 101 oder die EN 1127-1,
  - die Verordnung über brennbare Flüssigkeiten (VbF/TRbF) oder auf eine
  - speziell zutreffende Vorschrift oder Regel der Technik (z. B. eine UVV VBG, TR, VDI-Richtlinie), wobei das Dokument auch in einem sogenannten „Ex-Zonen-Plan" zusammengefaßt sein kann; datiert und mit Unterschrift des Betreibers bzw. Auftraggebers,
- ein *Sachverständigen-Gutachten* zum Explosionsschutz oder eine dementsprechende Sicherheitsbetrachtung im Sinne der TRGS 300 (Technische Regel Gefahrstoffe; Sicherheitstechnik), ausgearbeitet im Auftrag des Betreibers von Fachleuten des Brand- und Explosionsschutzes aus der Industrie, von Fachinstitutionen, Prüforganisationen, Fachgremien, Beraterfirmen; mit datierter Bestätigung des Auftraggebers,
- ein *Entscheid des Staatlichen Gewerbeaufsichtsamtes* (bzw. der Aufsichtsbehörde),
- ein *Dokument der jeweiligen Berufsgenossenschaft*.

Skepsis ist angebracht, wenn
- übergebene Schriftstücke weder ein Datum noch eine Unterschrift tragen,
- die schriftlichen Angaben zur Gefahrensituation mangelhaft sind oder für später angekündigt werden,
- die Beurteilung der Brand- und/oder Explosionsgefahr in einer Betriebsstätte dem Elektro- oder MSR-Fachmann abverlangt wird,
- Dokumente einbezogen werden sollen, deren Bestätigungsdatum 3 Jahre und mehr zurückliegt oder
- als Begründung einer Explosionsgefahr nur ein lapidarer Hinweis auf Regelwerke gegeben wird, z. B. auf die Beispielsammlung zur EX-RL, eine technische Regel (TR) zu überwachungsbedürftigen Anlagen, eine UVV VBG, eine ausländische Norm oder gar nur auf die Fachliteratur, ohne dazu ein Schriftstück mit konkretisierenden Angaben zu übermitteln.

Beispielsammlungen beziehen sich auf ausgewählte typische Beurteilungsfälle, die auf ihre Anwendbarkeit unter den jeweiligen technologischen Bedingungen zu überprüfen sind. Für Einstufungen in Regelwerken (Mindestfestlegungen) gilt das zwar nicht, aber damit hat man noch nicht alles Notwendige beisammen.

Frage 5.3.3   Sind die erforderlichen Vorgaben zur Auswahl der Schutzmaßnahmen auch ausreichend dokumentiert?

Maßgebend für die Schutzmaßnahmen in explosionsgefährdeten Betriebsstätten sind die dazu benannten (bezeichneten) Regeln der Technik. Im Abschnitt 20 sind die bezeichneten Normen zur ElexV angegeben. **Diese Regeln, so z. B. die DIN VDE 0165 für das Errichten und die DIN VDE 0105 Teil 9 für das Betreiben, setzen nicht nur die Zonen-Einstufung voraus.**

Was muß mindestens bekannt sein? Dazu gehören
- *die Art der Explosionsgefahr* (Gas- oder Staubexplosionsgefahr; das ist durch die Ziffer der Zoneneinteilung schon definiert),
- *die Größe und Lage der gefährdeten Bereiche* (Länge/Breite/Höhe; das ist allein mit der Ziffer der Zoneneinteilung noch nicht festgelegt),
- *die maßgebenden sicherheitstechnischen Kennzahlen* (Zündkennwerte; Unterschiede je nach Art der Explosionsgefahr),
- *die speziell maßgebenden Vorschriften* und verbindlichen Regeln (je nach Art der technologischen Anlage, z. B. bei brennbaren Flüssigkeiten die VbF mit den TRbF, bei Aufzugsanlagen die AufzV mit den TRA, für Farbgebung die UVV VBG 23, für Gase die UVV VBG 61, für Gashochdruckleitungen die TRGL 251; ferner
- *speziell anzuwendende Richtlinien* (ZH1-Schriften des Hauptverbandes der gewerblichen Berufsgenossenschaften, VdS-Richtlinien, VDI-VDE-Richtlinien, NAMUR-Empfehlungen u. a. m.),
- spezielle Forderungen zur Ausführung.

Um alles sachgerecht zu bedenken und mit dem Auftraggeber zu klären, kann man sich eine Checkliste anlegen, z. B. nach dem Muster von **Tafel 5.3**.

Hinweise zur Planung und zur Auftragsannahme

Tafel 5.3 Check-Liste für Auftragnehmer zur Überprüfung sicherheitsgerichteter Voraussetzungen zur Auftragsannahme für das Errichten in explosionsgefährdeten Bereichen

Klärungsbedürftige Fakten		Überprüfungsergebnis ja	nein	Anmerkungen
1 Auftragsumfang	• Neuanlage • Vollrekonstruktion • Teilrekonstruktion[1]	☐ ☐ ☐	☐ ☐ ☐	[1] Eingriffe in alte Normen?
2 Gefahrensituation	• Explosionsgefahr (Gas) • Explosionsgefahr (Staub) • Feuergefahr • Überschneidungen geklärt	☐ ☐ ☐ ☐	☐ ☐ ☐ ☐	
3 Beurteilungsergebnis[2]	• vorhanden • aktuell • vollständig • überprüfungsbedürftig	☐ ☐ ☐ ☐	☐ ☐ ☐ ☐	[2] örtliche Bereiche, „Zone", Zündtemperatur, Temperaturklasse, Explosionsgruppe, Forderungen
4 Planungsdokumentation	• vorhanden • aktuell • vollständig • geprüft[3]	☐ ☐ ☐ ☐	☐ ☐ ☐ ☐	[3] rechtlich nicht gefordert
5 Behördenauflagen	• liegen vor • Klärungsbedarf	☐ ☐	☐ ☐	
6 Koordinierung mit anderen AN	• erforderlich • lückenlos durchgeführt	☐ ☐	☐ ☐	AN/AG: Auftragnehmer/-geber
7 Vorschriftenwerk[4]	• spezielle Bestimmungen • Bestimmungen liegen vor • Angaben lückenhaft • Angaben verbindlich zugesagt	☐ ☐ ☐ ☐	☐ ☐ ☐ ☐	[4] Werknormen, Landesrecht, Versicherer, VBG, Baunormen, Ausland u. a. m.
8 Betriebsmittelauswahl[5]	• spezielle Forderungen des AG • Angaben liegen vor • Angaben lückenhaft • Angaben verbindlich zugesagt	☐ ☐ ☐ ☐	☐ ☐ ☐ ☐	[5] Anordnung, Notausschaltung, EMR-Bedingungen u. a. m.
9 Montage, Installation[5]	• spezielle Forderungen des AG • Angaben liegen vor • Angaben lückenhaft • Angaben verbindlich zugesagt	☐ ☐ ☐ ☐	☐ ☐ ☐ ☐	
10 Anlagetechnische Zündschutz-Maßnahmen[6]	• spezielle Forderungen des AG • Angaben liegen vor • Angaben lückenhaft • Angaben verbindlich zugesagt • Koordinierung erforderlich • Überprüfung erforderlich	☐ ☐ ☐ ☐ ☐ ☐	☐ ☐ ☐ ☐ ☐ ☐	[6] Lüftung, Inertisierung, Überspannungs- und Blitzschutz, Überdruckkapselung, Eigensicherheit u. ä.
11 Termine[7]	• Beistellungen gesichert • Koordinierungen gesichert • Baufreiheit gesichert • Realisierungstermin real	☐ ☐ ☐ ☐	☐ ☐ ☐ ☐	[7] Betreiber/AG, Zulieferer, Behörden, Fremdfirmen

Frage 5.3.4   Gibt es spezifische sicherheitsgerichtete Forderungen des Betreibers?

Anlaß dazu kann bestehen bei komplizierten technologischen Verfahren oder problematischen Gefahrstoffen. **Je umfangreicher der Auftrag ist und je größer das Sicherheitsbedürfnis des jeweiligen Unternehmens oder des technologischen Verfahrens, um so mehr ist der Unternehmer gehalten, technische und organisatorische Einzelheiten betrieblich zu konkretisieren.** Das kann durch zentrale betrieblichen Regelungen geschehen, z. B. Werknormen, aber ebenso mit speziellen Dokumenten innerhalb von Betriebsabteilungen. Dann muß geklärt werden, welche betrieblichen Dokumente den jeweiligen Auftrag berühren, weil sie auch den elektrischen Explosions- oder Brandschutz betreffen, z. B. mit spezifischen Forderungen für

- die Auswahl von Geräten (Betriebsmitteln und Arbeitsmitteln) in bezug auf Zündschutzmaßnahmen,
- die Notausschaltung,
- den elektrischen Potentialausgleich, den äußeren und /oder inneren Blitzschutz, den Überspannungsschutz und/oder die EMV,
- die Einrichtungen zur Signalisierung von Gefahren für Leben und Sachwerte,
- die MSR-Schutzeinrichtungen (DIN V 19250, DIN V 19251)
- die Verriegelung anlagetechnischer Komponenten,
- die Vermeidung von Gefahren aus technologisch benachbarten Anlagen,
- die Koordinierung mit weiteren Schutzmaßnahmen, die von außerhalb in den explosionsgefährdeten Bereich hinein wirken (Energietechnik, Schutztechnik, Brandschutz),
- die Maßnahmen bei technologischen Störfällen und andere spezielle Belange, z. B. wenn der Auftraggeber darauf besteht, anderweitig vorhandene Betriebsmittel zu übergeben (Beistellungen; Haftungsfrage!).

Frage 5.3.5   Bestehen spezielle Festlegungen von behördlichen Stellen?

Solche behördliche und andere Stellen sind hauptsächlich

- das örtlich zuständige Staatliche Gewerbeaufsichtsamt (oder im Zuständigkeitsbereich der Bergaufsicht das Bergamt),
- die zuständige Berufsgenossenschaft und
- das Bauordnungsamt (besonders zum vorbeugenden Brandschutz),

im Sonderfall auch das Umweltamt (Sicherheitsanalyse gemäß Störfallverordnung) und weitere landesrechtlich zuständige Stellen. Ob und wie diese Stellen in betriebliche Belange oder in ein neues Projekt eingreifen, hängt von gesetzlichen und organisatorischen Gegebenheiten ab, die ein Subauftragnehmer nicht übersehen kann. **Gemäß § 4 und § 5 der ElexV darf die Behörde im Einzelfall zusätzliche Forderungen stellen „zur Abwendung besonderer Gefahren für Beschäftigte oder Dritte", und sie darf auch Ausnahmen zulassen, „wenn die Sicherheit auf ande-**

Hinweise zur Planung und zur Auftragsannahme 79

re Weise gewährleistet ist". Das entscheidet sie entweder im Ergebnis von Ermittlungen eigener Sachverständiger oder sie fordert den Unternehmer auf, Sachverständige zur beauftragen, z. B. einen TÜV. Aber nur die Behörde selbst kann Auflagen festlegen, Ausnahmen erlauben oder Zweifelsfälle im Explosionsschutz verbindlich entscheiden.

Schließlich ist an dieser Stelle noch auf die „besonderen Bedingungen" hinzuweisen, die sich aus der Baumusterprüfung für den Einsatz eines speziellen explosionsgeschützten Betriebsmittels ergeben können. Möglicherweise muß allein deswegen eine andere Lösung gesucht werden. Weiteres dazu enthält die Antwort zur Frage 2.3.7.

Frage 5.3.6   Bestehen Einflüsse durch Bestandsschutz oder durch außerstaatliches Recht?

Zum Einfluß des Bestandsschutzes:
Auch in explosionsgefährdeten Bereichen haben ältere Anlagen grundsätzlich Bestandsschutz. Vorausgesetzt wird, daß sie den zum Errichtungszeitpunkt geltenden Bestimmungen entsprechen und weiterhin sicherheitsgerecht betrieben werden können. Nach derzeitigen Rechtsgrundlagen besteht ein Zwang zur Anpassung nur dann,

- **wenn sich die Betriebsbedingungen ändern,**
- **wenn Gefahren für Beschäftige oder Dritte eintreten oder**
- **wenn eine Vorschrift dafür Festlegungen enthält.**

Es darf keine nach der Art des Betriebes vermeidbare Gefahr für Leben und Gesundheit zu befürchten sein.
Schon die Änderung einer Einzelheit ist in diesem Sinn als neue Betriebsbedingung zu werten, wenn sie die Explosionssicherheit beeinflußt. Das wäre z. B. der Fall, sobald eine maßgebende sicherheitstechnische Kennzahl höher festgelegt wird (Temperaturklasse, Explosionsgruppe und ähnliches). Es sind also nicht nur die auffälligen Änderungen in der Technologie oder der Zonen-Einstufung, worauf man hierbei zu achten hat.
Nur teilweiser Austausch kann zu Komplikationen führen

- durch Kollisionspunkte zwischen altem und aktuellem Vorschriftenwerk, z. B. bei der Einordnung in Zonen und andere sicherheitsgerichtete Gruppierungen,
- bei Eingriffen in definierte Sicherheitssysteme, z. B. in der Automatisierungstechnik oder bei eigensicheren Stromkreisen,
- durch den aktuellen Stand der Geräte- und Anlagentechnik, z. B. neue Normspannung, intensivere Prüftechnik.

Zum Einfluß durch außerstaatliches Recht:
Beim Import aus Ländern, die nicht der EU angehören, kann man die von der EXVO vorgeschriebene Beschaffenheit nicht unbedingt voraussetzen. Bei Anlagenimporten

muß sichergestellt werden, daß die Voraussetzungen der ElexV damit realisierbar sind.

Wer Anlagen ins Ausland verkaufen will, weiß, daß er sich nach den dortigen Rechtsgrundlagen zu richten hat und die anzuwendenden technischen Regeln vereinbaren muß. Auch im Bereich der Europäischen Union sind für den Explosionsschutz bisher nur die Grundsätze für das Inverkehrbringen von Geräten und Schutzsystemen (Betriebsmitteln) harmonisiert. Bei Anlagenexport nach exotischen Ländern darf eine Fremdmontage auch im Explosionsschutz keine Qualitätsmängel hinterlassen.

Frage 5.4   Welche Folgen hat ein Explosionsschutz „auf Verdacht"?

Was geschieht, wenn ein EMR-Auftragnehmer kurzerhand nach eigenem Ermessen festlegt, wo und wie Explosionsschutz stattfinden soll? Wenn man sich am Bild 5.1 noch einmal verdeutlicht, mit welcher Vielfalt EMR-Systeme in den Explosionsschutz eingreifen, dann gibt es dafür prinzipiell nur 2 Varianten:

1. Die Gefahrensituation wird überschätzt, z. B. durch
– Unkenntnis von Eigenschaften der gefährdenden Stoffe (Art, Menge, Ausbreitungsverhalten, Kennzahlen),
– unzureichend begründete Annahme von Freisetzungsquellen,
– zu groß angesetzte örtliche Gefahrbereiche,
– zu hohe Zonen-Einstufung,
– Wahl von Systemen und Betriebsmitteln höchster Schutzqualität.

Folge: überhöhter Kosten- und Instandhaltungsaufwand

2. Die Gefahrensituation wird unterschätzt, z. B. durch
– Mangel an stofflicher Kenntnis (wie bei 1.),
– Unkenntnis über Vorgaben in branchenfremden Vorschriften,
– nicht erkannte Freisetzungsquellen,
– übersehene oder zu kleine Gefahrenbereiche,
– zu niedrige Zonen-Einstufung,
– Unkenntnis spezieller Fremdeinflüsse und Koordinierungszwänge.

Folge: Die Anlage entspricht nicht der ElexV. Wird das nicht noch vor der Erstinbetriebnahme offenbar, dann ist ein Schadensereignis wahrscheinlich.

Frage 5.5   Wie kann man den Auftraggeber unterstützen, um die erforderlichen Vorgaben zu erhalten?

Weniger sachkundige Auftraggeber wissen oft gar nicht, welche Vorgaben sie dem Fachbetrieb schulden, müssen erst überzeugt werden oder wollen beraten sein. Manche erkennen Fachkompetenz nur an, solange sie nicht unbequem wird. **Um das Verfahren abzukürzen, kann der Fachbetrieb schriftlich entweder**

– **konkret anfragen oder**
– **beratend etwas vorschlagen.**

Hinweise zur Planung und zur Auftragsannahme

Als Arbeitsmittel dafür eignet sich z. B. ein Formblatt in der Art, wie es das **Bild 5.2** darstellt. Damit hat man es selbst in der Hand, die Auftragsbasis spezifisch aufzubereiten. Außerdem hilft es dem Auftraggeber, sich festzulegen und es kann die Beweislast des Errichters gerichtsfest sichern.

Frage 5.6 Sind Ex-Elektroanlagen meldepflichtig?

Grundsätzlich nein, in bestimmten Fällen indirekt aber doch. Für bestimmte überwachungsbedürftige Anlagen legen die zugehörigen Rechtsverordnungen Schwellwerte dafür fest. Ab einer festgelegten Größe müssen Neuanlagen der Behörde oder dem Sachverständigen mitunter angezeigt werden oder sie sind sogar genehmigungspflichtig.

Das trifft zu
– mit unterschiedlichem Umfang für Anzeige oder Erlaubnis,
– bei Errichtung oder wesentlicher Änderung von:
- Lagern und/oder Füllstellen für brennbare Flüssigkeiten (VbF),
- Acetylenanlagen und Calciumcarbidlager (AcetV),
- Gashochdruckleitungen (GhlV),
- Aufzugsanlagen (AufzV),
- Dampfkesselanlagen (TRD 500),
- anderen speziellen Anlagen, für die eine Rechtsvorschrift die Anzeige und/oder Erlaubnis regelt.

Es trifft grundsätzlich nicht zu
– auf elektrische Anlagen in explosionsgefährdeten Betriebsstätten, die sich im Anwendungsbereich der ElexV befinden, ohne durch ihre Versorgungsaufgabe zusätzlich einer der genannten weiteren Rechtsvorschriften zu unterliegen.

Meldepflichtig sind jedoch gemäß § 17 ElexV alle Explosionen, deren Ursache in der elektrischen Anlage zu suchen sein kann. Solche Schadensfälle muß der Betreiber unverzüglich der Aufsichtsbehörde (zumeist ist das die örtlich zuständige staatliche Gewerbeaufsicht) anzeigen. Darauf verzichten darf er, wenn sich die Explosion nur innerhalb eines explosionsgeschützten Betriebsmittels ereignet und nicht nach außen in die Betriebsstätte fortgesetzt hat.

(Firmenstempel)	Datum:
	Az.:

Beurteilung der Explosionsgefahr für die Errichtung der elektrischen Anlage

Die Beurteilung erfolgte auf der Grundlage der „Verordnung über elektrische Anlagen in explosionsgefährdeten Bereichen (ElexV) vom 13.12.1996 (BGBl.I S.1931) sowie der Explosionsschutzrichtlinien (EX-RL) des Hauptverbandes der gewerblichen Berufsgenossenschaften (ZH 1/10). Die Schutzmaßnahmen zur Gewährleistung des elektrischen und baulichen Brandschutzes werden hierbei nicht berührt.

1 Bezeichnung der Anlage: *(z. B. Farbgebungsanlage, Flaschengasabfüllung, Getreidemühle)*

2 Arbeitsstätte/Raum: *(z. B. Farbspritzraum, Abfüllraum, Sichterboden)*

3 Gefährliche explosionsfähige Atmosphäre kann auftreten durch folgende Stoffe:

3.1 Bezeichnung und Verarbeitungszustand der Stoffe: *(tabellarische Auflistung)*

Bezeichnung	Verarbeitungszustand
(z. B. Lösemittel Typ ABC, Propangas, Mehlstaub)	*(z. B. flüssig, versprüht, gasförmig, verdampft, vernebelt)*

3.2 Örtliche und betriebliche Verhältnisse:
(Umgang mit den gefährdenden Stoffen; z. B. Beschickung, Entleerung, Entsorgung; Vorhandensein automatischer Löschanlagen sowie weitere Angaben, zum Auftreten der Stoffe und zu den primären Schutzmaßnahmen)

3.3 Be- und Entlüftungsverhältnisse:
(natürliche oder technische Be-/Entlüftung, Luftwechselzahl, Luftführung, z. B. vertikal nach oben, diagonal, Ort des Lufteintrittes/austrittes, z. B. Ansaugung und Austritt über Dach sowie weitere für die Raumdurchlüftung wesentliche Angaben)

4 Beurteilung der Explosionsgefahr und Einstufung der Bereiche
(tabellarische Auflistung der Räume oder örtlichen Bereiche in folgender Weise – eventuell ergänzt durch Ex-Zonen-Plan:

Lfd. Nr	Raumbezeichnung	örtl. Begrenzung des Bereiches in m	Zone)

5 Zu treffende Schutzmaßnahmen bei der Errichtung:

5.1 mindestens erforderliche Temperaturklassen und Explosionsgruppen
(tabellarische Auflistung der jeweils kritischsten Temperaturklassen und Explosionsgruppen für die Auswahl der elektrischen Betriebsmittel in den unter 4 genannten Räumen bzw.örtlichen Bereichen:

Lfd. Nr.	Raumbezeichnung	Temperaturklasse/Explosionsgruppe)

5.2 Maßnahmen zum Explosionsschutz der elektrischen Anlage:
(zulässige Zündschutzarten siehe DIN VDE 0165)

(Wird für spezielle Geräte eine bestimmte Zündschutzart betrieblich bevorzugt? Nein/Ja, z. B. Druckfeste Kapselung „d" für bestimmte Motoren, Eigensicherheit „i" für bestimmte MSR-Systeme; Angabe ergänzender speziell zweckmäßiger Vorgaben, z. B. für eigensichere Stromkreise, Überdruckkapselung, für die Geräteauswahl in den Zonen 2 oder 22 (bzw.11))

5.3 Notabschaltungen:
(tabellarische Auflistung der einzubeziehenden Energieabnehmer und Ort des betreffenden Notschalters, 2spaltig; linke Spalte Betriebsmittel, rechte Spalte Ort des Notschalters; Grundlage dafür sind die Festlegungen in DIN VDE 0165)

5.4 Ergänzende Festlegungen des Betriebes:
(z. B. Festlegungen zum inneren Blitzschutz, Angaben zu vorhandenen Brandschutzmaßnahmen wie Brandwände und -decken, einschließlich der Forderungen an Kabel-/Leitungs-Durchführungen, Bedingungen des Bestandsschutzes, Angabe speziell zu beachtender Vorschriften, Auflagen, Beistellungen)

6 Sicherheitsmaßnahmen bei der Errichtung der elektrischen Anlagen
(Angabe der Sicherheitsmaßnahmen, die erforderlich sind, um während der Elektromontage Gefährdungen zu vermeiden, z. B. Feuererlaubnisschein, Gefahrenschein, sowie weitere Vorschriftenverweise, z. B. auf spezielle UVV, Regeln, Richtlinien)

....
(Unterschrift des Verantwortlichen)

Bild 5.2 *Formblatt zur Dokumentierung von Explosionsgefahren im Sinne der ElexV, Gliederung*

6 Merkmale und Gruppierungen elektrischer Betriebsmittel im Explosionsschutz

Frage 6.1 Wozu dienen die Gruppierungen des Explosionsschutzes?

Explosionsgefahren treten mit unterschiedlicher Intensität auf. Es ist aber weder erforderlich noch finanziell vertretbar, den technischen Schutzaufwand immer nach den höchsten Erfordernissen zu gestalten. *Damit der Betreiber bzw. der Technologe die Explosionsgefahren praktikabel beschreiben kann, sind Klassifizierungen für*

- die gefährdenden Stoffe anhand ihrer speziellen Eigenschaften und
- das zeitliche Auftreten explosionsgefährdender Zustände eingeführt worden. Erst unter dieser Voraussetzung ist es möglich, den apparativen und den anlagtechnischen Aufwand für den Explosionsschutz sicherheitsgerichtet zu begrenzen.

Die dementsprechend gestaffelten Gruppierungen von Merkmalen des Explosionsschutzes dienen dazu,
- die **Explosionssicherheit insgesamt** (apparativ bzw. konstruktiv, anlagetechnisch, organisatorisch) *optimal an das jeweilige Gefahrenniveau anzupassen und*
- *die Prüfung des sachgerechten Zustandes zu erleichtern.*

Frage 6.2 Welche Arten explosionsgeschützter Betriebsmittel sind hauptsächlich zu unterscheiden?

Diese Frage läßt sich nur im Zusammenhang mit dem Anwendungszweck beantworten:

- für **elektrotechnische Anwendung**

Am bekanntesten ist wohl die Art von Betriebsmitteln, an die Elektrofachleute zuerst denken, wenn sie von einem „Ex-Betriebsmittel" sprechen. Damit meinen sie ganz allgemein ein Betriebsmittel, das den Normen für elektrische Betriebsmittel in explosionsgefährdeten Bereichen DIN EN 50014 /VDE 0170/0171 ff entspricht, das vorgeschriebene Ex-Kennzeichen trägt und eine Prüfbescheinigung hat. Aus der Sicht der neuen EXVO sind das die „Geräte der Gerätekategorie 2".

Ostdeutsche Fachleute geraten darüber ab und an in Meinungsverschiedenheiten, weil sie den Begriff des explosionsgeschützten elektrotechnischen Betriebsmittels noch als genormt (TGL 55037) in Erinnerung haben. Die aktuelle Normung verwendet diesen Begriff aber nicht, sondern bedient sich weiterer Gruppierungen wie folgt:

- für **nicht elektrotechnische Anwendung**
  Apparativer Explosionsschutz kann gemäß Richtlinie 94/9/EG (s. Abschnitt 2) sowohl für elektrische Betriebsmittel als auch für nichtelektrische Betriebsmittel („Geräte, Schutzssysteme ...) erreicht werden.
  Diese Anwendungsarten können auch kombiniert vorliegen.
- nach dem **industriellen Verwendungszweck**
  unterscheidet man die **Gerätegruppe I** (nur für den Explosionsschutz in Bergbaubetrieben) und die **Gerätegruppe II** für den Explosionsschutz in explosionsgefährdeten Bereichen außerhalb des Bergbaues.
- nach dem **gerätetechnischen Anwendungsbereich** definiert die EXVO mit Bezug auf die Richtlinie 94/9/EG (Zitat EXVO):

1. Als „**Geräte**" gelten Maschinen, *Betriebsmittel*, stationäre oder ortsbewegliche Vorrichtungen, Steuerungs- und Ausrüstungsteile sowie Warn-und Vorbeugungssysteme, die *einzeln oder kombiniert* Energien erzeugen, übertragen, speichern, messen, regeln, umwandeln oder verbrauchen oder zur Verarbeitung von Werkstoffen bestimmt sind und die eigene *potentielle Zündquellen aufweisen und dadurch eine Explosion verursachen können*.
2. Als „**Schutzsysteme**" werden alle Vorrichtungen *mit Ausnahme der Komponenten der vorstehend definierten Geräte* bezeichnet, die anlaufende Explosionen umgehend stoppen oder den von einer Explosion betroffenen Bereich begrenzen und *als autonome Systeme gesondert in den Verkehr gebracht werden*.
3. Als „**Komponenten**" gelten Bauteile, die für den sicheren Betrieb von Geräten und Schutzsystemen erforderlich sind, *ohne jedoch selbst eine autonome Funktion zu erfüllen*. (Zitatende, Hervorhebungen durch den Verfasser)

- für das **Niveau des apparativen Explosionsschutzes**
  legt die EXVO mit Bezug auf die Richtlinie 94/9/EG die schon erwähnten Gerätekategorien fest, und zwar zur Gerätegruppe I die **Kategorie M1 und M2,** und zur Gerätegruppe II die **Kategorien 1, 2 und 3**. Die Ziffer 1 entspricht jeweils dem höchsten Sicherheitsniveau.
- **nach der Art der Explosionsgefahr** ob durch Gase oder Stäube wird nach EXVO neuerdings weiterhin unterschieden
  • *bei Gerätegruppe II durch die Kennbuchstaben G* (Gas) *oder D* (Staub); bisher gab es für den Staubexplosionsschutz keine speziellen Kennzeichen, abgesehen von der Angabe der Zone,
  • *bei Gerätegruppe I* (Schlagwetterschutz) **durch den Kennbuchstaben M.**

Die Gruppierungen aus der EXVO mit Bezug auf die Richtlinie 94/9/EG sind in Tafel 2.3 zusammengefaßt.

- für **Bereiche mit höchstem Gefahrenniveau**
  Für Bereiche der Zone 0 und der Zone 10 läßt VDE 0165 (Ausgabe 02.91) nur jeweils speziell dafür geprüfte und bescheinigte Betriebsmittel zu. Neue Betriebsmittel für die Gerätekategorie 1 gemäß EXVO erfüllen diese Bedingung grundsätzlich immer.

Gruppierungen elektrischer Betriebsmittel 85

– **für Bereiche mit niedrigstem Gefahrenniveau**
Für die *Zone 2* und die *Zonen 22* bzw. 11 kann normgerechter Explosionsschutz teilweise auch mit nicht baumustergeprüften Betriebsmitteln kostengünstig erreicht werden, z. B.
- anhand einiger zusätzlicher Forderungen in den Errichtungsbestimmungen nach VDE 0165,
- neuerdings nach Maßgabe der EXVO in der Gerätekategorie 3,
- künftig vielleicht auch mit „Zone-2-Betriebsmitteln" nach einer neuen Norm (erweiterte Zündschutzart „n").

Bild 6.1 stellt die wesentlichen Unterscheidungsmerkmale im Zusammenhang dar.

Elektrische Betriebsmittel für explosionsgefährdete Bereiche
(Gerätegruppe II. Anwendung in industriellen Bereichen)

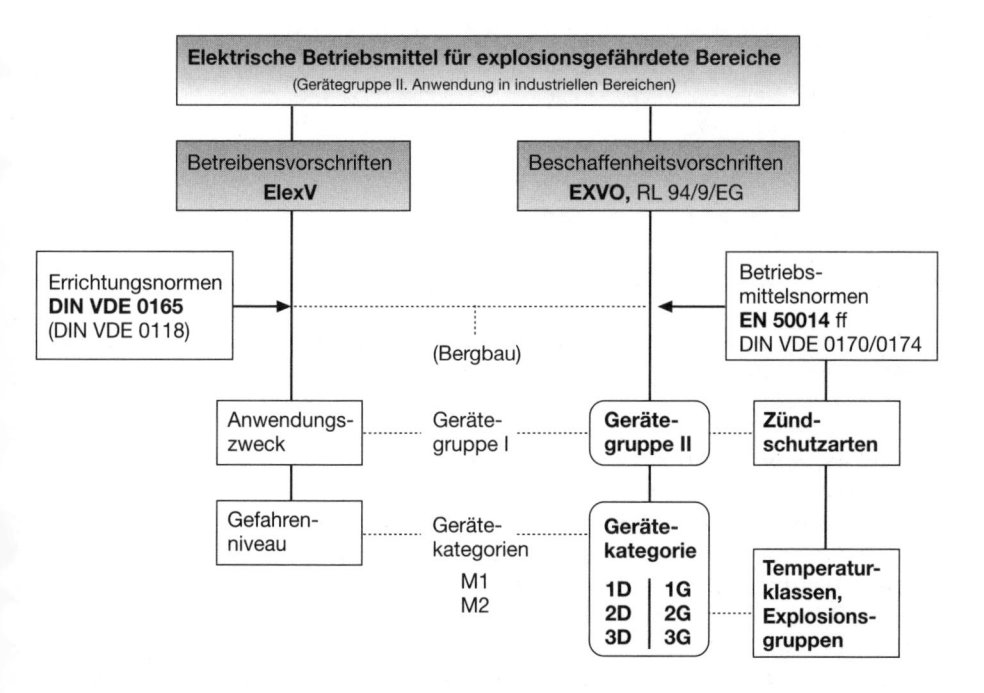

Betreibensvorschriften	Beschaffenheitsvorschriften
ElexV	**EXVO**, RL 94/9/EG

Errichtungsnormen **DIN VDE 0165** (DIN VDE 0118)			Betriebsmittelnormen **EN 50014** ff DIN VDE 0170/0174
		(Bergbau)	
Anwendungszweck	Gerätegruppe I	**Gerätegruppe II**	Zündschutzarten
Gefahrenniveau	Gerätekategorien M1 M2	**Gerätekategorie** 1D | 1G 2D | 2G 3D | 3G	Temperaturklassen, Explosionsgruppen

Bild 6.1 *Zusammenhang zwischen den Gruppierungen für elektrische Betriebsmittel in explosionsgefährdeten Bereichen*

86 Gruppierungen elektrischer Betriebsmittel

Frage 6.3 Was versteht man unter einer Gerätegruppe?

Die Gerätegruppen
- **sind in der Richtlinie 94/9/EG festgelegt (siehe Abschnitt 2)** und
- **kennzeichnen den industriellen Einsatzbereich wie folgt** (Zitat):
„**Gerätegruppe I gilt für Geräte zur Verwendung in Untertagebetrieben von Bergwerken sowie deren Übertageanlagen, die durch Grubengas und/oder brennbare Stäube gefährdet werden können.**
Gerätegruppe II gilt für für Geräte zur Verwendung in den übrigen Bereichen, die durch explosionsfähige Atmosphäre gefährdet werden können.
(Zitatende)

Unter „übrige Bereiche" sind alle Arten explosionsgefährdeter Bereiche gemeint, in denen keine Grubengase (Schlagwettergefahr) auftreten können, z. B. in der Chemie- oder der Nahrungsmittelindustrie, aber auch in oberirdischen Lagereinrichtungen von Bergbaubetrieben.

Ein dazu korrespondierendes und für die Betriebsmittelauswahl maßgebendes Merkmal explosionsgefährdender Stoffe ist die „Explosionsgruppe". Gase sowie Flüssigkeiten (Dämpfe, Nebel) haben die Explosionsgruppe II (II A, II B oder II C).

Frage 6.4 Was versteht man unter einer Gerätekategorie?

Die Gerätekategorien stellen Unterteilungen der Gerätegruppen nach drei Niveaus des apparativen Explosionsschutzes dar, die im Anhang I der Richtlinie 94/9/EG festgelegt sind.
Prinzip der Unterteilung:
- **Gerätekategorie 1**, sehr hohes Maß an Sicherheit
  - auch bei seltenen Gerätestörungen weiter betreibbar
  - mindestens zwei unabhängige apparative Zündschutzmaßnahmen
  - bei zwei unabhängigen Fehlern noch explosionssicher
- **Gerätekategorie 2**, hohes Maß an Sicherheit
  - bei häufigen oder üblichen Gerätestörungen weiter betreibbar
- **Gerätekategorie 3**, Normalmaß an Sicherheit
  - keine grundsätzlichen Festlegungen zu apparativen Zündschutzmaßnahmen und zur Fehlersicherheit.

Dazu kommen für den Bergbau unter Tage (Schlagwetterschutz) die
- *Gerätekategorie M 1, sehr hohes Maß an Sicherheit,*
  - wie Kategorie 1,
- *Gerätekategorie M 2, hohes Maß an Sicherheit im Normalbetrieb unter erschwerten Bedingungen,*
  - abschaltbar beim Auftreten explosionsfähiger Atmosphäre.

Ergänzend zu diesen prinzipiellen Anforderungen stellt die Richtlinie 94/9/EG zu jeder dieser Gerätekategorien spezielle „weitergehende Anforderungen" für die konstruktive

Gruppierungen elektrischer Betriebsmittel

Gestaltung. Eine zusammenfassende Darstellung enthält die Tafel 2.3.
Eine zweite Art von Kategorien gibt es noch als spezielles Merkmal der Zündschutzart Eigensicherheit „i". Diese „Kategorien eigensicherer Betriebsmittel" (ia und ib) kennzeichnen ebenfalls unterschiedliche Sicherheitsniveaus, haben auch eine ähnliche Stufung wie die Gerätekategorien 1 und 2, sind aber grundsätzlich nicht gleichbedeutend.
Die drei Gerätekategorien stehen in unmittelbarer Relation zu den drei Stufen der Explosionsgefahr (Zonen). Dadurch wird die Auswahl der jeweils erforderlichen Betriebsmittel wesentlich erleichtert. Es besteht eine direkte Zuordnung zu den Zonen 0, 1, 2 oder 20, 21, 22, dargestellt in Tafel 2.5.
Um in der Schreibweise zwischen den Arten des Explosionsschutzes zu unterscheiden, wird die Ziffer der Gerätekategorie durch den entsprechenden Kennbuchstaben (s. Frage 6.2) ergänzt. So bezeichnet z. B. 1G ein Betriebsmittel der Gerätekategorie 1 mit Gasexplosionsschutz (also für Zone 0), 3D dagegen ein Betriebsmittel der Gerätekategorie 3 mit Staubexplosionsschutz (also für Zone 22). M bedeutet Schlagwettergeschutz.

Frage 6.5 Was versteht man unter einer Explosionsgruppe?

Die Explosionsgruppen IIA, IIB oder IIC sind
1. ein Merkmal des gefährdenden gasförmigen Stoffes und haben damit für die Auswahl elektrischer Betriebsmittel der Gerätekategorie II den Charakter eines Mindest-Sollwertes, **aber auch**
2. ein Merkmal des Sicherheitsniveaus im Explosionsschutz elektrischer Betriebsmittel mit dem Charakter eines Ist-Wertes, der mindestens dem Sollwert entsprechen muß.
IIA kennzeichnet das Minimum, IIC repräsentiert die höchsten Anforderungen. In früheren VDE-Normen wurde dafür die Bezeichnung „Explosionsklasse" verwendet (1 bis 3c, später I bis IVc).
Mit der jeweils voranstehenden II wird lediglich die Beziehung zur Gerätegruppe II deutlich (die schon Gegenstand der Frage 6.3 war).
Genau genommen gibt es also bei gleicher Schreibweise in der Lesart der Explosionsklasse einen Unterschied, je nachdem, ob sie für einen gefährdenden Stoff angegeben wird oder für ein explosionsgeschütztes Betriebsmittel. Im elektrotechnischen Explosionsschutz hat der Kennbuchstabe am Ende der Explosionsgruppe maßgebliche Bedeutung für die Zündschutzarten

– druckfeste Kapselung „d" und
– Eigensicherheit „i".

Maßstab der Einteilung gasförmiger Stoffe in Explosionsgruppen sind die sicherheitstechnischen Kennzahlen der Grenzspaltweite und/oder des Mindestzündstromes. Hier geht es um eine sehr wesentliche Eigenschaft explosionsgefährdender Stoffe, das Zünddurchschlagvermögen. Damit bezeichnet man die Fähigkeit eines Brenngas/Luft-Gemisches, während der Explosion in einer Prüfappa-

ratur durch einen definierten Spalt energiereich nach außen zu gelangen, so daß die herausschlagende Flamme oder Gase außerhalb zur Zündquelle werden. Diese Fähigkeit ist stoffabhängig unterschiedlich ausgeprägt.
Gemessen wird sie nach IEC 79-1 (Anhang D) als Normspaltweite (NSW) oder maximum experimental safe gap (MESG) in mm. Das ist die experimentelle Grenzspaltweite, d. h., die größte Weite eines 25 mm langen „Normspaltes", bei der ein Zünddurchschlag gerade noch ausbleibt.
Der Mindestzündstrom ist die kleinste Stromstärke, mit der unter den Prüfbedingungen nach IEC 39-3 ein brennbares Gas-Luft-Gemisch gerade noch entzündbar ist. Dieser Wert steht mit der experimentellen Grenzspaltweite in definierter Beziehung. **Tafel 6.1** informiert über dieses Klassifizierungssystem.
Weil es viel einfacher ist, anstelle der Spaltweiten oder Mindestzündströme gleich auf die Explosionsgruppe zuzugreifen, kann man sie *für reine Stoffe* unmittelbar aus dem Tabellenwerk (Nabert/Schön/Redeker: Sicherheitstechnische Kennzahlen brennbarer Gase und Dämpfe, 6. Nachtrag 1990) entnehmen. Ist ein Stoffgemisch die Ursache der Explosionsgefahr, dann richtet man sich am besten nach der schärfsten Komponente. Im Zweifelsfall hilft der Rat eines Sachverständigen oder die labortechnische Ermittlung durch eine anerkannte Prüfstelle. Auf diese weder schnelle noch billige Variante wird man aber nur selten angewiesen sein, denn

- inzwischen entspricht die Explosionsgruppe IIB bei elektrischen Betriebsmitteln dem Standardangebot und vieles gibt es auch in IIC, besonders für die Automatisierungstechnik; und
- andererseits erfordert die überwiegende Anzahl der tabellierten entzündlichen Gefahrstoffe (etwa 80 %) nur die Explosionsgruppe IIA. Nur ein sehr kleiner Anteil

Tafel 6.1 Explosionsgruppen brennbarer Gase und Dämpfe nach EN 50014 (Unterteilung nach Grenzspaltweite und Mindestzündstrom)

Explosionsgruppe	IIA	IIB	IIC
Grenzspaltweite in mm[1]	> 0,9	≥ 0,5 bis 0,9	< 0,5
Mindestzündstrom-Verhältnis[2]	> 0,8	≥ 0,45 bis 0,8	< 0,45
Beispiele	Propan Benzine Lösemittel Alkohole	Ethylether Ethylen Stadtgas (Alkohole)	Acetylen Wasserstoff Schwefel- kohlenstoff

1) MESG (maximale experimentelle Grenzspaltweite)
2) MIC-Verhältnis; Verhältnis des Mindestzündstromes des brennbaren Stoffes zum Mindestzündstrom von Methan, ermittelt nach EN 50020

Zumeist genügt einer der beiden Werte, um die Explosionsgruppe zu bestimmen. Ausnahmen: bei MIC zwischen 0,45 und 0,5 oder 0,8 und 0,9 sowie bei MESG zwischen 0,5 und 0,55

Gruppierungen elektrischer Betriebsmittel

(vor allem Wasserstoff, Schwefelkohlenstoff und Acetylen – insgesamt weniger als 1 % der tabellierten Stoffe – bedingen IIC.

Die sicherheitstechnische Kennzahl „Grenzspaltweite" MESG oder „Normspaltweite" NSW gibt es nur für Gase oder Dämpfe (Flüssigkeiten), aber nicht für Stäube (Feststoffe). Wenn in Verbindung mit Stäuben von den *Staub-Explosionsklassen (St1, St2 oder St3)* die Rede ist, dann geht es um den K_{st}-Wert in bar·m/s. Das ist eine ganz andere Klassifizierung, die den maximalen Druckanstieg einbezieht und mit der Auswahl elektrischer Betriebsmittel nichts zu tun hat.

Frage 6.6 Was versteht man unter einer Temperaturklasse?

Die Temperaturklassen T1 bis T6 sind ebenfalls sowohl
1. **Merkmale des gefährdenden gasförmigen Stoffes als auch**
2. **Merkmale des Sicherheitsniveaus im Explosionsschutz.**

In führen VDE-Normen wurde dafür die Bezeichnung „Zündgruppe" verwendet (anfangs A bis D, später G1 bis G5).

Bei Stoffen sind die Temperaturklassen Einteilungen nach der Zündtemperatur brennbarer Gase und Dämpfe von entzündlichen Flüssigkeiten. Als *Zündtemperatur* gilt die niedrigste Temperatur einer heißen Oberfläche, an der sich unter den Prüfbedingungen nach IEC 79-14 ein brennbares Gas- oder Dampf-Luft-Gemisch entzündet (sinngemäß ebenso bei Staub/Luft-Gemischen).

Als Merkmal explosionsgeschützter elektrischer Betriebsmittel dagegen umfassen die Temperaturklassen gestaffelte Bereiche der maximalen Oberflächentemperatur.

Jedes explosionsgeschützte elektrische Betriebsmittel muß

- bei Explosionsgefahr durch gasförmige Stoffe
- mindestens derjenigen Temperaturklasse entsprechen, die für den explosionsgefährdenden Stoff angegeben ist. Ausnahmen sind möglich, wenn ein spezielles Betriebsmittel für einen ganz bestimmten gefährdenden Stoff ausgelegt und dementsprechend mit einem Temperaturwert gekennzeichnet ist. **Tafel 6.2** zeigt die Staffelung der Temperaturklassen.

Auch hier besteht ein solches Soll-Ist-Verhältnis wie bei den Explosionsgruppen (siehe Frage 6.5). Anders als dort haben die Temperaturklassen jedoch nicht nur Bedeutung für einige Zündschutzarten, sondern für *alle* explosionsgeschützten (baumustergeprüften) Betriebsmittel der Gerätegruppe II.

Ausnahmen bilden die bisherigen Zone-2-Betriebsmittel und der Staubexplosionsschutz (Zonen 10 und 11, neuerdings 20, 21 und 22).

Bei den Betriebsmitteln für Zone 2 betrifft es nur solche, die gemäß DIN VDE 0165 keinen geprüften Explosionsschutz erfordern. Hier darf der Höchstwert der im Normalbetrieb auftretenden Oberflächentemperatur die Zündtemperatur des gefährdenden Stoffes nicht erreichen.

Im Staubexplosionsschutz gibt es ebenfalls keine Temperaturklassen. Maßgebend

Tafel 6.2 *Temperaturklassen brennbarer Gase und Dämpfe und zulässige maximale Oberflächentemperaturen der Betriebsmittel nach EN 50014 (DIN VDE 0170/0171 Teil 1)*

Temperatur-klasse	T1	T2	T3	T4	T5	T6
Zündtemperatur in °C	>450	>300	>200	>135	>100	>85
maximale Oberflächentemperatur[1] in °C	450	300	200	135	100	85
Beispiele	Propan Methan Ammoniak	Ethylen Alkohole Acetylen	Benzine Lösemittel	Ethylether	–	Schwefelkohlenstoff

[1] bei Zündschutzart „e" als Grenztemperatur bezeichnet, auch abhängig von der thermischen Festigkeit der Isolierstoffe

als Grenzwert für die Oberflächentemperatur bei der Betriebsmittelauswahl bei Explosionsgefahr durch brennbare Stäube sind entweder

– $2/3$ der Zündtemperatur des jeweiligen Staub-Luft-Gemisches oder
– der Glimmtemperaturwert des jeweiligen Staubes minus 75 K,

wobei der größere Zahlenwert gewählt werden muß (DIN VDE 0165).

Frage 6.7 Was ist ein zugehöriges Betriebsmittel?

Als „zugehörig" in übertragenen Sinne könnte man irgend ein Gerät betrachten, das für eine explosionsgefährdete Betriebsstätte zusätzlich verwendbar ist, z. B. eine ortsveränderliche Pumpe.
Wie so oft deckt sich leider auch hier das landläufige Sprachverständnis nicht mit dem speziellen Begriffsinhalt.
„Zugehöriges Betriebsmittel" ist ein Begriff, der nur für die Zündschutzart Eigensicherheit „i" verwendet wird. Ab und an liest man auch den Ausdruck „verbundene Betriebsmittel". **Damit bezeichnet die Norm (EN 50020 DIN VDE 0170/0171 Teil 7) ein Betriebsmittel, das zwei oder mehrere Stromkreise führt, von denen aber nicht alle eigensicher sind. Dadurch darf aber die Eigensicherheit nicht beeinflußt werden.**
Nur wenn das Gehäuse eines zugehörigen Betriebsmittels einer (oder mehreren) anderen Zündschutzart entspricht, z. B. „e" oder „d", ist es ein reguläres explosionsgeschütztes Betriebsmittel und darf sich in einem Ex-Bereich befinden.
Beispiele dafür sind Betriebsmittel, die Netzgeräte enthalten, oder die Sicherheitsbarrieren als Trennglieder zwischen eigensicheren und nicht eigensicheren Einrichtungen.

Gruppierungen elektrischer Betriebsmittel 91

Zugehörige Betriebsmittel müssen geprüft und für den eigensicheren Teil mit den entsprechenden Kennzeichnungen versehen sein. In explosionsgefährdeten Bereichen dürfen sie nur dann angeordnet werden, wenn sie als Betriebsmittel insgesamt einen normgerechten Explosionsschutz aufweisen.
Der Begriff „zugehöriges Betriebsmittel" sollte auch nicht verwechselt werden mit den „zugehörige Einrichtungen" im Sinne des Anhanges II der Richtlinie 94/9/EG. Damit sind Sicherheits-, Kontroll- und Regeleinrichtungen angesprochen, die von außen in den explosionsgefährdeten Bereich hineinwirken. Ein zugehöriges Betriebsmittel könnte aber, wie die oben genannten Beispiele zeigen, durchaus auch eine zugehörige Einrichtung sein.

Frage 6.8 Was sind Komponenten?

Dies ist auch ein Begriff aus der Richtlinie 94/9/EG, den die EXVO wortgleich aufgenommen hat. **Als Komponenten (des apparativen Explosionsschutzes) werden solche Bauteile, bezeichnet, die für den sicheren Betrieb von Geräten und Schutzsystemen erforderlich sind, ohne jedoch selbst eine autonome Funktion zu erfüllen.**
Demnach sind Komponenten einzelne Bauteile von Geräten oder Schutzsystemen im Sinne der Richtlinie bzw. der EXVO (Betriebsmittel, Vorrichtungen, Maschinen, Explosionsunterdrückungssysteme), z. B. Gehäuseteile, Sensoren, Klemmen, Befestigungselemente. Eine Komponente erfüllt die Bedingungen des Explosionsschutzes nicht allein, sondern erst in Verbindung mit anderen Komponenten. Komponenten dürfen nur in den Verkehr gebracht werden

- mit einer Konformitätserklärung des Herstellers (oder dessen Bevollmächtigten in der EU)
- einschließlich einer Beschreibung der Merkmale und Einbaubedingungen, aber sie dürfen keine CE-Kennzeichnung erhalten.

Frage 6.9 Was versteht man unter einem Schutzsystem?

Auch das ist ein Begriff, der neben dem „Gerät" den Anwendungsbereich der Richtlinie 94/9/EG und damit der EXVO betrifft.
Die Bezeichnung Schutzsysteme gilt für
- **Vorrichtungen** (ausgenommen Komponenten; siehe hierzu Frage 6.8),
- **die anlaufende Explosionen umgehend stoppen,**
- **oder den von einer Explosion betroffenen Bereich begrenzen und als autonome Systeme gesondert in den Verkehr gebracht werden.**

Beispiele dafür sind die Löschmittelsperren, mit denen anlaufende Explosionen in Behältern oder Rohrleitungen bekämpft werden, oder Berstscheiben, die den Anstieg des Explosionsdruckes innerhalb von Apparaten begrenzen.
Für Schutzsysteme gelten die EXVO und die Richtlinie 94/9/EG ohne Einschränkungen.

Das „Schutzsystem" hat also hier eine andere Bedeutung als die Schutzsysteme des Explosionsschutzes, wie sie sonst in der Fachliteratur beschrieben werden und im Bild 5.1 benannt worden sind. Diese Systeme des elektrischen Explosionsschutzes, z. B. eigensichere Systeme oder überdruckgekapselte Systeme, sind keine Schutzsysteme im Sinne der EXVO.

Frage 6.10 Schließen höhere Gruppierungen die niedrigeren ein?

Grundsätzlich ja. Ein Betriebsmittel der Temperaturklasse T6 eignet sich auch für die niedrigeren Temperaturklassen T5 bis T1, mit Explosionsgruppe II C erfüllt es auch die Bedingungen für IIA und IIB, und genauso kann ein Betriebsmittel der Gerätekategorie 1 ebenso in Zonen verwendet werden, wo die Gerätekategorie 2 oder 3 ausreichend wäre. Jedes höhere Sicherheitsniveau schließt die niedrigeren Niveaus ein.

Weil aber die Normensetzer manche Gruppierungen mit aufsteigender Ziffer geordnet haben und andere wieder entgegengesetzt (warum nur?), muß man sich das jeweilige Staffelungsprinzip einprägen.

Ausnahmen bilden
- *die Gerätegruppen I* (Bergbau) *und II* (Industrie). Dabei schließt keine von beiden die andere ein.
- *die IP-Schutzarten mit Wasserschutz bei Untertauchen* (IPX7, IPX8),
- *die Gesamtheit elektrischer Betriebsmittel einer Anlage*, dann ist das Betriebsmittel mit den niedrigsten Kennwerten dafür entscheidend, wie der elektrische Explosionsschutz insgesamt zu bewerten ist (schwächstes Kettenglied).

7 Zündschutzarten

Frage 7.1 Was versteht man unter einer Zündschutzart?

Zündschutzarten sind bisher nur für Betriebsmittel genormt, die bei Explosionsgefahr durch gasförmige Stoffe verwendet werden.
Unter dem Begriff „Zündschutzart" definiert die Norm DIN EN 50014 DIN VDE 0170/0171 Teil 1 „die besonderen Maßnahmen, die an elektrischen Betriebsmitteln getroffen sind, um die Zündung einer umgebenden explosionsfähigen Atmosphäre zu verhindern".
Mit anderen Worten: **eine Zündschutzart umfaßt**

– **spezielle Zündschutzmaßnahmen der konstruktiven Gestaltung,**
– **die an einem Betriebsmittel äußerlich und/oder innerhalb**
– **auf elektrische und mechanische Art sowie in der Materialauswahl getroffen werden, um ein bestimmtes Niveau der Explosionssicherheit zu erreichen.**

Einige Zündschutzarten erreichen dieses Ziel erst mit komplettierenden anlagetechnischen Maßnahmen. Das gilt besonders für die Zündschutzarten Eigensicherheit „i" und Überdruckkapselung „p".
Andererseits kann eine akzeptable Explosionssicherheit elektrischer Betriebsmittel auch auf andere Weise als durch die genormten Zündschutzarten zustande kommen. Beispiele dafür sind die Betriebsmittel für die Zonen 2 oder 11. In diesem Bereichen mit dem niedrigsten Niveau der Explosionsgefahr durch Gase oder oder Stäube sind gemäß DIN VDE 0165 (02.91) auch Betriebsmittel ohne geprüften Explosionsschutz zulässig. Dazu schreibt diese Errichtungsnorm vor, in welchen Fällen „normale" Betriebsmittel verwendet werden dürfen und wie sie beschaffen sein müssen.

Frage 7.2 Welche physikalischen Prinzipien liegen den Zündschutzmaßnahmen zugrunde?

Zündschutzmaßnahmen haben das Ziel, das Zusammentreffen entzündlicher Stoffe bzw. explosionsfähiger Gemische mit zündfähigen Energiequellen zu vermeiden. Dazu bieten sich dem Konstrukteur eines elektrischen Betriebsmittels prinzipiell mehrere Möglichkeiten an, die in **Tafel 7.1** dargestellt sind.
Die Reihenfolge stellt keine sicherheitsbezogene Wertung dar.

Tafel 7.1 *Prinzipien für Zündschutzmaßnahmen*

Prinzip	Maßnahme an Bauteilen
1. Vermeiden zündfähiger Energiepotentiale	Begrenzen der elektrischen Energie im Stromkreis; Kriterien: Mindestzündstrom oder Mindestzündenergie
2. Verhüten direkter Berührung mit zündbaren Gemischen	Umhüllen der Bauteile mit Feststoffen, Flüssigkeiten oder nicht brennbaren Gasen
3. Verhindern der Entzündung explosionsfähiger Gemische	Vermeiden von Funken, Begrenzen innerer und äußerer Oberflächentemperaturen auf Werte unterhalb der Zündtemperatur
4. Verhindern der Entzündung außerhalb des Gehäuses	Verhindern des Zünddurchschlages bei einer Explosion im Gehäuse
5. Vermeiden äußerer zündgefährlicher Einflüsse	mechanisch ausreichend stabile Gehäusekonstruktion, kein zündgefährliches Gehäusematerial (Elektrostatik, Reib- und Schlagfunken)

Frage 7.3   Welche Zündschutzarten sind genormt?

Bild 7.1 informiert über die genormten Zündschutzarten.
Das gesetzliche Dach bildet in Europa seit 1996 die Richtlinie 94/9/EG. In Deutschland ist diese EG-Richtlinie mit der neuen Explosionsschutzverordnung (EXVO) übernommen worden.
Die gewählte Reihenfolge stellt weder in Bild 7.1 noch in Tafel 7.1 eine sicherheitstechnische Wertung dar. Im Bild 7.1 entspricht sie der Häufigkeit in der Anwendungspraxis.
Was man anhand der EN-Numerierung nicht sofort erkennt, wird aus der VDE-Normenordnung eher deutlich:

– **für alle Zündschutzarten ist der Teil 1 der VDE 0170/0171**, d. h., die DIN EN 50014 – Allgemeine Bestimmungen – als Vorspann **zu beachten**,
– jede Zündschutzart kann ihre Aufgabe nur dann erfüllen, wenn die Errichtungs- und die Betriebsvorschriften (DIN VDE 0165, DIN VDE 0105, ElexV) eingehalten werden.

Neben den aktuell genormten Zündschutzarten sind noch zu erwähnen

– der **Sonderschutz „s"**:
Das ist eine früher angewendete Bezeichnung für besondere nicht genormte Maßnahmen des apparativen Explosionsschutzes. Das Kennzeichen „s" galt als vollwertiger Explosionsschutz. Es wurde solchen Betriebsmitteln zugestanden, deren Zündschutzmaßnahme sich zwar als voll wirksam erwies, aber nicht als normgerecht. Solche früher nicht genormte Maßnahmen waren z. B. das Vergießen mit Kunstharzen oder eine Sandfüllung, die nun als eigenständige Zündschutzmaßnahmen genormt sind, oder eine Kombination von zwei nicht völlig normgerechten Maßnahmen.

Zündschutzarten

Name, Kurzzeichen, Funktionsweise	Norm	Kurzbeschreibung, Anwendungsbeispiele
Erhöhte Sicherheit „e"	DIN EN 50019 VDE 0170/0171 Teil 6	Verhindern der Entzündung explosionsfähiger Atmosphäre infolge hoher Temperaturen, Funken oder Lichtbögen bei Betriebsmitteln, *wo diese im Normalbetrieb nicht auftreten,* durch zusätzliche Maßnahmen, die einen erhöhten Grad an Sicherheit darstellen (störungsbedingt mögliches Überschreiten der zulässigen Grenztemperatur muß durch Überwachung und Auslösung verhindert werden). Anwendung: Klemmengehäuse, Motoren (nicht für Kommutator oder Schleifringe), Leuchten
Druckfeste Kapselung „d"	DIN EN 5018 VDE 0170/0171 Teil 5	Verhindern der Entzündung explosionsfähiger Atmosphäre außen am Betriebsmittel durch ein Gehäuse, das einer innen auftretenden Explosion ohne strukturellen Schaden widersteht, ohne daß durch Spalte oder Öffnungen zündgefährdende heiße Gase oder Flammen nach außen gelangen. (zünddurchschlagsicheres Gehäuse) Anwendung: universell geeignet (Motoren, Leuchten, Schaltgeräte, Steckvorrichtungen usw.); Klemmengehäuse zumeist in „e"
Eigensicherheit „i"	DIN EN 50020 VDE 0170/0171 Teil 7	Verhindern der Entzündung explosionsfähiger Atmosphäre im Normalbetrieb sowie bei bestimmten Fehlerbedingungen durch Begrenzung der elektrischen Parameter des Stromkreises (Energie) in zwei Niveaus. Anwendung: vorzugsweise für Überwachung mit MSR-Technik, teilweise für Bus-Technik, auch Industriecomputer; elektrostat. Sprühtechnik[1])
Überdruckkapselung „p"	DIN EN 50016 VDE 0170/0171 Teil 3	Fernhalten explosionsfähiger Atmosphäre von der unmittelbaren Umgebung zündgefährdender Teile durch überwachten Schutzgasüberdruck innerhalb des Gehäuses; Vorspülung erforderlich. Zündschutzgas: Luft, Stickstoff, anderweitiges nicht brennbares Gas oder Gasmischung. Auf zwei Arten möglich: – ständige Schutzgasspülung (früher „f") – nur Ausgleich der Leckverluste (früher „fü") Mindestüberdruck: 0,5 mbar bzw. 50 Pa Anwendung : Motoren, Schalt- und MSR-Schränke, spezielle Leuchten, [1])
Vergußkapselung „m"	EN 50028 DIN VDE 0170/0171 Teil 9	Verhindern des Eindringens und der Entzündung explosionsfähiger Atmosphäre durch Einbetten elektrischer zündgefährdender Teile in Vergußmasse oder Umhüllen. Anwendung: Schaltgeräte kleiner Leistung, Befehls-, Melde- und Anzeigegeräte, Sensoren; Klemmengehäuse in „e" oder Kabelschwanzanschluß
Sandkapselung „q"	DIN EN 50017 VDE 0170/0171 Teil 4	Verhindern der Entzündung explosionsfähiger Atmosphäre außen am Betriebsmittel durch Füllung des Gehäuses mit feinkörnigem Füllgut vorgeschriebener Qualität. (Schutz gegen zündgefährdende Temperatur/Lichtbogen bei bestimmungsgemäßem Gebrauch) Anwendung: Transformatoren, Kondensatoren Vorschaltgeräte für Leuchten; Klemmengehäuse zumeist in „e"

▼

96 Zündschutzarten

Name, Kurzzeichen, Funktionsweise	Norm	Kurzbeschreibung, Anwendungsbeispiele
Eigensichere elektrische Systeme „i-SYST"	EN 50039 DIN VDE 0170/0171 Teil 10	Gesamtheit miteinander elektrisch verbundener Betriebsmittel, deren Stromkreise ganz oder teilweise in explosionsgefährdeten Bereichen benutzt werden, eigensicher sind und mit einer Systembeschreibung dokumentiert sind. (Keine Zündschutzart im eigentlichen Sinne, Schutzprinzip wie Zündschutzart „i"; Besonderheiten beim Zusammenschalten) Anwendung: Meldung, Steuerung, Überwachung[1]
Ölkapselung „o"	DIN EN 50015 VDE 0170/0171 Teil 2	Verhinderung der Entzündung explosionsfähiger Atmosphäre durch Einschluß zündgefährdender Teile in Öl, wodurch eine explosionsfähige Atmosphäre oberhalb des Ölspiegels nicht mehr entzündet werden kann. Nur für ortsfeste Betriebsmittel (z.B. Schaltgeräte, Transformatoren, Frequenzumrichter) geeignet, Klemmenkasten zumeist in „e", praktisch kaum noch anzutreffen.
Betriebsmittel der Zündschutzart „n"	E DIN EN 50021 VDE 0170/0171 Teil 16	Verhindern der Entzündung explosionsfähiger Atmosphäre infolge hoher Temperaturen, Funken oder Lichtbögen *im normalen Betrieb und bei bestimmten nach Norm festgelegten anormalen Bedingungen* (für Zone 2 bestimmt). (Ursprünglich nur für betriebsmäßig nicht funkengebende Betriebsmittel gedacht) Anwendung: „n"-Betriebsmittel bisher kaum anzutreffen, Anwendung möglich für umlaufende elektrische Maschinen, Sicherungen, Leuchten, Betriebsmittel niedriger Energie, Stromwandler, Steckvorrichtungen, Zellen und Batterien, Klemmengehäuse

[1] Zündschutzart erfordert ergänzende anlagetechnische Maßnahmen

Bild 7.1 Zündschutzarten des elektrischen Explosionsschutzes, Funktionsprinzip und Anwendung in der Reihenfolge ihrer Bedeutung gemäß Anwendungspraxis

- die **Zündschutzart „n"**:
Auch bezeichnet als „Zone-2-Betriebsmittel". Neben der internationalen Norm IEC 79-15 liegt dafür auch ein europäischer Normenentwurf vor, die E DIN EN 50021 VDE 0170/0171 Teil 16: 1997-02 – Elektrische Betriebsmittel für explosionsgefährdete Bereiche - Betriebsmittel der Zündschutzart „n". Der umfangreiche Normenentwurf bezieht neben dem „n"-Prinzip auch Zündschutzmaßnahmen an funkengebenden Teilen ein. Mit dem Abschluß der Bearbeitung ist bald zu rechnen.

- **Staubexplosionsschutz**:
Im Normenentwurf IEC 61241-1-1 für den Staubexplosionsschutz elektrischer Betriebsmittel werden die Zündschutzmaßnahmen unterteilt in Maßnahmen zum
  • Vermeiden gefährlicher Oberflächentemperatur,
  • Vermeiden des Eindringens von Staub in das Gehäuse (Schutz durch Gehäuse),

Zündschutzarten 97

- Vermeiden von Zündquellen im Gehäuse (Energiebegrenzung),
- Vermeiden von Zündquellen anderer Art (z. B. durch Schlag, Elektrostatik).

Frage 7.4 Bei welchen Zündschutzarten gibt es interne Gruppierungen?

Nicht alle der Zündschutzarten erfüllen ihre Aufgabe bedingungslos und ohne Vorbehalt. Abhängig von der ihrer Wirkungsweise haben einige Zündschutzarten aus wirtschaftlichem Grund interne Unterteilungen. Einerseits sind dafür Unterschiede in der Entzündlichkeit der gefährdenden Stoffe maßgebend, anderseits liegen die Gründe in der Staffelung des Gefahrenniveaus (Zoneneinteilung), dem man ein angepaßtes Sicherheitsniveau entgegen setzt. Neuerdings wird dieses Prinzip besonders deutlich durch die Gerätekategorien gemäß EXVO bzw. Richtlinie 94/9/EG.
In diesem Zusammenhang sind folgende Gruppierungen zu beachten:

a) **Zündschutzart „d"**, Gerätegruppe II:
Unterteilung **A, B und C**, enthalten in den Explosionsgruppen IIA, IIB und IIC (siehe Frage 6.5), die durch den gefährdenden Stoff vorgegeben werden und auszuwählen sind. Beispiel: d IIC bedeutet Druckfeste Kapselung für alle Stoffe der Explosionsgruppe IIC.

b) **Zündschutzart „i"**, Unterteilung in zwei Niveaus der Eigensicherheit:
- **Kategorie ia**: Diese Betriebsmittel behalten ihre volle Schutzwirkung sogar bei zwei beliebigen voneinander unabhängigen Fehlern.
- **Kategorie ib**: Hier bleibt die Schutzwirkung bei einem Fehler noch voll erhalten.

c) Zündschutzart „n" (nach Entwurf E DIN EN 50021 VDE 0170/0171 Teil 16): Unterteilung nach der Art des Betriebsmittels, sie werden als Großbuchstaben nach dem Buchstaben „n" angegeben (V, W, R, L oder P; hierzu Abschnitt 8 beachten).

d) Staubexplosionsschutz:
Nach neuen Normenentwürfen sind hierfür spezielle Anpassungen zu erwarten, z. B. bei der Zündschutzart Überdruckkapselung „p" eine Modifikation „pD".

Frage 7.5 Sind die Zündschutzarten gleichwertig?

Grundsätzlich ja. **In den VDE-Fachgremien des elektrischen Explosionsschutzes hat man sich darauf verständigt, die Ex-Zündschutzarten pauschal als sicherheitstechnisch gleichrangig anzusehen.** Für den Anwender von DIN VDE 0165 hat diese Betrachtungsweise den Vorteil, daß er sich bei der Auswahl von Betriebsmitteln für gasexplosionsgefährdete Betriebsstätten (Zone 1 und/oder Zone 2) zunächst keine Gedanken darüber zu machen braucht, ob diese oder jene Zündschutzart zulässig ist oder nicht.
Bei näheren Betrachten der unterschiedlichen physikalischen Wirkprinzipien stößt man

jedoch auf durchaus bemerkenswerte Unterschiede. Besonders deutlich wird dies beim Vergleich des sehr hohen Sicherheitsniveaus der Zündschutzart Eigensicherheit „i", Kategorie ia, im Gegensatz zur Zündschutzart „n", deren Sicherheitsniveau nur für Zone 2 ausreicht und eine Fehlerbetrachtung nicht einbezieht. Ebenso leuchtet ein, daß z. B. der Explosionsschutz eines Motors in „d" weniger Wartungsaufwand erfordert als in „e" mit Übertemperaturschutz (t_e-Zeit) oder in „p" mit Überwachung des Schutzgasüberdruckes. Diese Sachverhalte werden berücksichtigt

– einerseits mit speziellen Anforderungen für die einzelnen Zündschutzarten im Normenwerk,
– anderseits durch das neue Merkmal „Gerätekategorie" in der EXVO (nach Richtlinie 94/9/EG).

Ostdeutsche Fachleute erinnern sich an die ehemals maßgebenden Errichtungsnormen TGL 200-0621 (Elektrotechnische Anlagen in explosionsgefährdeten Arbeitsstätten, Teil 1 bis 6). Im Teil 2, Allgemeine sicherheitstechnische Forderungen, gab es die Tabelle 1 mit einer konkreten Zuordnung von Betriebsmitteln mit und ohne Ex-Kennzeichnung zu den Gefährdungsgraden EG1 bis EG4 nach TGL 30042. In den Normen TGL 200-0621 waren die realen Niveauunterschiede zwischen den Zündschutzarten unmittelbar einbezogen. Sollte heute der Bestandsschutz nach Einigungsvertrag irgendwo noch wirksam sein, dann ist es ratsam, bei der Überführung auf DIN VDE einen Sachverständigen zu Rate zu ziehen.

Frage 7.6   Wovon ist die Auswahl einer Zündschutzart abhängig?

Nicht alle Zündschutzarten eignen sich auch für alle Arten elektrischer Betriebsmittel. So würden z. B. eine Leuchte oder ein Motor in Sandkaselung „q" zwar ebenso explosionssicher sein wie in Erhöhte Sicherheit „e" oder Druckfeste Kaselung „d", aber sonst wären sie zu nichts zu gebrauchen. Darüber braucht der Anwender indes nicht mehr nachzudenken.
Ob man als Planer oder Errichter gezielt überlegen muß, welche Zündschutzart sich für den jeweiligen Anwendungsfall am besten eignet,
– **hängt ab** von der speziellen Aufgabe des betreffenden Betriebsmittels, vor allem
  • vom Angebot
  • von den konkreten Einsatzbedingungen; bei Motoren z. B. von der Betriebsart („e" vorzugsweise für Dauerbetrieb, „d" bei häufigem Lastwechsel),
  • von den speziellen anlagetechnischen Anforderungen im Normenwerk oder seitens des Herstellers („i", „p", „n")
  • von eventuell zu beachtenden zusätzlichen Bedingungen (Prüfbescheinigung mit Buchstaben X nach der Nummer)
  • von der Art der Explosionsgefahr (z. B. Verwendung bei Staubexplosionsgefahr)
  • von wirtschaftlichen Gesichtspunkten (Kosten, Wartungsaufwand, Reservehaltung usw.),
– **hängt prinzipiell nicht ab**

Zündschutzarten 99

- von der Zoneneinstufung (ausgenommen bei „n", nur für Zone 2),
- von den sicherheitstechnischen Kennzahlen der gefährdenden Stoffe (Temperaturklasse und Explosionsgruppe),
- von der Gerätegruppe.

Frage 7.7 Was ist bei Betriebsmitteln mit mehreren Zündschutzarten zu beachten?

Sehr oft kommt es vor, daß ein Betriebsmittel zwei Zündschutzarten in sich vereint, so z. B. Motoren, Leuchten, Schaltgeräte oder Steckvorrichtungen in „d" mit Anschlußraum in „e". Es können aber auch noch weitere Zündschutzarten vorhanden sein. Jede muß angegeben werden, und sogar auf den Bauteilen muß die spezielle Zündschutzart erkennbar sein.
Auf dem Typschild einer Leuchte für Leuchtstofflampen wurde folgende Angabe gefunden: EEx edqib IIC T4. Gemäß DIN EN 50014 VDE 0170/0171 Teil 1 steht das Zeichen für die Haupt-Zündschutzart immer an erster Stelle. An dieser Leuchte ist es die Zündschutzart Erhöhte Sicherheit „e".
Da einige Zündschutzarten ergänzende anlagetechnische Maßnahmen erfordern, muß man die jeweils maßgebende Zündschutzart kennen.
Weiteres dazu wird unter Frage 7.8 erklärt.

Frage 7.8 Welche Zündschutzarten erfordern anlagetechnische Maßnahmen?

Schon die ersten experimentellen Versuche zum Test von Zündschutzmaßnahmen im Bergbau ließen erkennen, daß die Art und Weise der Elektroinstallation nicht vernachlässigt werden kann. Bergassessor Carl Beyling, der sich nach der Jahrhundertwende in der berggewerkschaftlichen Versuchsstrecke Gelsenkirchen als Erster wissenschaftlich mit der Prüfung von Gehäusekapselungen für den Schlagwetterschutz befaßte, empfahl bereits 1906, *„darauf zu halten, daß sich außerhalb der Kapselung keine blanken Leitungen oder Anschlußklemmen befinden"*. Heute gehört diese Erkenntnis zu den Selbstverständlichkeiten, nicht nur im Explosionsschutz.
Die spätere Entwicklung des apparativen Explosionsschutzes fand Wege, so robuste Gehäusekonstruktionen, wie sie untertage notwendig sind (Gerätegruppe I), im industriellen Bereich (Gerätegruppe II) ohne Sicherheitseinbuße zu umgehen. Neben den oft als klassisch bezeichneten Maßnahmen Druckfeste Kapselung „d" und Ölkapselung „o" kam es zu weit weniger materialaufwändigen Zündschutzarten. **Einige Zündschutzarten bewirken den Zündschutz jedoch nicht mehr allein durch die konstruktive Gestaltung des Gehäuses und der Einbauten, sondern erst im Zusammenhang mit ergänzend genormten anlagetechnischen Maßnahmen.**
Dazu gehören

a) Die **Eigensicherheit** „i" ist die einzige Zündschutzart, deren Prinzip rein elektrotechnisch funktioniert und die einen gesamten Stromkreis oder ein System einbezieht (weshalb sie eigentlich „eigensicherer Stromkreis" heißen sollte). Damit das funktioniert, werden *Grenzwerte für die maximal zulässige Induktivität und/oder Kapazität* (L_0, C_0) und differenzierte Bedingungen an die Installation vorgegeben.

b) die **Überdruckkapselung „p"**
Für die Schutzgasversorgung eines „p"-Gehäuses sind Rohrleitungen und Überwachungseinrichtungen anzuschließen. Außerdem macht es dieses Prinzip möglich, rein anlagetechnische Lösungen anzuwenden, z. B. als Überdruckbelüftung von Betriebsräumen (Schaltanlagen, Steuerstände, Analyenmeßhäuser). Dazu gehören bei p-Betriebsmitteln wie auch für überdruckbelüftete Räume die Angabe des *mindestens erforderlichen Schutzgasüberdruckes in mbar oder Pa* und weitere Anforderungen an die Schutzgasversorgung (Einspeisung, Abführung, Verriegelung).

c) die **Erhöhte Sicherheit „e"**
Das Funktionsprinzip läßt zu, daß explosionsfähiges Gemisch in das Gehäuse eindringt, aber dieses Gemisch darf sich im Normalbetrieb und bei vorhersehbaren Fehlern nicht entzünden. Es dürfen also auch bei Überlastung weder Funken noch zündgefährliche Temperaturen entstehen. Deshalb muß zündgefährlichen Überlastfällen bei funktionsbedingt überlastbaren „e"-Betriebsmitteln (z. B. Motoren) mit einem ergänzenden Schutzglied vorgebeugt werden. Ein maßgebender Grenzwert dafür ist die zulässige *Erwärmungszeit* t_E, angegeben in s.

d) der **Staubexplosionsschutz**
Schutzmaßnahmen gegen eine Entzündung von Staub/Luft-Gemischen oder Staubschichten sind noch nicht umfassend genormt. Es gibt dafür auch keine spezielle Zündschutzart. Mit dem unter 7.1 definierten Ziel stimmen sie jedoch voll überein. Die Wirksamkeit des elektrotechnischen Staubexplosionsschutzes hängt erheblich davon ab, daß sich Stäube nicht in gefährlicher Menge auf elektrischen Anlageteilen ansammeln können.

Weiteres dazu erklärt der Abschnitt 17.

Frage 7.9   Gilt allein die Angabe „geeignet für Zone 2" auch als genormte Zündschutzart?

Nein, obwohl mit einer derartigen Formulierung ja eindeutig gesagt wird, daß ein so gekennzeichnetes Betriebsmittel den Anforderungen zum Einsatz in einem explosionsgefährdeten Bereich entspricht. Das gilt ebenso bei Betriebsmitteln mit einer derartigen Angabe für Zone 11. **Solche Betriebsmittel haben keine genormte Zündschutzart im Sinne von DIN VDE 0170/0171 bzw. EN 50014 ff, keine Baumusterprüfbescheinigung und auch kein EEx-Kennzeichen.**

Die Kennzeichnung „für Zone 2" nimmt der Hersteller vor, aber er ist dazu nicht verpflichtet. Grundlage dafür sind die Festlegungen in DIN VDE 0165 (02.91). Entspricht ein derartiges Betriebsmittel aber den neuen Rechtsvorschriften von 1996, d. h., der EXVO bzw. der Richtlinie 94/9/EG, dann hat es einen Explosionsschutz der Gerätekategorie 3, ist ein „Zone-2-Betriebsmittel" und trägt die vorgeschriebene CE-Kennzeichnung des Explosionsschutzes.

Zündschutzarten

Frage 7.10 Was hat es mit der Zündschutzart „n" auf sich?

Durch Normung einer Zündschutzart „n" soll ein Regelwerk für das niedrigste Sicherheitsniveau im Explosionsschutz elektrischer Betriebsmittel entstehen (dazu Frage 7.3). Es soll festgelegt werden, welche vereinfachten Zündschutzmaßnahmen für Betriebsmittel der Gerätegruppe II/Gerätekategorie 3 ausreichend sind. Das erscheint zunächst sinnvoll, denn es ist ja nicht neu, daß beim niedrigsten Niveau der Explosionsgefahr ausreichende Explosionssicherheit auch mit geringerem konstruktivem Aufwand möglich wird.

Anlaß für das umfangreiche Normungsvorhaben waren u.a. die „non sparking"-Betriebsmittel nach nordamerikanischer Praxis (Betriebsmittel, bei denen im Normalbetrieb keine zündfähigen Funken auftreten) und britischer Normungswille. Unter „n" erweitert sich die Anwendung auch auf Betriebsmittel mit solchen Teilen oder Stromkreisen, die Lichtbögen, Funken oder heiße Oberflächen hervorrufen, von denen im ungeschützten Zustand eine Zündgefahr ausgehen kann.

Möglichkeiten, den konstruktiven Aufwand zu verringern, sieht man vor allem bei

- Gehäusevolumen < 20 cm^3
- besonders gekapselten Gehäusen (Dichtheit)
- schwadensicheren Gehäusen (zeitlich beschränkt hinreichend dicht)
- eigensicheren Stromkreisen (Sicherheitsfaktor 1,0)
- vereinfachter Überdruckkapselung mit Bedingungen

Durch ergänzende Kennbuchstaben, die nach dem „n" erscheinen, wird die spezifische Zündschutzmaßnahme angegeben: EEx ...

- nV, für nichtfunkende Betriebsmittel
- nR, für schwadensichere Gehäuse
- nL, für energiebegrenzte Betriebsmittel
- nP, für Betriebsmittel mit vereinfachter Überdruckkapselung
- nW, für funkende Betriebsmittel mit speziellem Schutz der Kontakte
  (anders als bei R, L oder P)

Damit ergänzt der Normenentwurf die Anforderungen für Betriebsmittel normaler Industriequalität. Normale Betriebsmittel dürfen jedoch auch bisher schon nach DIN VDE 0165 in beschränktem Umfang für Zone 2 verwendet werden, und darauf möchte man nicht verzichten. Ob sich die „n"-Betriebsmittel als abgemagerte Form von Betriebsmitteln klassischer Zündschutzarten am Markt durchsetzen, bleibt abzuwarten.

Frage 7.11 Welchen Einfluß haben die IP-Schutzarten?

Was unter einer „IP-Schutzart" zu verstehen ist, danach kann man jede Elektrofachkraft fragen. Zur Auffrischung: Die IP-Schutzarten betreffen Gehäuse elektrischer Betriebsmittel und sind festgelegt in DIN VDE 470 Teil 1 (der sogenannte IP-Code, früher nach DIN 40050, in der DDR ehemals als Schutzgrade bezeichnet). Zwei Kennziffern hinter den Buchstaben IP (z. B. IP 54) klassifizieren

a) mit der ersten Kennziffer (0 bis 6)
- den Schutz von Personen gegen Berührung unter Spannung stehender oder sich bewegender Teile (Berührungsschutz) sowie
- den Schutz gegen Eindringen fester Fremdkörper (Fremdkörperschutz) und

b) mit der zweiten Kennziffer (0 bis 8)
- den Schutz gegen Eindringen von Wasser (Wasserschutz)

Zusätzlich können ein oder zwei Buchstaben nachgesetzt sein für spezielle Kennzeichen des Personen- oder Wasserschutzes. So bedeutet die Angabe *IP 54* den Schutz gegen Eindringen eines Drahtes, Staubschutz und Strahlwasserschutz (5) sowie Schutz gegen starkes Strahlwasser (4).
Eine prinzipielle Verwandtschaft mit den Zündschutzarten besteht insofern, als auch die IP-Schutzart ausdrückt, welche Sicherheit ein Gehäuse gegen definierte äußere Einflüsse zu bieten hat. **Soweit für die gerätetechnischen Erfordernisse des Explosionsschutzes eine bestimmte IP-Schutzart mindestens erforderlich ist, wird das vom Hersteller einbezogen. Planer und Errichter müssen aus drei Gründen auf die mindestens erforderliche IP-Schutzart achten:**
1. zum Schutz gegen Umwelteinflüsse, die dem Betriebsmittel schaden könnten (also wie sonst auch)
2. für den Staubexplosionsschutz nach DIN VDE 0165
3. für den anlagetechnischen Explosionsschutz mit Blick auf spezielle Forderungen in den Errichtungsnormen, z. B.ebenfalls nach DIN VDE 0165.
Hierfür kann man sich als Grundsatz die Schutzarten

- IP 54 (für Gehäuse mit blanken aktiven Teilen) und
- IP 44 (für Gehäuse mit isolierten aktiven Teilen) einprägen.

In Bereichen mit niedriger Explosionsgefahr, d. h., in den Zonen 2 sowie 11 bzw 22, sind die vorgeschriebenen IP-Schutzarten ein tragender Sicherheitsfaktor.
Was man dabei auch beachten sollte:
Die Dichtheit von Gehäusen höherer IP-Schutzarten verursacht mitunter Probleme durch kondensierende Feuchte, z. B. im Freien bei starkem Temperaturwechsel oder bei hoher Luftfeuchte. Abhilfe bringt ein EEx-e-Klimastutzen, der das Gehäuse atmen läßt und bei Montage an der tiefsten Stelle des Gehäuses gleichzeitig die Entwässerung übernehmen kann (Zündschutzart beachten!).

8 Kennzeichnungen im Explosionsschutz

Frage 8.1 Welche Symbole kennzeichnen den Explosionsschutz elektrischer Betriebsmittel?

Das hängt davon ab, nach welcher Art von Kennzeichen gefragt wird. Die Kennzeichnung des Explosionsschutzes elektrischer Betriebsmittel umfaßt Symbole für die Konformität als auch spezifische Symbole zur Qualität des Explosionsschutzes, und beides hat sich in der Vergangenheit mehrfach geändert.

1. Symbole zur Konformität

1.1 EG-Zeichen

Als Voraussetzung, ein explosionsgeschütztes Betriebsmittel in der EU in Verkehr zu bringen, muß ein EG-Zeichen aufgebracht werden. Es besteht aus dem **CE-Symbol** (**Bild 8.1**), der Jahreszahl (Angabe freigestellt) und der Angabe der benannten EU-Prüfstelle (Kennummer).
Grundlage sind

- die Explosionsschutzverordnung (EXVO, rechtskräftig ab 13.12.1996 mit einer Übergangszeit bis zum 30.06.2003), wozu
- die Ex-Richtlinie 94/9/EG gehört und auch
- die EG-Kennzeichnungsrichtlinie 93/68/EWG zu erwähnen ist.

Das CE-Symbol ist kein Prüfzeichen! Weiteres hierzu ist im Abschnitt 2 nachzulesen.

1.2 EG-Gemeinschaftskennzeichen des Explosionsschutzes

C€ — CE-Konformitätskennzeichen gemäß Richtlinie 94/9/EG, Anhang X Hersteller des Betriebsmittels bestätigt Konformität mit allen einschlägigen Rechtsnormen der EG

⟨Ex⟩ — Gemeinschaftskennzeichen gemäß Richtlinie 76/117/EWG (1975), bestätigt Ex-Prüfung und bescheinigte Konformität mit harmonisierten EN

Bild 8.1 Europäische Symbole für explosionsgeschützte Betriebsmittel

Das seit 1975 vorgeschriebene Ex-Symbol ⟨Ex⟩ gemäß Richtlinie 76/117/EWG (**Bild 8.1**) ist im Anhang der „alten" ElexV angegeben. Es belegt, daß das Betriebsmittel

- von einer benannten Prüfstelle innerhalb der EG geprüft worden ist und die damit verbundenen Auflagen erfüllt,
- vom Hersteller einer Stückprüfung unterzogen wurde und
- mit dem geprüften Baumuster übereinstimmt.

Schlagwettergeschützte Betriebsmittel (gemäß EXVO nun Betriebsmittel der Gerätegruppe I) wurden bisher durch ein zweites rundes Symbol hinter dem Sechsecksymbol gekennzeichnet (eine I oder ehemals ein S im Kreis).
Das Sechsecksymbol gilt nach Anhang II der Richtlinie 94/9/EG und nach EN 50014 DIN VDE 0170/171 Teil 1 weiterhin als das „spezielle Kennzeichen zur Verhütung von Explosionen" für jedes neue Betriebsmittel. Es erscheint nun auch auf den Betriebsmitteln für die Zonen 2 und 22 (Gerätekategorie 3, untere Niveaustufe der Explosionssicherheit), die nicht von einer benannten EG-Prüfstelle bescheinigt werden müssen.
Zusätzlich zu diesem Symbol fordert die Richtlinie an gleicher Stelle weitere Angaben (Hersteller, Serie und Typ, Baujahr, Gerätegruppe usw., vgl. Tafel 2.1).
Ältere Symbole, bevor das Sechsecksymbol verbindlich wurde, waren

- für den Explosionsschutz das Symbol (Ex),
- für den Schlagwetterschutz das Symbol (Sch) (genormt nach VDE 0170/0171 und nach TGL 55037).

2. Spezifische Symbole des Explosionsschutzes

Dazu zählen die Buchstaben- und Ziffernkombinationen

- **EEx** (EN sind angewendet),
  Ex (bisher nach IEC, aber nicht EG-konform),
  Ex (VDE- oder TGL-Normen sind angewendet, nur in Deutschland zulässig),
- **I** oder **II** für Schlagwetter- oder Explosionsschutz; früher (Sch) oder (Ex),
- **T1** bis **T6** für die Zündschutzarten; früher zuerst A bis D, dann G1 bis G5),
- die **Kennbuchstaben der Zündschutzarten** und ihrer Unterteilungen (d, e, ia, ib usw.),
- weitere genormte Kennbuchstaben für besondere Eigenschaften. Verbindliche Rechtsgrundlage dafür sind
  • neuerdings die EXVO mit Richtlinie 94/9/EG,
  • bisher die ElexV (auch weiterhin alternativ zur EXVO bis zum 30.06.2003) mit den dazu benannten Normen DIN VDE 0170/0171.

3. Elektrotechnische Kennzeichnung

Neben den Kennzeichen des Explosionsschutzes müssen natürlich auch die elektrischen Bemessungswerte angegeben sein, wie sie die Grundnormen für elektrische Betriebsmittel allgemein vorschreiben (z. B. Spannung, Stromstärke, IP-Schutzart). Diese Daten findet der Planer aus der Dokumentation des Herstellers. Betreiber und Prüfer müssen sie auf dem Leistungsschild oder dem Prüfschild erkennen, wobei es auch ein zusammenfassendes Schild sein kann. Der Kürze wegen wird diese Kombination im folgenden als Typenschild bezeichnet.

Kennzeichnungen im Explosionsschutz 105

In **Bild 8.2** sind beispielhaft die Angaben auf dem Typenschild einer explosionsgeschützten Leuchte dargestellt.

⟨Ex⟩

CEAG eLLM81 040/40N		→ Hersteller, Typenkennzeichnung
EEx edqib IIC T4	20 V	→ EG-Ex-Kennzeichen, Zündschutzarten, Explosionsgruppe, Temperaturklasse
PTB Nr. Ex-83/2117	50 Hz	
Lampe 40 W:81-IEC-8310-1	0,5 A	→ Prüfstelle, Prüfbescheinigung
Fertigungs-Nr. 18/86	380	
		→ Lampen-Bestückung
		→ Zusatzinformation: Schaltungs-Nr.

→ *in neuer Kennzeichnung (Richtlinie 94/9/EG) wäre zu schreiben:*

C€ ⟨Ex⟩ II 2G EEx edqib IIC T4

- Gerätekategorie 2, Gasexplosionsschutz
- Gerätegruppe II

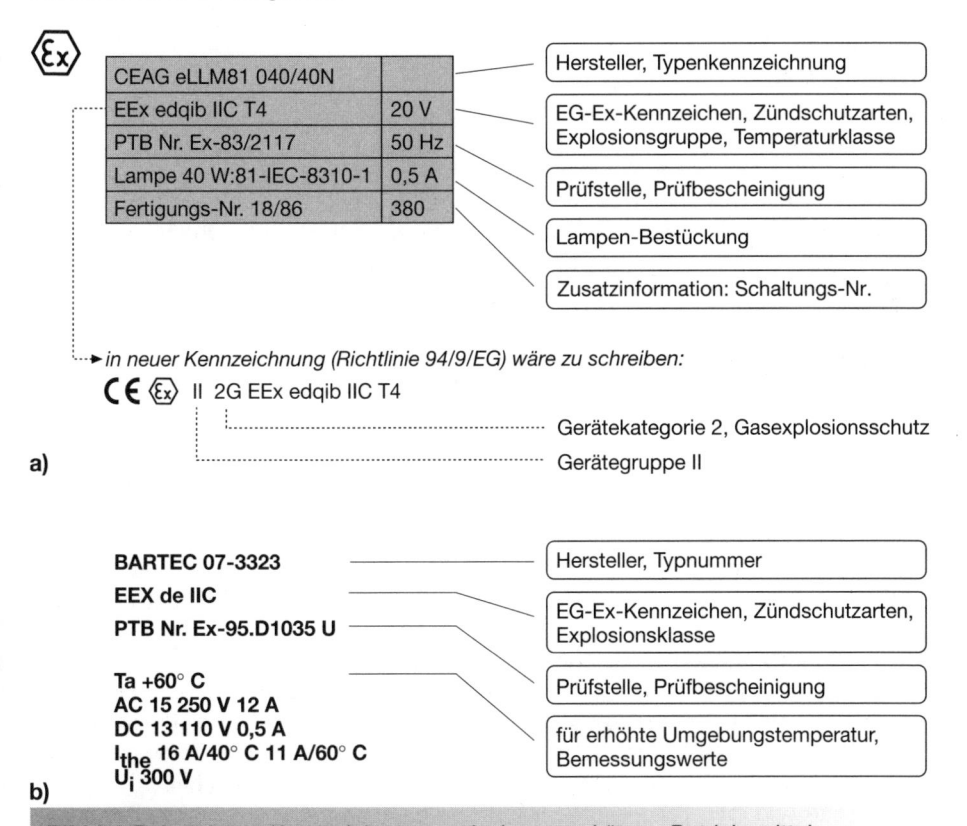

a)

b)

BARTEC 07-3323	→ Hersteller, Typnummer
EEX de IIC	→ EG-Ex-Kennzeichen, Zündschutzarten, Explosionsklasse
PTB Nr. Ex-95.D1035 U	
Ta +60° C	→ Prüfstelle, Prüfbescheinigung
AC 15 250 V 12 A	
DC 13 110 V 0,5 A	→ für erhöhte Umgebungstemperatur, Bemessungswerte
I$_{the}$ 16 A/40° C 11 A/60° C	
U$_i$ 300 V	

***Bild 8.2** Beispiele zur Kennzeichnung explosionsgeschützter Betriebsmittel*
a) Typenschild einer Leuchte als Beispiel für bisherige Kennung
b) Kennzeichenfeld eines Bauteils als Beispiel eines unvollständigen Betriebsmittels

Frage 8.2 Woran kann man ein explosionsgeschütztes Betriebsmittel sofort erkennen?

Es handelt sich eindeutig um ein explosionsgeschütztes und geprüftes Betriebsmittel, wenn eines der folgenden Zeichen darauf zu sehen ist:

- das Symbol ⟨Ex⟩ ,
- oder das Symbol (Ex) (ältere Ausführungen).

Ein besonderes Merkmal aus früherer Zeit sind die auffälligen Sonderverschlüsse (Schrauben mit Dreikantkopf), die aber schon längere Zeit nicht mehr in dieser Form vorgeschrieben sind. Hersteller weisen auch in ihren Katalogseiten oft schon in den Kopfleisten auf den Explosionsschutz hin, z. B. mit dem Vermerk „für Zone 1".

Spezielle Fälle

1.   Bauteile
Bauteile, d. h. Komponenten von Betriebsmitteln ohne eigene Funktion, dürfen keine CE-Kennzeichnung erhalten und auch nicht das Sechsecksymbol tragen. An Bauteilen erkennt man den Explosionsschutz durch die Buchstaben EEx. Auch für Komponenten muß der Hersteller eine Konformitätserklärung mitliefern. Bild 8.2 zeigt ein Beispiel für das Kennzeichenfeld eines Bauteils.

2.   Betriebsmittel nach älteren EN-Normen
Betriebsmitteln nach früheren EN-Ausgaben sind ebenfalls an den EG-Symbolen (Sechsecksymbol ⟨Ex⟩ und Kennzeichen EEx) zu erkennen, aber sie haben kein CE-Zeichen.

3.   Betriebsmittel nach national gültigen Normen
Betriebsmittel, die nicht den europäischen Normen entsprechen, dürfen keine Konformitätssymbole tragen, z. B. solche nach älteren VDE-Ausgaben, zu erkennen am Buchstabensymbol Ex, auch im Kreissymbol oder in runder Klammer geschrieben.

4.   Betriebsmittel für die Zonen 2 und 11 (bzw. 22)
Betriebsmittel „nach altem Recht" entsprechen formal nicht der EXVO. Das macht sich besonders bemerkbar bei Betriebsmitteln für die Zonen 2 und 11, soweit sie dafür ohne Baumusterprüfung zugelassen sind. Hierfür legt die Errichtungsnorm DIN VDE 0165 fest, wie der Explosionsschutz dieser Betriebsmittel beschaffen sein muß und welche Angaben dazu erforderlich sind (vgl. auch Frage 2.4.6). Ein Symbol ist darin nicht festgelegt. Das Sechsecksymbol nach EXVO mit Richtlinie 94/9/EG wäre dann nur bei Betriebsmitteln der Gerätekategorien 3G (für Zone 2) und 3D (für Zone 22) zulässig und rechtlich auch erforderlich.
Eindeutig erkennbar sind solche Betriebsmittel nach altem Recht nur aus der wörtlichen Bezeichnung, z. B. „explosionsgeschützt für Zone 2" oder „explosionsgeschützt für Zone 11".

5.   Betriebsmittel für Zone 10
DIN VDE 0165 (Ausgabe 02.91) läßt für Zone 10 nur solche Betriebsmittel zu, die dafür besonders geprüft und bescheinigt sind. Es wird auf DIN VDE 0170/0171 Teil 13 verwiesen. Sie tragen die Kennzeichen StEx Zone 10.

6.   Betriebsmittel in ostdeutschen Altanlagen
Betriebsmittel mit TGL-geprüftem Explosionsschutz tragen nach TGL 55037 ff. grundsätzlich die gleichen Ex-Symbole wie nach VDE, jedoch ohne das europäische

Kennzeichnungen im Explosionsschutz 107

Sechsecksymbol. Keine Ex-Kennzeichen haben, sofern noch vorhanden, die Betriebsmittel in staubexplosionsgefährdeten Arbeitsstätten nach TGL 200-0621 Teil 6. Dafür war gemäß TGL 30042 eine Beurteilung auf Staubexplosionsgefährdung EG-St vorzunehmen, jedoch ohne weitere Zoneneinteilung, und Betriebsmittel mit Prüfbescheinigung waren nicht vorgeschrieben. Dies ist dringend zu überprüfen, denn gemäß Einigungsvertrag war bei Zone 10 bis 31.12.1992 nach ElexV umzurüsten. Zugelassen waren aber auch Betriebsmittel mit Explosivstoffschutz, wofür es das Kennzeichen Sp gab.

Frage 8.3 Wie sind die Kennzeichen-Symbole angeordnet?

Zuerst einmal müssen sie „sichtbar, lesbar und dauerhaft" angebracht sein, heißt es in der EXVO mit Bezug auf die CE-Kennzeichnung. Das galt aber prinzipiell schon immer. Weil aber bei Ex-Betriebsmitteln ehemals östlicher Produktion die Haltbarkeit geklebter Typenschilder mitunter ihre Grenzen hatte, war es eine Zeitlang sogar üblich, ein Doppel innen am Gehäusedeckel anzubringen.
In der Richtlinie 94/9/EG wird verlangt, die erforderlichen Mindestangaben „deutlich und unauslöschbar" anzubringen, was wohl gleichbedeutend zu werten ist, aber nicht nur die CE-Kennzeichnung erfaßt. Wesentlich schwerer ist es, dies auch im Einbauzustand zu garantieren. Dazu gibt es jedoch keine unmittelbaren Festlegungen.

1. Kennzeichen nach bisher üblicher Ordnung

1.1 EG-Ex-Symbol ⟨Ex⟩
Das Sechsecksymbol gehört auf das Typenschild bzw. -feld und steht an erster Stelle der Symbolkette. Zumeist ist es zusätzlich und auffallend noch auf dem Hauptteil des Betriebsmittels zu finden, denn es soll leicht erkennbar sein. (Hinweis des Verfassers: Vereinfachend wird das Sechsecksymbol in den folgenden Beispielen nicht ständig wiederholt, sondern nur noch dann darauf hingewiesen, wenn es nicht vorhanden sein darf.)

1.2 Herstellerfirma
Name oder Warenzeichen und (neuerdings) die Anschrift des Herstellers gehören auf das Typenschild bzw. -feld. Nach DIN EN 50014 VDE 0170/0171 Teil 1 gehört zur Kennzeichnung des Betriebsmittels auch eine Fertigungsnummer des Herstellers.

1.3 Gasexplosionsschutz (nicht im Bergbau unter Tage)
Für die Kennzeichenfolge auf dem Typenschild bzw. -feld gibt es eine „klassische" Ordnung. Bezogen auf Betriebsmittel zum Einsatz in gasexplosionsgefährdeten Bereichen (neu: Gerätegruppe IIG) sieht diese Ordnung so aus:
Ex-Kennzeichen – Zündschutzart(en) – Explosionsgruppe – Temperaturklasse
z. B.   EEx de IIC T1   (früher: (Ex) de IVn G1)

1.4 Schlagwetterschutz (Bergbau)

Für Betriebsmittel des Schlagwetterschutzes entfallen die Temperaturklasse und die Explosionsgruppe, wodurch sich die Kennzeichenfolge verkürzt:
EEx – Zündschutzart(en) – Explosionsgruppe
z. B.   EEx de I   (früher ohne Explosionsgruppe: (Sch) de)

1.5 Betriebsmittel für die Zonen 0, 11 und G

Dafür dürfen nur speziell geprüfte und zugelassene Betriebsmittel verwendet werden, und das muß auf dem Betriebsmittel angegeben sein (bei Betriebsmitteln nach neuem Recht ist dies erfüllt durch das Kennzeichen der Gerätekategorie 1, ausgenommen bei Zone G)

2. Kennzeichen nach neuem Recht (zusätzlich voranzustellen)

Bei neuen Betriebsmitteln, die der EXVO mit Richtlinie 94/9/EG entsprechen, werden zusätzliche Symbole angewendet. Die neuen Symbole stehen dann vor oder über den bisher schon üblichen Kennzeichen (einschließlich des Sechsecksymbols ⟨Ex⟩!).
Abschnitt 6 erläutert die neuen Gruppierungen.
Dazu die Kennzeichenfolge:
CE-Zeichen – Typ/Serie – Gerätegruppe – Gerätekategorie, Gas oder Staub – EEx – Zündschutzart(en) – Explosionsgruppe – Temperaturklasse

2.1 Beispiele für Gerätegruppe II (nicht für Bergbau)

a) Gerätekategorie 2, Gasexplosionsschutz (für Zone 1 geeignet):
CE 1234 HW 5678-1998 II 2G
EEx pia IIC T4
b) Gerätekategorie 1, Staubexplosionsschutz (für Zone 20 bzw. 10 geeignet):
CE 2345 HW 6789-1998 II 1D EEx 130°C

2.2 Beispiel für Gerätegruppe I (Bergbau, Schlagwetterschutz)

CE 3456 HW 4567-1998 I EEx 1M d

Frage 8.4   Welche Besonderheiten sind bei der Kennzeichnung zu beachten?

Besonderheiten in der Kennzeichnung und zusätzliche Kennzeichen weisen darauf hin, daß es sich um ein speziell ausgelegtes Betriebsmittel handelt.

1. Gasexplosionsschutz bzw. bei Gerätegruppe IIG

a) **Anstelle der Temperaturklasse** oder zusätzlich kann auch die höchste Oberflächentemperatur angegeben sein, z. B.
T1, oder 350 °C, oder ... 350 °C (T1)

b) **Betriebsmittel mit maximaler Oberflächentemperatur > 450 °C:** Anstelle der Temperaturklasse T1 braucht nur die jeweilige Oberflächentemperatur angegeben zu sein.
c) **Betriebsmittel, die für einen speziellen Gefahrstoff bescheinigt sind:** Anstelle der Temperaturklasse oder der direkten Temperaturangabe wird der betreffende Gefahrstoff angegeben.
d) **Betriebsmittel, die für eine andere als die normal einbezogene Umgebungstemperatur** (Normbereich −20 °C bis +40 °C) **bescheinigt sind**, erkennt man an den Symbolen „Ta" oder „Tamb" zusammen mit dem speziellen Bereich der Umgebungstemperatur, z. B. $-30 °C \leq Ta \leq +40 °C$. Ersatzweise kann auch das allgemeine Symbol X angegeben sein als Hinweis auf besondere in der Prüfbescheinigung nachzulesende Bedingungen.
e) **Bei sehr kleinen Betriebsmitteln**, bei Anschlußteilen (Kabel- und Leitungseinführungen, Blindstopfen) und bei Steckvorrichtungen kann die Fertigungsnummer des Herstellers (1.2) entfallen. Auf Kabel- und Leitungseinführungen muß die Temperaturklasse nicht angegeben sein (EN 50014 DIN VDE 0170/0171 Teil 1, Abschnitt 27.2 (6)).
f) **Bei Betriebsmitteln für Gerätekategorie 1 G (Zone 0)** sind für einige Zündschutzarten spezielle Kennzeichnungen vorgesehen, so z. B.
 – „ma" für „Spezielle Vergußkapselung", wozu bei Erfordernis auch Grenzwerte für U, I und P auf dem Typenschild stehen,
 – im Falle zweier unabhängiger Zündschutzarten die vollständigen Kurzzeichen dafür, z. B.
 ... EEx d IIC T4 / EEx m e II T3
 (Stromkreis in „m" mit Anschlußklemmen in „e", eingebaut in ein Gehäuse in „d" IIC)
g) Je **nach spezieller Norm für die Zündschutzart** oder einer Ex-Erzeugnisnorm können weitere spezielle Kennzeichen vorhanden sein, z. B. bei Zündschutzart „n" (vgl. Frage 7.4) oder für medizinische Verwendung (die Zonen G und M nach alter ElexV).
h) **zum Öffnen des Gehäuses:** Die Kennzeichnungen
 – „Nach dem Abschalten ... Minuten warten vor dem Öffnen" (mit Zeitangabe)
 oder
 – „Nicht innerhalb des explosionsgefährdeten Bereiches öffnen"
 weisen auf nachwirkende innere Zündquellen hin.

2. Im Staubexplosionsschutz bzw. bei Gruppe II D
Folgende Parameter sind anzugeben:

 – für Zone 10: Oberflächentemperatur in Luft,
 – für Zone 11: Oberflächentemperatur im Dauerbetrieb.

Die Grenzwerte beziehen sich auf 40 °C Umgebungstemperatur, bei Abweichungen ist dies besonders anzugeben.
Über die Normen für Betriebsmittel zum Einsatz in staubexplosionsgefährdeten Bereichen wird noch beraten, auch über spezielle Kennzeichen, z. B. ein Buchsta-

bensymbol „DIP" für „Dust Ignition Protection" (Staubexplosionsschutz), Angabe der Zonen-Ziffer, Angabe der Oberflächentemperatur.

3. Betriebsmittel, die nicht in Ex-Bereichen eingesetzt werden dürfen

Hat ein Betriebsmittel keinen vollständigen Explosionsschutz wie z. B. ein Netzgerät mit eigensicherem Außenkreis (zugehöriges Betriebsmittel), dann darf es nicht im explosionsgefährdeten Bereich eingesetzt werden. Zu erkennen ist dies daran, daß das Sechsecksymbol fehlt und die Kurzzeichen der Zündschutzart in eckigen Klammern stehen,
z. B. ... [EEx ia] IIC T4.
Auf teilweise vorhandene höhere Qualität deutet es hin, wenn das Kurzzeichen einer höheren Gerätekategorie zusätzlich in Klammern steht,
z. B. ... II (1) 2 G ... (Zone-0-Anforderungen teilweise erfüllt, darf in einen Behälter oder Apparat der Zone 0 hinein ragen).

4. Für alle Betriebsmittel

Neuerdings müssen außerdem auch noch angegeben sein:

- Anschrift des Herstellers (bisher nur Name oder Logo),
- Produktionsserie des Herstellers (bisher nur Typ),
- Baujahr.

Unter dem Stichwort Besonderheiten sind auch ergänzende Kennbuchstaben zur Anwendbarkeit zu erwähnen. Hier ist der **Kennbuchstabe X für besondere Anwendungsbedingungen** unbedingt zu beachten. Darunter zählen z. B. Betriebsmittel mit dauerhaft angeschlossenen Leitungsenden ohne Abschluß (Kabelschwanz), Leitungseinführungen ohne Verdrehungsschutz und noch vieles mehr. In der Frage 8.8 wird darauf nochmals eingegangen.

Frage 8.5 Wer ist für die Kennzeichnung verantwortlich?

Das ist Sache der Hersteller der Betriebsmittel. Der Hersteller kennzeichnet seine Erzeugnisse in eigener Verantwortung. Mit der vorschriftsmäßigen Kennzeichnung (festgelegt in DIN EN 50014 VDE 0170/0171 Teil 1) bestätigt er:

- die sicherheitsgerechte Beschaffenheit,
- die Übereinstimmung mit dem Baumuster sowie den eingereichten Prüfunterlagen,
- das beanstandungslose Ergebnis der Stückprüfung.

Bei Instandsetzungen oder Änderungen, die vom Sachverständigen zu prüfen sind, muß der Sachverständige entscheiden, ob er den Sachverhalt mit einem Prüfzeichen oder durch eine Bescheinigung bestätigt.

Kennzeichnungen im Explosionsschutz 111

Frage 8.6 Was ist ein „Prüfschein"?

Die Bezeichnungen „Prüfschein", „Prüfungsschein" oder „Prüfbescheinigung" sind umgangssprachliche Kurzformen für

- die Baumuster-Prüfbescheinigung, die von einer benannten Prüfstelle für explosionsgeschützte Betriebsmittel ausgestellt werden, oder
- die Prüfbescheingung eines anerkannten Sachverständigen nach ElexV.

Die deutschen Prüfstellen werden vom Bundesministerium für Arbeit und Sozialordnung (BMA) benannt und im Bundesarbeitsblatt bekannt gegeben. Europäische benannte Prüfstellen werden im Amtsblatt der EG bekanntgeben. Es gibt folgende Arten von Prüfscheinen:

a) nach bisheriger Ordnung

- *Konformitätsbescheinigung:* Sie bestätigt volle EN-Übereinstimmung für freien Warenverkehr in der EG (Normalfall).
- *Kontrollbescheinigung:* Sie bestätigt EN-gleiche Sicherheit trotz Abweichung von EN-Normen, ebenfalls für freien Warenverkehr in der EG (Sonderfall, kaum angewendet).
- *Prüfungsschein:* Das Betriebsmittel entspricht lediglich nationalen Normen und nur darf im Inland in Verkehr gebracht werden. Prüfungsscheine werden ausgestellt von der Physikalisch technischen Bundesanstalt Braunschweig (PTB), der Bergbau-Versuchsstrecke Dortmund (BVS) oder von einem behördlich anerkannten Sachverständigen gemäß ElexV.
- *Teilbescheinigung:* Das Betriebsmittel ist als Bestandteil einer insgesamt noch zu prüfenden Baueinheit bestimmt; die Kennzeichnung mit EEx ist zulässig, aber nicht die Kennzeichnung mit dem EG-Sechsecksymbol $\langle\text{Ex}\rangle$.
- Prüfbescheinigungen des ehemaligen Institutes für Bergbausicherheit, Bereich Freiberg (IfB), für Ex-Betriebsmittel nach den TGL-Normen der DDR,
- Bauartzulassung für bestimmte Zone-0-Betriebsmittel nach Forderung in der bisherigen VbF, zusätzlich auszustellen von der Landesbehörde (ist keine Baumusterprüfbescheinigung),

Als „pauschale" Bescheinigungen gelten Dokumente, in denen nur die Beschaffenheit der Zündschutzmaßnahmen eines Betriebsmitteltyps bestätigt wird ohne Bezug auf die elektrischen Bemessungswerte.

b) nach neuem Recht (EXVO mit Richtlinie 94/9/EG)

- **EG-Baumusterprüfbescheinigung** einer benannten EG-Prüfstelle
  • Sie bestätigt die Konformität des Baumusters (oder im Sonderfall eines speziellen Betriebsmittels) mit der Richtlinie 94/9/EG, d. h., mit den darin enthaltenen grundsätzlichen Sicherheits- und Gesundheitsanforderungen (GSA) und den „weitergehenden Anforderungen" dieser Richtlinie. Sie kann auch die Übe-

reinstimmung mit EN-Normen bestätigen, aber rechtsverbindlich sind nur die GSA.
- Sie ist die Grundlage für die Konformitätserklärung, die der Hersteller in jedem Falle auszustellen hat.
- Die **Konformitätsbescheinigung** einer benannten EG-Prüfstelle wird nur noch in zwei Sonderfällen ausgestellt, nämlich
  - wenn die Prüfung nach Anhang V der Richtlinie 94/9/EG erfolgt (Modul „Prüfung der Produkte", d. h., bei Prüfung der einzelnen Erzeugnisse durch die Prüfstelle). Dann wird die Prüfung der Konformität und die Übereinstimmung mit der Baumusterprüfbescheinigung durch eine Konformitätsbescheinigung bestätigt,
  - wenn die Prüfung nach Anhang IX der Richtlinie 94/9/EG erfolgt (Modul „Einzelprüfung", d. h., bei Prüfung eines einzelnen Erzeugnisses, für das eine Baumusterprüfbescheinigung nicht ausgestellt wird). Dann bestätigt diese Bescheinigung die Konformität mit den Anforderungen der Richtlinie 94/9/EG.
- der **Prüfungsschein** und die **Teilbescheinigung** wie unter a) (nach Annahme des Verfassers).

Für explosionsgeschützte Betriebsmittel, die nach neuem Recht in der EU in Verkehr gelangen, erhalten die Anwender eine Konformitätserklärung des Herstellers. Die Konformitätsbescheinigung (Baumuster-Prüfbescheinigung) verbleibt beim Hersteller.

Frage 8.7   Was sagt die Nummer des Prüfscheines?

Die Prüfbescheinigungsnummer steht auf dem ersten Blatt des Prüfscheines unterhalb der Kopfzeilen. In dieser Kennzeichnung sind mehrere Informationen enthalten. Der Kennzeichenschlüssel hat sich in den vergangenen Jahren mehrfach geändert.

a) Mindestumfang
Einbezogen sind (auch in älteren Scheinen) immer

- das Kurzzeichen der Prüfstelle, z. B. PTB, BVS (mitunter ergänzt durch ein Abteilungskurzzeichen, z. B. PTB III,
- ein Buchstabensymbol für die Normenart oder -generation,
- eine Prüfnummer.
z. B.   PTB Nr. III B/E-27 426 (Betriebsmittel nach VDE 0171, Ausg. 1969).

b) Konformitätsbescheinigungen
Für Baumusterprüfbescheinigungen mit Bezug auf die ab 1978 gültigen DIN EN wurde das Kennzeichen Ex mit etwas anderer Kennzeichenfolge einbezogen,
z. B. PTB Nr. Ex-80/3472 (80/3 für Ausstellungsjahr/Prüflabor der PTB).

c) Künftig gilt für EG-Baumusterprüfbescheinigungen nach Richtlinie 94/9/EG (entnommen aus dem Merkblatt ATEX 100a der PTB von 11/97):

z. B. PTB 97 ATEX 1234 (PTB als Kennzeichen der Prüfstelle, 97 für Ausstellungsjahr, ATEX als Bezug europäisches Recht, anschließend eine laufende Nummer), danach eventuell wie bisher die Kennbuchstaben X oder U (im folgenden noch erläutert).

Frage 8.8   Was bedeuten die Buchstaben in der Prüfschein-Nummer?

Die Buchstaben symbolisieren weitere Sofortinformationen. Wenn z. B. der Prüfschein nicht vorliegt, aber man kennt dessen Nummer, so kann man schon daraus erkennen, worauf zu achten oder wozu nachzufragen ist. Nach der Jahreszahl und/oder am Ende Nummer können folgende Buchstaben stehen:

- **B, C** oder **D** als Zeichen der prüftechnisch einbezogenen Normengeneration (Ausgabe),
- **U** als Zeichen für ein unvollständiges Betriebsmittel (wofür nur eine Teilbescheinigung ausgestellt werden darf (vgl. Frage 8.5),
- **X** (früher B) als Zeichen für besondere Bedingungen, die der Anwender zur Sicherheit zu beachten hat, ohne daß sie auf dem Betriebsmittel unmittelbar angegeben sind (das X oder eine andere Warnung müssen aber unbedingt darauf angegeben sein). Der Errichter und der Betreiber sind verantwortlich dafür, daß diese Bedingungen konsequent erfüllt werden!
- **Y** als Zeichen für nationale Verwendung (wofür keine Konformitätsbescheinigung ausgestellt wird, sondern ein Prüfungsschein (vgl. Frage 8.6)

Frage 8.9   Woran ist die Prüfstelle zu erkennen?

Unter Weltmarktbedingungen muß der Anwender beim Einkauf mehr als bisher darauf achten, ordnungsgemäß geprüfte Betriebsmittel zu erhalten. Kennt man das Kurzzeichen der ausländischen Prüfstelle, dann führen eventuell notwendige Recherchen schneller zum Ziel.
In Deutschland legt das Bundesministerium für Arbeit und Sozialordnung (BMA) fest, welche Prüfstellen explosionsgeschützte Betriebsmittel bescheinigen dürfen. Die Bekanntmachung erfolgt im Bundesarbeitsblatt mit Bezug auf § 8 ElexV. Dabei werden die Prüfstellen benannt und auch die ausländischen EG-Prüfstellen mitgeteilt, einschließlich ihrer Kennbuchstaben. So war es bisher deutsche Praxis, und so wird es wahrscheinlich mit Bezug auf die EXVO mit Richtlinie 94/9/EG auch bleiben. Auch in der EG müssen die Prüfstellen, die explosionsgeschützte Betriebsmittel bescheinigen dürfen, besonders benannt und im Amtsblatt der EG mitgeteilt werden.
Die bisher benannten deutschen Prüfstellen mit Akkreditierung für elektrischen Explosionsschutz (angegeben im Amtsblatt der Europäischen Gemeinschaften Nr. C 80/9 vom 17.03.1994 und im Bundesarbeitsblatt 1/95) haben folgende Kennbuchstaben:

- **PTB** – Physikalisch Technische Bundesanstalt Braunschweig,
- **DMT** – BVS; Bergbau-Versuchsstrecke Dortmund der DMT-Gesellschaft für Forschung und Prüfung.

Außerdem sind inzwischen noch benannt worden:
- **IBExU** – Institut für Sicherheitstechnik Freiberg,
- **TÜV-H** – TÜV Hannover/Sachsen-Anhalt.

Die Kurzzeichen der bisher bekannten Prüfstellen von EG-Ländern lauten:
- **ISSeP** – Belgien, Institut scientifique de service public, Paturages,
- **DEMKO** – Danmarks elektriske Materielkontrol, Herlev,
- **LOM** – Spanien, Laboratorio Oficial José Maria Madariaga, Madrid,
- **Ineris** – Frankreich, Institut national de l'environnement industriel et es risques, Verneuil-en-Hallate; bisher auch CERCHAR am gleichen Ort,
- **LCIE** – Frankreich, Laboratoire central des industries electriques, Fontenay-aux-Roses,
- **CESI** – Italien, Centro elettrotecnico sperimentale italiano, Milano,
- **NV KEMA** – Niederlande, Arnhem,
- **BVFA** – Österreich, Bundesversuchs- und Forschungsanstalt Arsenal, Wien,
- **VTT** – Finnland, Technical Research Centre of Finland, Espoo,
- Vereinigtes Königreich Großbritannien und Nordirland mit
  • **EECS** – Electrical Equipment Certification Service, Buxton; bisher auch **BASEEFA** am gleichen Ort,
  • **SCS** – Sira Certification Service, Saighton,
  • Industrial Science Centre, Lisburn,
  • Standards Policy Unit 4, London.

Für die folgenden Länder ist keine Prüfstelle nachgewiesen: Griechenland, Irland, Luxemburg, Portugal, Island, Norwegen, Schweden und Liechtenstein.

Frage 8.10 Was bedeuten die Kennbuchstaben IECEx?

IECEx ist das Kurzzeichen für eine Zertifizierung des Explosionsschutzes nach IEC-Normen. Die elektrischen Betriebsmittel durchlaufen eine Prüfung und erhalten ein IEC-Konformitäts-Zertifikat. Im Gegensatz zur rechtlich geregelten Konformitätskennzeichnung im EU-Bereich (siehe Frage 8.1) geschieht die Bestätigung der IEC-Konformität auf freiwilliger Grundlage. Es besteht weder eine rechtliche Forderung noch gibt es technische Regeln, wonach IECEx-Betriebsmittel vorgeschrieben sind. Auf dem Weltmarkt genießen solche Betriebsmittel aber sicherlich eine höhere Akzeptanz. Unter den bisher beigetretenen 12 Ländern befindet sich auch Deutschland.

Frage 8.11 Wie ist eine Ex-Betriebsstätte gekennzeichnet?

Maßgebend sind die UVV VBG 1 (Allgemeine Vorschriften) und VBG 125 (Sicherheits- und Gesundheitskennzeichnung am Arbeitsplatz). Explosionsgefährdete Bereiche müssen gemäß UVV VBG 1 § 44 und UVV VBG 125 § 10 jederzeit deutlich erkennbar und dauerhaft gekennzeichnet sein. Die Durchführungsanweisung zu § 44 der UVV VGB 1 betrachtet dies als erfüllt, wenn das Warn-

Kennzeichnungen im Explosionsschutz 115

Warnung vor explosionsfähiger Atmosphäre; (VBG 125, Zeichen W21)	**Verbot** Feuer, offenes Licht und Rauchen verboten (VBG 125, Zeichen P02)	**a) Warnung** vor feuergefährlichen Stoffen (VBG 125, Zeichen W01)	**b) Warnung** vor explosionsgefährlichen Stoffen (VBG 125, Zeichen W02)

Bild 8.3 Kennzeichen für explosionsgefährdete Bereiche im Sinne der ElexV

Bild 8.4 Kennzeichen für
a) feuergefährdete Bereiche
b) explosivstoffgefährdete Bereiche

zeichen „Warnung vor explosionsfähiger Atmosphäre" nach DIN 40 012 Teil 3 (auch enthalten in UVV VBG 125, Anlage 2, Zeichen W21) angebracht ist. Befinden sich die Warnzeichen nicht an allen Zugängen, sondern irgendwo an der Wand, dann können sie ihren Zweck nicht erfüllen. Um auf das absolute Verbot von Zündquellen hinzuweisen, wird oft noch zusätzlich das Verbotszeichen P02 gemäß UVV VBG 125 verwendet. Die **Bilder 8.3** und **8.4** zeigen diese Schilder.

Elektriker wünschen sich vielleicht dazu noch die Angabe des explosionsgefährdenden Stoffes oder zumindest der Temperaturklasse. Solche Angaben unterlaufen das Ziel der Kennzeichnung und sie würden auch nicht ausreichen, um die örtlich unterschiedlichen Bedingungen des Explosionsschutzes zu dokumentieren. Deshalb wird darauf verzichtet. Ergänzende Angaben zur Zone und/oder zur Begrenzung des gefährdeten Bereiches können aber durchaus nützlich sein, denn sie entsprechen dem Ziel der Kennzeichnung, z. B. eine Raumbezeichnung oder der Vermerk „gesamtes Anlagenfeld Zone 1".

Nach den Unfallverhütungsvorschriften ist es Sache des Unternehmers, für die sachgerechte Kennzeichnung zu sorgen. Dazu gehört auch ausreichendes Licht, wenn sie bei Dunkelheit wahrgenommen werden muß.

Sollte ein Bereich, in dem explosionsfähige Atmosphäre im Sinne der ElexV mit den Schildern gemäß Bild 8.4 markiert worden sein, dann war das vielleicht gut gemeint, ist aber im Sinne der Vorschrift nicht korrekt, sondern irreführend.

9 Grundsätze für die Betriebsmittelauswahl im Explosionsschutz

Frage 9.1 Welche Vorgaben braucht man zur Auswahl von Betriebsmitteln für Ex-Bereiche?

Reicht es denn nicht aus, anstelle eines normalen Betriebsmittels, das man nach den Normen DIN VDE 0100 Gruppe 500 auswählt, einfach ein ähnliches zu suchen, das auch noch ein Ex-Kennzeichen hat? Leider nein. In betrieblichen Bereichen, wo mit dem Auftreten gefährlicher explosionsfähiger Atmosphäre zu rechnen ist, bestehen immer mehr oder minder spezielle Bedingungen. Darauf muß sich der Betreiber gezielt einrichten, auch bei der Instandhaltung.
Was muß man als Elektrofachkraft unbedingt wissen, um sich im Angebot der Hersteller zweckmäßig zu orientieren?
Wer sich folgende Stichworte merkt, kann zielgerecht suchen:

- **E**instufung des Bereiches (Zone, örtliche Begrenzung),
- **T**emperaturklasse und Explosionsgruppe,
- **z**usätzliche betriebliche Bedingungen.

Bild 9.1 informiert über den prinzipiellen Sachverhalt. Weitere Hinweise sind unter 9.10 und im Abschnitt 5 zu finden.

Frage 9.2 Welchen Einfluß haben die Umgebungsbedingungen auf den Explosionsschutz?

Explosionsgefahren entstehen durch Gefahrstoffe, die in die Atmosphäre gelangen. Dieselben oder andere Gefahrstoffe mit unterschiedlichsten Eigenschaften können auch die Betriebsmittel schädigen. Witterungseinflüsse und andere negative Umwelteffekte begünstigen diese Schäden.
Damit die Explosionssicherheit erhalten bleibt, verlangt die DIN VDE 0165, die Betriebsmittel gegen schädigende Einflüsse zu schützen, nämlich

- gegen Wasser und Einflüsse elektrischer, chemischer, thermischer oder mechanischer Art.

Dies wird erreicht durch:

- durch Auswahl einer zweckmäßigen Bauart, schützende Anordnung oder andere zusätzliche Maßnahmen.

Grundsätze für die Betriebsmittelauswahl 117

[1)] gefährliche explosionsfähige Atmosphäre

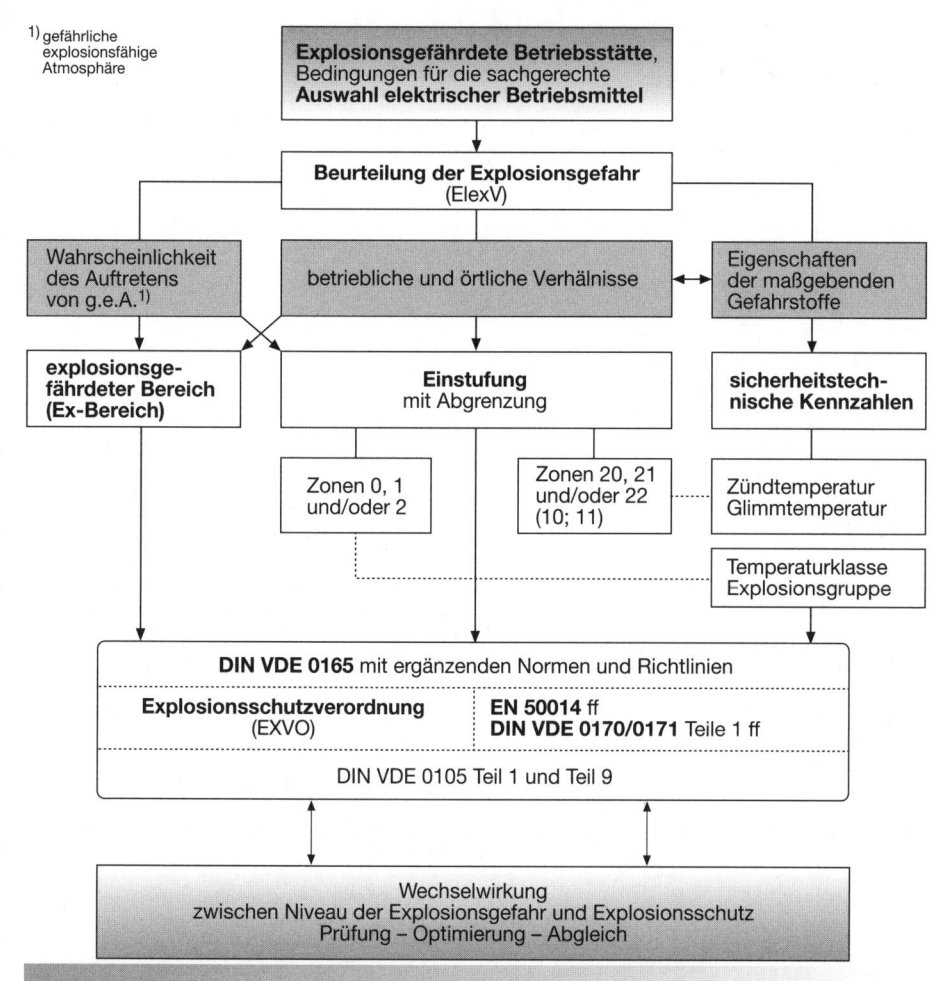

```
Explosionsgefährdete Betriebsstätte,
Bedingungen für die sachgerechte
Auswahl elektrischer Betriebsmittel
            │
            ▼
    Beurteilung der Explosionsgefahr
              (ElexV)

Wahrscheinlichkeit          betriebliche und         Eigenschaften
des Auftretens              örtliche Verhältnisse    der maßgebenden
von g.e.A.[1)]                                       Gefahrstoffe

explosionsge-               Einstufung              sicherheitstech-
fährdeter Bereich           mit Abgrenzung          nische Kennzahlen
(Ex-Bereich)

                  Zonen 0, 1        Zonen 20, 21    Zündtemperatur
                  und/oder 2        und/oder 22     Glimmtemperatur
                                    (10; 11)
                                                    Temperaturklasse
                                                    Explosionsgruppe

DIN VDE 0165 mit ergänzenden Normen und Richtlinien
Explosionsschutzverordnung        EN 50014 ff
(EXVO)                            DIN VDE 0170/0171 Teile 1 ff
        DIN VDE 0105 Teil 1 und Teil 9

Wechselwirkung
zwischen Niveau der Explosionsgefahr und Explosionsschutz
Prüfung – Optimierung – Abgleich
```

Bild 9.1 *Bedingungen für die Auswahl elektrischer Betriebsmittel für explosionsgefährdete Bereiche*

Ex-Betriebsmittel sind nach EN 50014 für Umgebungstemperaturen von –20 °C bis +40 °C geeignet, ausgenommen bei anderer Kennzeichnung (vgl. Frage 8.4). Mehr ist in den Grundnormen für Ex-Betriebsmittel nicht zu finden, denn alles weitere zur sachgerechten Installation muß der Hersteller in der Betriebsanleitung angeben. Dazu verpflichten ihn die EXVO mit Richtlinie 94/9/EG (spätestens ab 01.07.2003).
Was ist zu tun, wenn keine solche Orientierungshilfe zur Verfügung steht? Dann sind erst einmal die gleichen Maßnahmen notwendig, die in chemischen und anderen industriellen Anlagen sowieso bedacht werden müssen, nämlich

– Witterungsschutz (allein durch eine hohe IP-Schutzart nicht immer zu gewährlei-

sten) und zusätzlich
- spezielle Schutzmaßnahmen,

die dem Schutzbedürfnis am Aufstellungsort entsprechen. **Tafel 9.1** faßt dies zusammen.

Tafel 9.1 *Schutz gegen schädliche Umgebungseinflüsse in explosionsgefährdeten Betriebsstätten*

Schutzmaßnahme	Ausführungsbeispiele
Witterungsschutz (erhöhte Feuchte? Beregnung? Überflutung?)	geschützte Aufstellung, Überdachung, angemessene IP-Schutzart, Schutzschrank
mechanischer Schutz mit Schwingungschutz	Abstand, Abweiser, Abdeckung, robustes Gehäuse flexibler Anschluß
Schutz gegen aggressive Flüssigkeiten	Abstand, widerstandsfähige Überdachung, chemikalienbeständige Kabel, Leitungen, Gehäuse, Schutzschränke
Schutz gegen Wärmequellen	Wärmeisolierung der Quelle, Abstand oder Auswahl spezieller Betriebsmittel
Schutz gegen gefährliche Staubablagerungen	Gehäuse mit stark geneigter Oberfläche
Blitzschutz	normgerechter äußerer und innerer Blitzschutz
EMV-Schutz	Abschirmung und weitere Maßnahmen nach Rücksprache mit dem Hersteller
Schutz gegen Strahlung oder Ultraschall	ausreichenden Abstand von Strahlungsquellen (vgl. Tafel 4.3)
Klimaschutz	Auswahl spezieller Betriebsmittel für Klimazonen, Schutz gegen Kälte unter −20°C

Frage 9.3 Was entnimmt man aus der Betriebsanleitung?

Zum Inhalt der Betriebsanleitung für explosionsgeschützte Betriebsmittel (Geräte und Schutzsysteme) heißt es zusammenfassend in der Richtlinie 94/9/EG, Anhang II, unter 1.0.6. c):
„**Die Betriebsanleitung beinhaltet die für die Inbetriebnahme, Wartung, Inspektion, Überprüfung der Funktionsfähigkeit und gegebenenfalls Reparatur des Geräts oder Schutzsystems notwendigen Pläne und Schemata sowie alle zweckdienlichen Angaben insbesondere im Hinblick auf die Sicherheit.**"
Als **Mindestinhalt** wird an gleicher Stelle unter 1.0.6.a (hier sinngemäß gekürzt) gefordert :

Grundsätze für die Betriebsmittelauswahl

- **Kennzeichnung des Betriebsmittels** (ausgenommen die Seriennummer),
- **elektrische Kenngrößen, höchste Oberflächentemperaturen, Drücke** sowie andere **Grenzwerte**,
- **Angaben, um zweifelsfrei zu entscheiden, ob das Betriebsmittel unter den zu erwartenden Bedingungen gefahrlos verwendbar ist**,
- **Angaben zum sicheren Verwenden, Montieren und Demontieren, Installieren, Inbetriebnehmen, Instandhalten** (Anleitung für Wartung und Störungsbeseitigung), **Rüsten**.

Soweit erforderlich muß die Betriebsanleitung außerdem folgendes enthalten:

- **besondere Bedingungen für das Verwenden** (signalisiert durch das Kennzeichen X in der Prüfbescheinigung) mit Hinweisen auf erfahrungsgemäß mögliche sachwidrige Verwendung,
- **Angaben über Werkzeuge**,
- **spezielle Angaben** (z. B. zur Einarbeitung und zu gefährdeten Bereichen vor Druckentlastungsöffnungen).

Die Betriebsanleitungen werden also künftig vieles enthalten, was man zur sachgerechten Auswahl eines Betriebsmittels unbedingt wissen muß.

Frage 9.4 Ist die Funktionssicherheit besonders zu berücksichtigen?

Ist es denn nicht selbstverständlich, daß ein elektrisches Betriebsmittel bei bestimmungsgemäßem Betrieb anstandslos funktioniert? Weshalb sonst werben die Hersteller mit zertifizierter Qualitätssicherung?
Dazu wäre zuerst einmal auf etwas an sich Selbstverständliches hinzuweisen: die **funktionsgerechte Anordnung**. Die Funktionssicherheit darf nicht in Frage stehen, weil z. B. die Wärmeabfuhr behindert ist, eine Klappe anschlägt oder anderweitige vermeidbare Beeinträchtigungen übersehen worden sind.
In der bisherigen ElexV (Ausgabe 1980), kommt das Wort „funktionssicher" nur im Anhang zu § 3 (Allgemeine Anforderungen) vor: „Meßgeräte, die dem Explosions- oder Gesundheitsschutz dienen, müssen funktionssicher sein."
Funktionssicherheit setzt man also erst einmal voraus wie sonst auch, und sie ist durch regelmäßige Prüfung oder ständige Überwachung des ordnungsgemäßen Betriebszustandes der Anlagen zu sichern (so in § 12 ElexV, alt wie neu). Die Explosionsschutz-Richtlinien (EX-RL, ZH1/10) verweisen dazu noch auf die Normen für den Betrieb von explosionsgeschützten Starkstromanlagen DIN VDE 0105 Teil 9.
Die Frage zielt auf die Verläßlichkeit technischer Systeme im Sinne einer umfassenden Betriebssicherheit. Verläßlichkeit entsteht aber nicht allein aus Arbeitssicherheit plus Ausfallsicherheit. Man kann die Teilgebiete normen, jedoch nicht alles insgesamt rechtlich regeln.
Wo die **Verordnungen und Normen des Explosionsschutzes** die Funktionssicherheit einbeziehen, sprechen sie grundsätzlich nicht die allgemeine Verläßlichkeit an,

sondern **regeln die Funktionssicherheit des Explosionsschutzes**, d. h. das zuverlässige Wirken der Zündschutzmaßnahmen. Ein effektiver anlagetechnischer Explosionsschutz entsteht jedoch erst aus dem verläßlichen Zusammenwirken aller Betriebsmittel, vor allem in der Automatisierungstechnik. **Wenn die Anlagensicherheit vom Funktionserhalt bestimmter Teilsysteme abhängig ist, muß darüber besonders nachgedacht werden.**

Zu bedenkende Beeinträchtigungen sind beispielsweise:

1. *Brände* (Hitze, Trümmer, Gefahrstoffe) und ihre Schadenswirkung auf
- Baugruppen zur Energieversorgung und Steuerung sicherheitsgerichteter Einrichtungen,
- Kabel und Leitungen.

2. *Wirkungsweise der Zündschutzarten*
- Die druckfeste Kapselung „d" läßt eine Explosion in der Kapselung zu, aber bleiben die Einbauteile intakt?
- Die Überdruckkapselung „p" hängt entscheidend davon ab, daß die Schutzgaszuführung nicht ausfällt. Dient die Luftspülung auch zur Kühlung der elektrischen Einbauten?
- Motoren in Erhöhter Sicherheit „e" kommen bei Übertemperatur selbsttätig zum Stillstand.

3. *Persönliches Versagen unter Streß*
Nach Willen der Richtlinie 94/9/EG wäre auch die Möglichkeit sachwidriger Verwendung, der „vernünftigerweise vorhersehbare Mißbrauch" (Anhang II der Richtlinie, Ziffer 1.0.1., Prinzipien der integrierten Explosionssicherheit) zu bedenken. Das muß man jedoch nach Meinung des Verfassers in explosionsgefährdeten Betriebsstätten, zu denen nur Fachpersonen Zutritt haben, „vernünftigerweise" nicht als vorhersehbar betrachten. Dagegen ist die Sicherheit gegen Fehlbedienung infolge Gefahrenstreß ein sehr wesentlicher Gestaltungsfaktor.

Frage 9.5 Was ist mit Betriebsmitteln älteren Datums?

Eine Notreserve hält man sich ja immer, aber ein Museum sollte daraus nicht werden. Im echten Notfall könnte man jedoch unversehens darauf angewiesen sein. Dann mag es sehr trösten: Auch ein Altgerät berechtigt zur tätigen Hilfe, denn

- vorhandene **normgerechte Betriebsmittel haben grundsätzlich Bestandsschutz**, sofern sie vorschriftsmäßig instand gehalten worden sind.
- Eine Baumusterprüfbescheinigung muß prinzipiell vorliegen, ist jedoch so erst seit 01.07.1980 durch die ElexV verbindlich vorgeschrieben worden.
- Für Betriebsmittel, die ab 31.01.1961 in Betrieb genommen worden sind, gab es Prüfbescheinigungen oder Bauartzulassungen, die nachträglich als Baumusterprüfbescheinigung erklärt worden sind (ausgenommen im Staubexplosionsschutz).
- auch noch vorhandene Ex-Betriebsmittel nach TGL-Normen (TGL 19491, später TGL 55037 ff.) mit Prüfbescheinigung vom Institut für Bergbausicherheit Freiberg

Grundsätze für die Betriebsmittelauswahl 121

(IfB) haben Bestandsschutz, heißt es im Einigungsvertrag. Dazu kann speziell nachgefragt werden beim Institut für Sicherheitstechnik Freiberg/Sachsen (IBExU). Zum eindeutigen Verständnis ist noch zu erklären:

- "Normgerecht" heißt, daß die Betriebsmittel den Beschaffenheitsnormen entsprechen, die zum Zeitpunkt der Herstellung gültig waren.
- "Vorhanden" bedeutet, daß die Betriebsmittel entweder installiert oder vom Hersteller schon in Verkehr gebracht worden sind (selbst wenn sie noch beim Händler liegen).

Sachverständige wissen zu dieser Frage noch einiges mehr, und natürlich die Prüfstellen, bei denen vorbeugend nachgefragt werden kann.
Anlaß zur Nachfrage kann es z. B. geben bei Betriebsmitteln

- **mit Staubexplosionsschutz (Zone 10),**
- **für Zone 0 unter VbF-Bedingungen,**
- **die für 380 V bemessen sind, aber mit der neuen Normspannung 400 V betrieben werden sollen (Motoren in Erhöhter Sicherheit "e").**

Aber wie schon gesagt: Museumspflege in Ex-Betriebsstätten lohnt nicht.

Frage 9.6 Macht ein Schutzschrank Ex-Betriebsmittel vermeidbar?

Eigentlich eine bestechende Idee – ein normaler Schutzschrank als Insel im explosionsgefährdeten Bereich, um nicht explosionsgeschützte Betriebsmittel einsetzen zu können. Kann man nicht ganz einfach das Schrankinnere als Bereich ohne Explosionsgefahr deklarieren und dies in der Zonen-Einstufung der Betriebsstätte nach ElexV schriftlich festlegen?
So einfach geht es aber nicht. Der Haken an der Sache ist, daß ein solcher Schrank auf Dauer technisch dicht sein müßte, damit brennbare gas- oder staubförmige Stoffe nicht eindringen können. Er dürfte innen keine solchen Stoffe führen und könnte nur unter besonderen Schutzmaßnahmen geöffnet werden. Auch Lüftungsöffnungen, Beheizung und andere der Dichtheit entgegenstehende Einrichtungen wären nicht möglich. Abgesehen von ausgesprochenen Sonderfällen macht es daher keinen Sinn, auf diese Weise das Problem zu umgehen.
Es gibt aber auch eine reguläre Lösung für Fälle, wo die Kapselung in einem Schrank betriebliche Vorteile bietet.
Sind spezielle Betriebsmittel in explosionsgeschützter Ausführung nicht beschaffbar oder nicht zweckmäßig, z. B. für spezielle Aufgaben der Automatisierungstechnik, dann ist der Explosionsschutz erreichbar mit einem **Schrank in der Zündschutzart Überdruckkapselung „p"** (auch als p-System möglich, früher bekannt als „Fremdluftschrank", vgl. Abschnitt 16).

Frage 9.7 Müssen es immer „Ex-Betriebsmittel" sein?

Elektrofachleute antworten darauf grundsätzlich mit ja. Wieso? Weil sie voraussetzen,

- daß es sich um einen betrieblichen Bereich handelt, für den die ElexV gilt und
- daß die elektrischen Betriebsmittel eine betrieblich unbedingt erforderliche Funktion haben.

In der ElexV von 1980 („altes Recht") steht dazu im § 8, „Inbetriebnahme von elektrischen Betriebsmitteln in explosionsgefährdeten Räumen", daß sie eine Baumusterprüfbescheinigung der deutschen oder der EG-Prüfstellen haben müssen. In der ElexV von 1996 („neues Recht") ist der § 8 entfallen. Dafür stellt nun der § 3, „Allgemeine Anforderungen", den Bezug zur neuen Explosionsschutzverordnung her. Für die Antwort auf diese Frage besteht zwischen dem alten und dem neuen Recht kein bemerkenswerter Unterschied.
Bisher zulässige Ausnahmen haben Bestand. Darauf geht die Antwort zur Frage 2.4.6 ein.
Zuerst sollte man diese Frage jedoch an Fachleute aus dem technologischen Bereich richten. Sie haben die besseren Möglichkeiten, den Aufwand an Ex-Betriebsmitteln zu verringern. Ist eine Ex-Einstufung für den betreffenden Raum oder örtlichen Bereich tatsächlich unvermeidlich? Wenn ja, könnte es durch primäre Schutzmaßnahmen vielleicht eine Stufe (Zone) niedriger sein?

Frage 9.8 Welchen Einfluß haben die „atmosphärischen Bedingungen"?

Diese Frage stellen sich die MSR-Fachleute, wenn sie Betriebsmittel auszuwählen haben, die unmittelbar in Chemieapparate und Druckbehälter eingreifen, z. B. Sensoren. **Betriebsmittel für explosionsgefährdete Bereiche werden für den Einsatz in „explosionsfähiger Atmosphäre" geprüft.** Atmosphärische Bedingungen umfassen einen Druckbereich von 0,8 bis 1,1 bar und Gemischtemperaturen von –20 bis +60 °C. Sicherheitstechnische Kennzahlen werden zumeist unter atmosphärischen Bedingungen ermittelt. Andere Voraussetzungen führen mitunter zu erheblichen Abweichungen vom „atmosphärisch" ermittelten Tabellenwert.
Abweichungen vom geregelten Bereich kann die Prüfstelle nicht immer pauschal bescheinigen. Deshalb enthalten die Konformitätsbescheinigungen der PTB von Betriebsmitteln für Zone 0 oft einen lapidaren Hinweis auf diese Anwendungsgrenzen. **Es wäre aber falsch, allein daraus abzuleiten, daß sich das betreffende Gerät für Drücke und/oder Temperaturen außerhalb atmosphärischer Bedingungen nicht eignet.** Wenn die Bemessungsdaten des Gerätes dem beabsichtigten Einsatz entsprechen, empfiehlt es sich, beim Hersteller oder bei der Prüfstelle dazu konkret nachzufragen. Neuere Prüfungsscheine der PTB gehen auf die möglichen Abweichungen ein. Künftig wird dies auch ein Thema der Betriebsanleitung sein.

Grundsätze für die Betriebsmittelauswahl

Frage 9.9 Was verlangt die Instandhaltung?

In Großbetrieben gehört es zur vorbeugenden Routine, besonderes Augenmerk darauf zu richten, daß Betriebsmittel für explosionsgefährdete Bereiche instandhaltungsgerecht ausgewählt werden. Externe Auftragnehmer müssen darüber erst nachdenken oder dazu nachfragen.
Planer, soweit sie es beeinflussen können, sollten ihre Konzeption auf

- **wartungsarme Betriebsmittel** ausrichten und
- besonders auf **zugängliche Anordnung** achten.

Errichter und Betreiber müssen sich rechtzeitig verständigen, damit der Anlagenbau zur effektiven Instandhaltung beitragen kann. Da die betriebsorganisatorische Situation die Instandhaltung erheblich beeinflußt, können die folgenden Stichworte nur Anregungen geben.

- **Zündschutzart** (wenig beeinflußbar)
  - Leuchten in „e" sind zumeist einfacher zu öffnen als solche in „d",
  - Bei Gehäusen in „d" in korrosiver oder verschmutzender Umgebung ist auf eine Kontrollmöglichkeit der Spaltflächen zu achten.
  - Bei eigensicheren Systemen ist auf Verständlichkeit der Systembeschreibung zu achten.
  - Bei Gehäusen in „p" sind elektrotechnische Randbedingungen zu beachten, z. B. die Folgen der Störungsautomatik.
  - Ist Spezialwerkzeug erforderlich? (Dies kann bindend vorgeschrieben sein!)
- **Einbaulage**, teilweise ausdrücklich vorgeschrieben, z. B. für
  - bestimmte Leuchtenarten,
  - Gehäuse in „o" oder mit Entwässerungsöffnung.
- **Anschlußtechnik** (Ist ein externer Anschlußpunkt sinnvoll?)
  - Betriebsmittel mit fest angeschlossenem freiem Leitungsende (Kabelschwanz),
  - Anschluß über Steckvorrichtung.
- **Befestigungsart** (Vorteile durch werkzeugfreie Schnapp- und Stecktechnik nutzen)
- **Korrosionsschutz** (Gehäusematerialien ohne Erfordernis von Anstrichstoffen bevorzugen)
- **Reinigungsmöglichkeiten,** dabei sind besonders zu beachten:
  - Leuchtengläser,
  - staubbelastete Betriebsmittel (besonders bei Motoren),
  - reinigungsfreundliche Beschaffenheit bedienungswichtiger Symbole.
- **Bedienungsanleitung** – gewissenhaft prüfen:
  - Ist die Instandhaltung einbezogen?
  - Sind die Forderungen realisierbar?
- **Lagerhaltung**
  - Ist Lagerhaltung unbedingt erforderlich?
  - Wenn ja, läßt sich die Typenvielfalt einschränken? (höhere Beschaffungskosten),
  - Kompatibilität (MSR, Bussysteme).

– **Hersteller**
  • Handelt es sich um ausländische Erzeugnisse?
  • Welcher Service wird geboten?
– **Freischalten:** Es sollte auf eine zweckmäßige Anordnung der Einrichtungen für sicheres Trennen (Außenleiter einschließlich Neutralleiter) geachtet werden:
  • bezogen auf Betriebsmittel, Stromkreise oder Gruppen,
  • eindeutige Kennzeichnung und Zuordnung (auch zum Verhindern des Wiedereinschaltens vor der Freigabe).

Frage 9.10   Wie wirkt sich die „Zone" auf die Wahl der Betriebsmittel aus?

Von der Einstufung eines explosionsgefährdeten Bereiches hängt es ab, in welchem Umfang Zündschutzmaßnahmen erforderlich sind bzw. welcher Gerätekategorie ein Betriebsmittel genügen muß.
Dazu ist in den vorangegangenen Abschnitten schon vieles gesagt worden (vgl. Abschnitt 6 und Tafel 2.5). DIN VDE 0165 (02.91) staffelt die Festlegungen zur Betriebsmittelauswahl nach Zonen.
Dort kann man entnehmen, welchen Bedingungen die einzelnen Arten von elektrischen Betriebsmitteln wie Maschinen, Leuchten, Schaltgeräte usw. jeweils entsprechen müssen. Bis sich die neue Klassifizierung nach Gerätekategorien gemäß EXVO durchgesetzt hat, wird man sich daran zu halten haben. **Schon seit einiger Zeit geben aber die Hersteller unmittelbar an, für welche Zonen sich ein Betriebsmittel eignet.** Vorgeschrieben ist diese Angabe jedoch nicht. Zur Orientierung für Fälle, in denen die Zone nicht dazu angegeben ist, faßt **Tafel 9.2** die normierten Auswahlbedingungen nach DIN VDE 0165 (02.91) zusammen.

Grundsätze für die Betriebsmittelauswahl 125

Tafel 9.2 Zuordnung der Schutzmaßnahmen elektrischer Betriebsmittel zur Graduierung nach Zonen gemäß DIN VDE 0165/02.91 für Bereiche mit Gasexplosionsgefahr

Bauarten elektrischer Betriebsmittel für Zone 0

Nur Betriebsmittel, die nach DIN VDE 0170/0171 bzw. EN als explosionsgeschützt für Zone 0 bescheinigt sind

Bauarten elektrischer Betriebsmittel für Zone 1

Betriebsmittel, die nach DIN VDE 0170/0171 bzw. EN als explosionsgeschützt bescheinigt sind.
1. **Allgemein**
Zündschutzarten ib, d, p (bzw. f, fü), q, e, o, m, s
2. **Speziell**
- Betriebsmittel mit ≤ 1,2 V, 0,1 A, 25 mW oder 20 µJ: Zündschutzart nicht erforderlich,
- i-Betriebsmittel ohne innere Spannungsquelle, deren elektrische Kenndaten und Erwärmungsverhalten eindeutig bekannt sind:
  Baumusterprüfung und Kennzeichnung nicht erforderlich, jedoch
  – müssen die i-Baubestimmungen erfüllt werden und
  – sie sind identifizierbar zu kennzeichnen.

Bauarten elektrischer Betriebsmittel für Zone 2

- Betriebsmittel wie bei Zone 1
- außerdem auch Betriebsmittel, die nicht als explosionsgeschützt bescheinigt sind, wie folgt:

1. **Gehäuse, allgemein**
nicht isolierte aktive Teile
a) nicht enthalten
– im Freien > IP 44
– im geschlossenen Raum ≥ IP 20

b) enthalten
– im Freien ≥ IP 54
– im geschlossenen Raum ≥ IP 40
– > 11 kV wie bei 2b)

Anschlußkästen
≥ IP 54 oder vereinfacht überdruckgekapselt nach DIN VDE 0165/2.91, Abschn. 6.3.1.4.

2. **Teile, bei denen betriebsmäßig Funken, Lichtbögen oder Erwärmungen auf ≥ Zündtemperatur auftreten, allgemein**
zündgefährliche Teile
a) nicht enthalten
allgemein zulässig

b) enthalten
zulässig mit Gehäuse, entweder
– ≥ IP 54 und schwadensicher (4 mbar Überdruck darf während 30 s auf > 2 mbar abfallen) oder
– vereinfacht überdruckgekapselt nach DIN VDE 0165 (vgl. Punkt 1.)

3. **Einzelbestimmungen für Betriebsmittelarten**
Klemmen
- nach DIN VDE 0609 Teil 1 (ausgenommen 3.2.4) und DIN VDE 0611 Teil 1 (ausgenommen 3.1.6)
- fest angeordnet

Maschinen
- Teile, an denen betriebsmäßig Funken, Lichtbögen oder Erwärmungen auf ≥ Zündtemperatur auftreten
  a) nicht enthalten
  – im Freien ≥IP 44 oder ≥ IP W 24
  – im geschlossenen Raum ≥ IP 20

  b) enthalten
  – allgemein wie a)
  – für betriebsmäßig funkengebende bzw. zündgefährliche Teile wie 2b)

- Belüftungssystem
  nach DIN VDE 0170/0171 Teil 1, Abschn. 16
- Überlastschutz
  erhöhte Oberflächentemperaturen sind nur bei häufigem Anlauf zu berücksichtigen

▼

Tafel 9.2 *Zuordnung der Schutzmaßnahmen elektrischer Betriebsmittel zur Graduierung nach Zonen gemäß DIN VDE 0165/02.91 für Bereiche mit Gasexplosionsgefahr (Forts.)*

Bauarten elektrischer Betriebsmittel für Zone 2

Leuchten
- $\geq$ *IP 54 (unabhängig vom Einsatzort):* Lampen durch Gehäuse mechanisch geschützt (Nachweis für niedrige mechanische Beanspruchung gemäß DIN VDE 0170/0171 Teil 1),
- *ortsveränderlich:* nur explosionsgeschützt bescheinigte Ausführung,
- *für Metalldampf-, Edelgasentladungs- oder Halogenlampen:* höchste Lampen-Oberflächentemperatur $\leq$ Zündtemperatur oder explosionsgeschützt bescheinigte Ausführung,
- *für Leuchtstofflampen (ausgenommen starterlos, Einstiftsockel):* Temperaturbegrenzung im Fehlerfall durch
  - Vorschaltgeräte mit Temperatursicherung „TS" nach DIN VDE 0621 oder
  - elektronisches Vorschaltgerät nach DIN VDE 0712 mit ausreichender Fehlertemperaturbegrenzung oder
  - Starter mit Abschalteinrichtung (Leuchte mit entsprechender Aufschrift),
- *mit Allgebrauchslampen nach DIN 49 810 Teil 4 oder DIN 49 812 Teil 4, Kennzeichen* $\triangledown$ ® höchste Oberflächentemperatur der Lampe darf Zündtemperatur des maßgebenden brennbaren Stoffes bis 50 K überschreiten,
- *im Freien oder bei mechanischer Gefährdung:* bruchsicher oder mit Schutzgitter gemäß DIN VDE 0170/0171 (für hohe mechanische Beanspruchung)
- *für Meldestromkreise:* vorgenannte Bedingungen entfallen bei Lampen $\leq$ 15 W und Lampentemperatur $\leq$ Zündtemperatur +50K

Transformatoren
- Normalausführung: Öltransformatoren, Trockentransformatoren
- Schutzarten

ölisoliert	trocken
$\leq$ 11 kV: Anschlußkasten $\geq$ IP 43	in geschlossenen Räumen und durch
$\leq$ 1 kV: Anschlußkasten (nur US und wenn durch Aufstellungsart gegen direktes Berühren geschützt) IP 00	Aufstellungsart gegen direktes Berühren geschützt: IP 00

- Stufenschalter unter Öl oder gemäß 2b)

Sicherungen
- mit geschlossenem Schmelzeinsatz: Normalausführung (es gilt 2a)

Steckvorrichtungen
- Normalausführung: (Steckerbetätigung verriegelt, nur spannungslos möglich) Eingebaute Schalter: gemäß 2b)
Ausnahme: Steckvorrichtungen, einem Betriebsmittel fest zugeordnet, gegen unbeabsichtigtes Trennen gesichert. Anstelle Verriegelung ist Warnschild „Nicht unter Last betätigen" ausreichend
- in Geräten: Betätigung lediglich für Instandhaltung; Normalausführung, es gilt 2a)

MSR- und Fernmeldegeräte
- Normalausführung
Ausnahme: Schutzgrad $\geq$ IP 00, wenn Teile gemäß 2a) und 2b) mit den U- und I-Werten im eigensicheren Bereich liegen (Sicherheitsfaktor 1,0)

Anmerkungen
Für die in Zone 2 zugelassenen nicht bescheinigten Betriebsmittel müssen folgende Herstellerangaben vorliegen:
- Eignung für Einsatz in Zone 2,
- betriebsmäßig maximal auftretende Oberflächentemperatur (wenn > 80 °C),
- bei 2b): Art des Betriebsmittels und maximale Oberflächentemperatur des Gehäuses,
- bei Leuchten: Eignung zum Einsatz im Freien und/oder bei mechanischer Gefährdung

10 Einfluß des Explosionsschutzes auf die Gestaltung elektrischer Anlagen

Frage 10.1 Weshalb sollen in Ex-Bereichen nur unbedingt erforderliche Betriebsmittel vorhanden sein?

Welchen Aufwand der Konstrukteur eines elektrischen Betriebsmittels auch betreiben mag, absolute Explosionssicherheit ist real nicht zu erreichen. Selbst explosionsgeschützte elektrische Betriebsmittel schließen den Verdacht nicht völlig aus, daß Abweichungen vom bestimmungsgemäßen Betrieb ihre Schutzwirkung verringern oder sogar aufheben. Also bleiben sie im Grunde potentielle Zündquellen.

Deshalb heißt es in der ElexV (bisherige Fassung: Anhang zu § 3; neue Fassung analog im § 7): *„Soweit es betriebstechnisch möglich ist, sollen in explosionsgefährdeten Räumen Maßnahmen getroffen werden, durch die verhindert wird, daß gefährliche explosionsfähige Atmosphäre mit elektrischen Betriebsmitteln in Berührung kommt ..."*

Die Errichtungsnorm für elektrische Anlagen in explosionsgefährdeten Bereichen setzt dies um in der Art des § 1 der Straßenverkehrsordnung. Im Abschnitt 5 der DIN VDE 0165, „Auswahl der Betriebsmittel", liest man als ersten Grundsatz:

„In explosionsgefährdeten Bereichen sollen nur die für den Betrieb der elektrischen Anlage dort unbedingt erforderlichen elektrischen Betriebsmittel angeordnet werden."

Dementsprechend wird der Planer überlegen, welche Möglichkeiten es gibt, die Versorgungsaufgaben mit vertretbarem Aufwand

– ganz oder teilweise außerhalb von explosionsgefährdeten Bereichen durchzuführen oder
– auf die am wenigsten gefährdeten örtlichen Bereiche zu konzentrieren.

Frage 10.2 Wie müssen elektrische Anlagen in Ex-Betriebsstätten grundsätzlich beschaffen sein?

So allgemein läßt sich das nicht in Worte fassen. Man muß hier zwischen Rechtsgrundsätzen und sicherheitstechnischen Anforderungen unterscheiden. Mit Hinweis auf Abschnitt 5 soll sich die Antwort an dieser Stelle auf den technischen Hintergrund der Frage beschränken.

1. Rechtsgrundsätze

Bisher war die Beschaffenheit elektrischer Anlagen im Anhang der ElexV gundsätzlich geregelt. In der novellierten ElexV vom 13.12.1996 fehlen diese Festlegungen, weil sie ja nach europäischem Recht nur noch das Betreiben verbindlich regeln darf. Dennoch legt die ElexV nicht nur fest, unter welchen Voraussetzungen elektrische Anlagen in explosionsgefährdeten Bereichen betrieben werden dürfen, sondern auch, wie sie zu montieren und zu installieren sind (damit sie die rechtlichen Voraussetzungen für das Betreiben erfüllen). Dafür bezeichnet sie folgendes als maßgebend:

a) nach § 3 (1), Allgemeine Anforderungen

- die Vorschriften des Anhanges zu dieser Verordnung,
- eine gemäß Gerätesicherheitsgesetz (GSG) § 11 Abs. 1 Nr. 3 erlassene Rechtsverordnung (bisher nicht geschehen),
- den Stand der Technik,
- die Explosionsschutzverordnung (EXVO; Bedingungen für die Beschaffenheit als Voraussetzung für die Inbetriebnahme),
- die Zuordnung zwischen den Zonen und den Gerätegruppierungen gemäß EXVO.

b) nach § 4, Weitergehende Anforderungen

- Über § 3(1) hinausgehende Anforderungen werden im Einzelfall von der zuständigen Behörde erlassen, um besondere Gefahren abzuwenden.

Dem juristisch nicht so einfühlsamen Sachverstand eines Technikers wollen die allgemeinen Anforderungen nach § 3 (1) nicht einleuchten, denn
- einerseits findet man in den „Vorschriften des Anhangs zu dieser Verordnung" (also im Anhang zu § 3 Abs.1 der ElexV) anstelle des bisherigen Abschnittes 1 (Beschaffenheit elektrischer Anlagen) nur noch einige Betreibensgrundsätze, und
- andererseits gilt die EXVO nur für die Beschaffenheit von Betriebsmitteln, wenn sie neu in Verkehr gebracht werden sollen, aber nicht für das Montieren und Installieren elektrischer Anlagen.

Wie ist es denn nun mit dem Installieren und Montieren? Wenn sich die novellierte ElexV ausschließlich an den Betreiber richtet, meint sie dann nur das Montieren und Installieren beim Instandhalten? Hier vermittelt das Gesetz nach Meinung des Verfassers noch keine Rechtssicherheit.
Bis zum Ablauf der Übergangszeit (31.07.2003) wird dieses Problem zum Rechtsverständnis hoffentlich behoben sein. Um das Sicherheitsniveau dem Stand der Technik zu wahren, werden sich die Planer und Errichter vorerst weiter daran halten, was der Anhang zur bisher gültigen ElexV festlegt.
Tafel 10.1 faßt dies in Stichworten zusammen und gibt dazu das technische Regelwerk an.

Explosionssichere Gestaltung elektrischer Anlagen

Tafel 10.1 *Grundsätze für die Beschaffenheit elektrischer Anlagen in explosionsgefährdeten Bereichen (Bezug: ElexV Fassung 1980, Anhang zu § 3 Abs. 1 und Regeln der Technik)*

Grundsätze der Beschaffenheit	Regeln
1. Bei Explosionsgefahr durch Gase, Dämpfe oder Nebel	
1.1 Anforderungen bei ordnungsgemäßem Betrieb – keine zündfähigen Funken, Lichtbögen oder Temperaturen, oder – Ausschluß einer Explosion, wenn 1. nicht erfüllt ist, oder – kein Fortsetzen der Explosionswirkung aus der Anlage heraus in den Raum	1) 2) 6) 3) 2) 5)
1.2 Werkstoffauswahl für die Anlageteile muß zu erwartenden Beanspruchungen (elektrisch, mechanisch, thermisch oder chemisch, Alterung) standhalten	1) 2)
1.3 Außerhalb des Ex-Bereiches angeordnete, mit der Anlage zusammenwirkende Betriebsmittel Explosionsschutz darf nicht beeinträchtigt werden	1)
1.4 Gehäuse, in denen bei ordnungsgemäßem Betrieb zündfähige Funken, Lichtbögen oder Temperaturen entstehen können: mit Sonderverschluß (soweit in Normen gefordert)	2)
2. Bei Explosionsgefahr durch Stäube Kapselung für Anlageteile, bei denen im ordnungsgemäßen Betrieb zündfähige Funken, Lichtbögen oder Temperaturen entstehen können – Dichtheit: innerhalb darf sich keine explosionsfähige Atmosphäre bilden, – Temperaturbegrenzung: keine zündfähigen Oberflächentemperaturen.	2) 4)
3. Bei 1. und 2. sicherheitsgerechte Gestaltung (Stand der Technik/Sicherheitstechnik) erforderlich mit besonderem Hinweis auf die – Einrichtungen für sicheres Freischalten, – Einrichtung(en) zur unverzüglichen Ausschaltung (Gefahrbegrenzung) von nicht explosionsgefährdeter Stelle – Umgebungseinflüsse	 6) 7) 1) 6) 7) 1)

1) DIN VDE 0165 /02.9 Errichten elektrischer Anlagen in explosionsgefährdeten Bereichen,
2) EN 50014 ff. DIN VDE 0170/0171 Teile 1 ff. Elektrische Betriebsmittel für explosionsgefährdete Bereiche (Beschaffenheit durch Prüfbescheinigung nachgewiesen),
3) Explosionsschutz-Richtlinien (BG Chemie bzw. Gewerbliche Berufsgenossenschaften, ZH1/10),
4) DIN VDE 0170/0171 Teil 13 Betriebsmittel für explosionsgefährdete Bereiche, Anforderungen für Betriebsmittel der Zone 10,
5) Explosionsfeste Bauweise für Anlagen (z. B. in Schränken) in Elektro-Errichtungsnormen nicht geregelt, nicht üblich,
6) Entwurf DIN EN 60079-14 VDE 0165 Teil 1,
7) Entwurf DIN EN 50281-1-2 VDE 0165 Teil 2.

2. Sicherheitstechnische Anforderungen

Das regeln die aktuellen DIN VDE-Normen (Tafel 10.1), also

- die Errichtungsnorm DIN VDE 0165, zusammen mit den Normen und technischen Regeln, auf die dort verwiesen wird, insbesondere
- die Normen EN 50014 (ff.) DIN VDE 0170/0171 Teile 1 (ff.) und
- die Grundnormen DIN VDE 0100 in den Gruppen 300 bis 800, und sie tun das als anerkannte Regeln der Technik (spätestens bis zum 31.07.2003, danach als Repräsentanten des Standes der Technik).

Frage 10.3 Hat die Art der Explosionsgefahr Einfluß auf die anlagetechnische Gestaltung?

Diese Frage erhebt sich zwangsläufig schon mit der Auswahl von Betriebsmitteln, wenn es um die Umgebungsbedingungen geht. **Vor allem durch Staubansammlungen kann sich die Belastbarkeit von Kabeln und Leitungen drastisch vermindern.** Deshalb reicht es bei Belastung durch Staub nicht aus, nur an den Explosionsschutz der Betriebsmittel nach Zonen oder Gerätekategorien zu denken. Brennbare Stäube erfordern angemessene anlagetechnische Zündschutzmaßnahmen. Darauf wird im Abschnitt 17 noch besonders eingegangen.

Bei Gasexplosionsgefahr muß man sich als Elektriker in dieser Hinsicht keine weiteren Gedanken machen, wenn die zur Frage 9.2 gegebenen Hinweise gründlich bedacht worden sind.

Frage 10.4 Wonach richtet sich die Konzeption der Energieversorgung für Ex-Bereiche?

Darauf zu antworten übersteigt die Möglichkeiten einer Norm bei weitem. Dafür hat das DIN-VDE-Regelwerk verständlicherweise keine Anleitung parat. Der Vollständigkeit wegen darf jedoch an dieser Stelle die DIN VDE 0100 Teil 560 nicht verschwiegen werden (Elektrische Anlagen für Sicherheitszwecke, mit Regeln für die Gestaltung von Stromkreisen).

Welche anlagetechnischen Schutzmaßnahmen prinzipiell zur Verfügung stehen, um Einrichtungen zur Energieversorgung den Belangen einer explosionsgefährdeten Betriebsanlage anzupassen, zeigt das **Bild 10.1**.

Sind die Auftraggeber betriebserfahrene Elektrofachleute, dann legen sie selbst fest, worauf unter den produktionstechnischen Gegebenheiten der jeweiligen Anlage besonderer Wert gelegt werden soll. Wenn dem nicht so ist, empfiehlt es sich, zu folgenden Stichpunkten gezielt nachzufragen oder sie nach eigenem Ermessen sachgerecht aufzugreifen:

- **Anordnung der Schalt- und Verteilungsanlage:** außerhalb des Ex-Bereiches oder im Lastschwerpunkt? (weiteres siehe Frage 10.5)

Explosionssichere Gestaltung elektrischer Anlagen 131

	EMR-Zentraleinrichtungen für explosionsgefährdete Bereiche			
	↓			
	anlagentechnische Schutzmaßnahmen			

Standort a u ß e r h a l b technologisch genutzter Gebäude oder baulicher Anlagen mit Explosionsgefahr		Standort i n n e r h a l b technologisch genutzter Gebäude oder baulicher Anlagen mit Explosionsgefahr		
ohne Explosionsschutz	ohne Explosionsschutz	explosionsgeschützte Zentraleinrichtung		
mit Schutzabstand zum Ex-Bereich	ohne Schutzabstand zum Ex-Bereich	EEx-Ausführung	Raum mit Überdruckbelüftung	
Schutzabstand nach örtlichen und betrieblichen Verhältnissen speziell festlegen	Schutz durch bauliche Maßnahmen (technisch dichte Ausbildung der baulichen Hülle an der Peripherie des explosionsgefährdeten Bereiches)	Explosionsgeschützte Niederspannungsverteilungen in den Zündschutzarten erhöhte Sicherheit "e" und Druckfeste Kapselung "d" nach EN 50014 ff.	z.B. nach IEC 79-13 (Konstruktion und Nutzung von Räumen oder Gebäuden geschützt durch Überdruck) oder VDE 0400 T100 (Sicherheit von Analysengeräteräumen)	

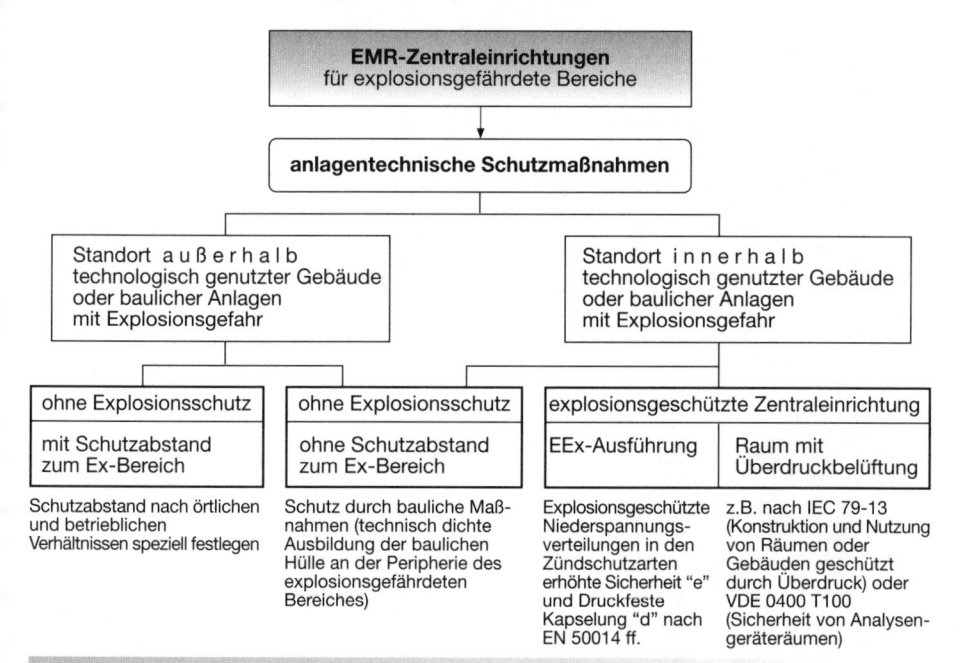

Bild 10.1 *EMR-Zentraleinrichtungen für explosionsgefährdete Bereiche; prinzipiell mögliche Schutzmaßnahmen*

- **Versorgungssicherheit** (Erfordernis des Netzersatzes in welchen Spannungsebenen, Umschaltbedingungen, Versorgungsausfälle durch Instandhaltungsarbeiten),
- **Funktionserhalt** (Einspeisung, Schaltanlagen, MSR, Meldung, Steuerung, Alarmierung, Umschaltung für Netzersatz, Sicherheitsbeleuchtung, Schutzgasversorgung bei Zündschutzart „p", Wechsel auf Reserveaggregate; Forderungen aus dem Baurecht, z. B. aus den brandschutztechnischen Anforderungen für Leitungsanlagen – RbALei),
- **Vermeiden gefährlicher elektrischer Beeinflussung** (Kabel, Leitungen; Abschirmung oder Abstand),
- **Einflüsse durch funktionales Zusammenwirken** mit Anlageteilen außerhalb des Ex-Bereiches (Automatisierungstechnik),
- **Konzeption für Alarme und sicherheitsgerichtete Signale** (Kann das Personal rechtzeitig reagieren?),
- **Anschlußpunkte für Instandsetzungsaufgaben** (Reparaturverteilungen; entweder a) explosionsgeschützt oder b) in Normalausführung unter Verschluß, nur vom Verantwortlichen einschaltbar? Variante a) nicht empfehlenswert, da Elektrowerkzeuge normaler Bauart keine Ex-Stecker haben dürfen. Ein Beispiel für Variante b) zeigt das **Bild 10.2**.
- spezielle Bedingungen aus der Sicht der Störfallverordnung (12. Verordnung zum Bundesimissionsschutzgesetz – BImSchG).

Bild 10.2 *Baustrom-Steckdosenverteilung für Zone 1, mit abschließbarem Hauptschalter in EEx de IIC T6, 4polig, 400 V AC bis 80 A, bis zu 4 Steckdosen normaler Bauart bis 63 A mit Sicherungsautomat* *(Fa. Cooper CEAG)*

Frage 10.5 Was ist für die Wahl des Standorts von Zentralen zu beachten?

Als „Zentralen" sollen an dieser Stelle alle Einrichtungen verstanden werden, die der Energieverteilung, Steuerung und Anlagensicherheit in Gefahrenfällen dienen, z. B. elektrische Betriebsräume wie Transformatoren- und Schaltstationen, zentrale Verteilungsanlagen mit oder ohne bauliche Hülle, Meßwarten und MSR-Schränke.

Mit Blick auf die allgemeingültigen Grundnormen für elektrische Betriebsräume darf hier ein Hinweis auf die Normen DIN VDE 0108 einschließlich ihrer Beiblätter, die Elt-BauVO, diverse Bauordnungen (Muster-, Landes- und Sonderbauordnungen) und die

Explosionssichere Gestaltung elektrischer Anlagen 133

Industriebaurichtlinie (IndBauR) nicht fehlen. Darin geht es zwar nicht konkret um den elektrischen Explosionsschutz, aber die baulichen Berührungspunkte können den Standort und die technische Konzeption von Zentralen erheblich beeinflussen.

Empfehlungen für die Standortwahl

- Anordnung von Transformatorenstationen, Hauptschaltanlagen, Meßwarten usw. außerhalb von Ex-Bereichen,
- Meiden von Bodensenken,
- Belange des abwehrenden Brandschutzes und des Katastrophenschutzes beachten.

Der jeweils erforderliche Schutz- bzw. Sicherheitsabstand hängt entscheidend von den betrieblichen und den baulichen Verhältnissen ab.
Maßgebenden Einfluß haben

- die Art und die Intensitiät der Explosionsgefahr (Einstufung),
- das Ausbreitungsverhalten der explosionsgefährdenden Stoffe parallel zum Erdboden bzw. in Richtung der Zentrale,
- die Schutzqualität der Zentrale gegen das Eindringen explosionsfähiger Atmosphäre (bauliche Hülle, Türen, Fenster, Durchführungen, Kapselung usw.) und gegen Brandlasten.

Unter günstigen Voraussetzungen wäre es möglich, daß das betreffende Gebäude teilweise sogar in den Ex-Bereich eintaucht (technisch dichte baulich massive Hülle mit ausreichendem Feuerwiderstand). Bei ungünstigen Verhältnissen hingegen kann auch ein Sicherheitsabstand von 15 m zur Grenzlinie eines Ex-Bereiches noch bedenklich sein.

Selbst wer mit dem Ausbreitungsverhalten explosionsgefährdender Stoffe vertraut ist, wird ohne Kenntnis des aktuellen Regelwerks für überwachungsbedürftige Anlagen und der baulichen Rechtsnormen nicht das Optimum finden. **Wenn der Auftraggeber oder Betreiber über den Standort von Zentralen nicht selbst entscheidet, muß man sich von Sachverständigen beraten lassen.**

Frage 10.6 Ist es zweckmäßig, Schalt- und Verteilungsanlagen frei im Ex-Bereich zu stationieren?

Beim heutigen Stand der Technik ist das zumeist keine Frage der technischen Möglichkeit, sondern der betrieblichen Erfordernisse und Bedingungen. Die Angebote der Hersteller gekapselter explosionsgeschützter Niederspannungsschalt- und Verteilungsanlagen für die Zonen 1 und 2, Temperaturklassen bis T 5, reichen bei Sammelschienen und Schaltern bis 690 V/630 A.
Wie solche Verteilungen gestaltet sind und wie sie sich in die Prozeßanlage einfügen, sieht man auf den **Bildern 10.3, 10.4 und 10.5**. Motorstarter gibt es allgemein für Bemessungsleistungen bis etwa 20 kW bei 690 V und speziell auch noch höher. **Bild 10.6** zeigt als Beispiel einen EEx-Motorschutzschalter mit Polyestergehäuse.

Bild 10.3 Beispiel einer explosionsgeschützten Unterverteileranlage in einem Chemiebetrieb, Ausführung in EEx de IIC T6 (Gehäuse mit rundem Deckel in „d", weitere Gehäuse in „e", seitlich: „e" mit eingebauten EEx-Schaltern und Sicherheitsautomaten hinter Klappfenster)
(Fa. Stahl)

Bild 10.4 Beispiel einer explosionsgeschützen Steuerungsanlage in einem Chemiebetrieb, Ausführung in EEx de IIC T6 (geöffnetes Gehäuse in „d", Gehäuse darunter in „e") (Fa. Stahl)

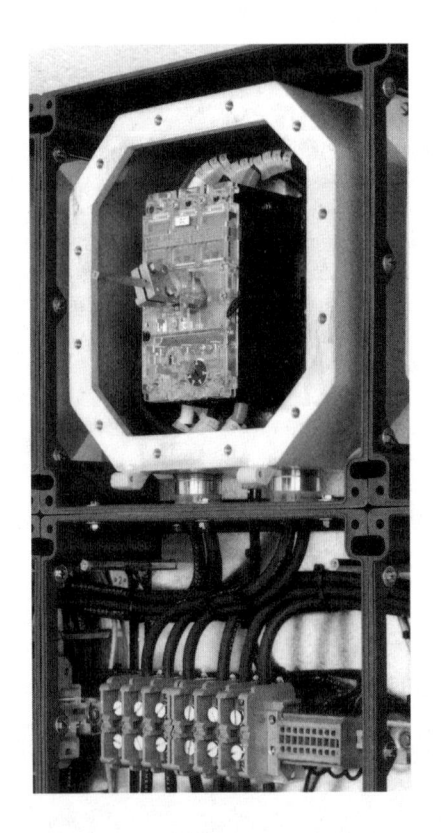

Bild 10.5 Beispiel einer explosionsgeschützten Unterverteilungsanlage in EEx de IIB T4 mit „e"-Kunststoffgehäusen, darin oben ein „d"-Flachspaltgehäuse mit einem Leistungsschalter normaler Bauart und „d"-Leitungsdurchführungen zur Klemmenleiste (Fa. Stahl)

Explosionssichere Gestaltung elektrischer Anlagen 135

Bild 10.6 *Beispiel eines Leistungs- und Motorschutzschalters 25A in EEx ed IIC T6, bis 690 V AC (Schaltereinsatz in EEx d IIC, Polyestergehäuse in EEx e IP 66*
(Fa. Cooper CEAG)

Je nach Erfordernis werden die Einzelgehäuse in Zündschutzart „d" ausgeführt mit Anschlußkästen in „e". Dann können Einbaugeräte normaler Ausführung verwendet werden.

Durch die Möglichkeiten der sogenannten Modulbauweise müssen funktionsbedingt funkengebende Betriebsmittel nicht mehr in Gehäuse der Zündschutzart „d" eingebaut werden. Als Einbau-Komponente sind sie selbst in „d" ausgeführt, haben „e"-Klemmen, können daher in einem leichten „e"-Gehäuse Platz finden und sind problemlos auswechselbar. Anschlußfertige Lieferung wird angeboten.

Preislich muß dafür merklich mehr aufgewendet werden als für elektrisch gleichartige gekapselte Verteilungen normaler Bauart. Andererseits entfallen die Kosten für einen elektrischen Betriebsraum und der Aufwand an Kabeln und Leitungen im Lastschwerpunkt verringert sich erheblich.

Explosionsgeschützte Schalt- und Verteilungsanlagen muß ein Sachverständiger vor Inbetriebnahme prüfen. Errichter, die alles selbst montieren wollen, ohne darin erfahren zu sein, gehen ein mehrfaches Kostenrisiko ein.

Frage 10.7 Was ist bei Schutz- und Überwachungseinrichtungen besonders zu beachten?

Schutzeinrichtungen müssen verläßlich wirksam sein. Das trifft nicht zu, wenn sie ein Eigenleben entwickeln können, das die sicherheitsgerichtete Absicht ins Gegenteil verkehrt. Überstromauslöser, Temperatur- oder Druckbegrenzer und andere **Geräte, die grenzwertabhängig ein Betriebsmittel oder Anlageteile stillsetzen, dürfen es nicht selbsttätig wieder einschalten. Es muß eine Wiedereinschaltsperre vorhanden sein.** Beim Wiedereinschalten oder Entriegeln muß die Überwachungsfunktion der Schutzeinrichtung erhalten bleiben.

Neben diesen konventionellen Schutz- und Überwachungseinrichtungen für EMR-Anlagen sind an dieser Stelle die **Gaswarneinrichtungen** zu erwähnen. Anleitung zur sachgerechten Gestaltung des Explosionsschutzes dieser Anlagen gibt der „Leitfaden für Auswahl, Installation, Einsatz und Wartung von Geräten für das Aufspüren und die Messung brennbarer Gase (DIN EN 50073 VDE 0400 Teil 100, Entwurf 11.96).

Frage 10.8 Welche Grundsätze gelten für die Ausschaltbarkeit in besonderen Fällen?

Wesentlich und in die Normen einbezogen sind drei Situationen, die bei der elektrotechnischen Konzeption einer explosionsgefährdeten Betriebsstätte zu berücksichtigen sind.

1. Ausschaltbarkeit im Gefahrenfall

Den Einstieg dazu gibt der Anhang der ElexV (Fassung 1980), wenn auch nur für die gasexplosionsgefährdeten Bereiche. Die DIN VDE 0165 (02.91) hingegen greift diese Grundsätze im Abschnitt 5.5 (**Notabschaltung**) umfassend auf für „**elektrische Betriebsmittel, deren Weiterbetrieb zu Gefahren, z. B. Ausweitung von Bränden, Anlaß gibt**".

Diese Betriebsmittel müssen ausschaltbar sein

- von (mindestens) einer nicht gefährdeten Stelle, und zwar
- unverzüglich (also schnell und unbehindert erreichbar),
- wobei dafür anstelle eines zusätzlicher „Notschalters" auch das betriebsübliche Schaltorgan verwendbar ist.

Unbedingt davon auszunehmen sind Betriebsmittel, die bei Störungen schadensbegrenzend weiter betrieben werden müssen (getrennte Stromkreise erforderlich, z. B. für gesteuerte Stillsetzung, Notentleerung, Havarielüftung).

Darauf verzichtet werden darf

- in Bereichen der Zone 2 (Gasexplosionsgefahr) und auch
- in Bereichen der Zone 11 (Staubexplosionsgefahr; auch auf Zone 22 zu beziehen).

Explosionssichere Gestaltung elektrischer Anlagen

DIN VDE 0165 erwähnt das zwar bei Zone 11 nicht ausdrücklich, aber die Fachleute des elektrischen Explosionsschutzes im K 235 der DKE sehen keinen Grund dafür, weshalb Zone 11 (bzw. 22) an dieser Stelle anders zu behandeln wäre als Zone 2.

Woran man außerdem denken sollte:

- In Bereichen mit gestaffelter Einstufung (z. B. Bereiche der Zone 1 umgeben von Zone 2) wird die höhere Einstufung einen Verzicht zumeist ausschließen,
- Notschalter müssen in jedem Fall als solche erkennbar und dementsprechend gekennzeichnet sein,
- Die Zuverlässigkeit der Energieversorgung muß gesichert sein; DIN VDE 0100 Teil 560 (07/95), Elektrische Anlagen für Sicherheitszwecke legt dazu fest: Ist nur eine Stromquelle für Sicherheitszwecke vorhanden, darf diese nicht für andere Zwecke benutzt werden.
- DIN VDE 0100 Teil 725 regelt die elektrotechnische Gestaltung von Hilfsstromkreisen.
- DIN EN 60204 VDE 0113 (Sicherheit von Maschinen) fordert, daß die Notausschaltung von Maschinen nur elektromechanisch geschehen darf. Auf die Notausschaltung von Betriebsmitteln bzw. Anlageteilen im Sinne von DIN VDE 0165 ist das (so meinen der Verfasser und das K 235 der DKE) nicht anzuwenden.
- Die Steuerung von Not-Aus-Befehlen über SPS sollte mit einer TÜV-geprüften sicherheitsgerichteten SPS erfolgen.
- Die Richtlinie 94/9/EG schließt eine Software-Steuerung sicherheitstechnischer Schalthandlungen grundsätzlich aus. In der Prozeßautomatisierung wird man aber daran nicht vorbei kommen. Für Rechner in Sicherheitssystemen gilt die DIN V VDE 0801. Außerdem sollten die
  - DIN V 19250 (Anforderungsklassen),
  - EN 1127-1 Teil 1 (Grundlagen des Explosionsschutzes, mit Grundsätzen für Meß- und Regeleinrichtungen) sowie die
  - Namur-Empfehlung NE 31 (Anlagensicherung mit Mitteln der Prozeßleittechnik) beachtet werden. Ein Forschungsbericht der Physikalisch-Technischen Bundesanstalt Braunschweig (PTB) von 1997 weist auf die Verläßlichkeitsprobleme komplexer Elektronik für Sicherheitsschaltungen hin. Es wird empfohlen, für einfache sicherheitsgerichtete Steuerungen, z. B. für einzelne Antriebe, die Notausschaltung konventionell vorzunehmen.

2. Freischalten

Unter den Bedingungen in explosionsgefährdeten Betriebsstätten ist besonders darauf zu achten, daß die dafür bestimmten Schaltgeräte zweckmäßig ausgewählt, eingesetzt, angeordnet und gekennzeichnet werden.

3. Instandhaltung

Beim Öffnen von Betriebsmitteln werden alle Zündschutzarten unwirksam, die das Prinzip „Schutz durch Gehäuse" anwenden.
Gefahrenzustände durch Fernschaltung müssen vermieden werden. Das betrifft hauptsächlich die Zündschutzarten „d", „p" und den Staubexplosionsschutz. Oft ist dies schon durch die Bauart des Betriebsmittels berücksichtigt, z. B. für den Lampenwechsel bei Leuchten.
Ist das nicht so, z. B. bei Schaltgeräten, dann bedarf es entsprechender Sicherheitsmaßnahmen. Geeignet sind das

– Freischalten oder Abklemmen vor dem Öffnen (vor Ort Hinweischild erforderlich) oder
– Sicherungsmaßnahmen an der Fernsteuerung.

Das Abschalten allein bringt noch keine Gewähr gegen Zündgefahren. Vorzeitiges Öffnen ist gefährlich, wenn im Gehäuse funktionsbedingt zündgefährliche Temperaturen oder elektrische Ladungen vorhanden sind, die erst abklingen müssen. Solche Betriebsmittel, die erst nach einer Sicherheitszeit geöffnet werden dürfen, muß der Hersteller entsprechend kennzeichnen.

Frage 10.9 Wer bestimmt, welche Stromkreise nicht in die Notausschaltung einbezogen werden dürfen?

Diese Entscheidung liegt nicht im Verantwortungsbereich der Elektrofachkraft. Der Betreiber hat zu entscheiden, welche anlagetechnischen Einheiten im Notfall weiter betrieben werden müssen, unter welchen Bedingungen dies geschehen soll und über welchen Zeitraum. Vom Verfahrenstechniker oder vom Auftraggeber sind diese Belange für die Planer und Errichter von Elektro- und/oder MSR-Anlagen zu koordinieren und festzulegen.

Frage 10.10 Muß für die Ausschaltung von Betriebsmitteln im Gefahrenfall unbedingt ein spezielles Betätigungsorgan vorhanden sein?

Gemäß VDE 0165 (02.91) heißt die Antwort: Nein, „es können gegebenenfalls auch die für den üblichen Betrieb erforderlichen Schalter benutzt werden". Aus betrieblichem Grund müssen jedoch die Betreiber automatisierter Anlagen oft am Aufstellungsort bestimmter Betriebsmittel zumindest ein Trenn-und Notschaltorgan haben, z. B. in der Nähe einer betriebswichtigen Pumpe.

Frage 10.11 Wie beeinflußt der Explosionsschutz die Auswahl von Bussystemen?

IPC und Ex-Feldbusse verändern zunehmend die Prozeßautomation. Die Unsicherheit bei der Auswahl von Bussystemen hat zumeist andere Gründe als den Explo-

Explosionssichere Gestaltung elektrischer Anlagen 139

sionsschutz. **Ein Bussystem unterliegt prinzipiell den gleichen Bedingungen für den Explosionsschutz wie jede andere Installation.**
Noch gibt es nicht einmal für „normale" Anwendungen einen einheitlichen Feldbusstandard. Ideal wäre ein explosionsgeschützter schneller Bus, der den Anschluß von Feldgeräten im Ex-Bereich erlaubt, nach Wunsch Redundanz einräumt und eine Vielzahl unterschiedlicher Geräte bedient. Ansätze dazu gibt es, aber die ideale Kombination steht noch nicht in Aussicht.
Wie NAMUR-Fachleute errechnet haben, soll die Bustechnik Kostenminderungen von insgesamt mehr als 40 % gegenüber konventioneller Technik (4 bis 20 mA) möglich machen. Dabei liegt das Sparpotential hauptsächlich im Engineering und in der Instrumentierung (etwa 50 %).
Das Prozeßleitsystem (PLS) im exfreien Wartenbereich und die Feldgeräte, die sich in den Ex-Bereichen befinden, können auf verschiedene Art analog oder digital an den Bus angekoppelt werden. Mehrere Bussysteme konkurrieren miteinander. Ihre Vorzüge werden von den Anbietern unterschiedlich kombiniert, dokumentiert und interpretiert.
Bild 10.7 zeigt an drei Beispielen, wie stark der Typ des Bussystems (ob konventionell, als Localbus oder als Feldbus) den Aufwand für Kabel und Leitungen beeinflußt.
Das aktuelle Angebot von Bussystemen berücksichtigt prinzipiell drei Varianten. Aber welche bietet die jeweils günstigsten Bedingungen?

a) ein Standardbussystem, das den Ex-Bereich gar nicht berührt, mit Ankopplung außerhalb des Ex-Bereiches und konventionellem Explosionsschutz im Feld,
b) ein normaler Bus, im System variabel, der in den Ex-Bereich führt und den Anschluß von explosionsgeschützten Feldgeräten in den üblichen Zündschutzarten ermöglicht (z. B. in „e", „d", „m"),
c) ein eigensicheres „i"-Bussystem? Für eigensichere Prozeß-Interfaces gibt es nach NAMUR vier Varianten:
– konventionell in Punkt-zu-Punkt-Verdrahtung,
– als Rackbus (Digitalisierung außerhalb des Ex-Bereiches),
– als Remote I/O-System (Digitalisierung im Ex-Bereich),
– als Feldbus (Digitalisierung im Feldgerät, Wegfall der i-Barrieren, volle Kommunikation in beide Richtungen, bestmögliche Funktionalität, geringster Kostenaufwand).

Die Antwort darauf hängt ab von der Kompatibilität zum vorhandenen PLS, dem Umfang des Datendurchsatzes, der nötigen Übertragungsgeschwindigkeit, der bevorzugten Gerätetechnik und weiterer anlage- und betriebstechnischer Belange wie z. B. den Vernetzungsbedingungen, dem Netzwerkprotokoll u. a. m. Bei diesen Entscheidungen steht der Explosionsschutz nicht im Vordergrund.
In der Automatisierungstechnik bedient man sich gern der Zündschutzart Eigensicherheit „i". Dem Vorzug busfähiger „i"-Feldgeräte, im Ex-Bereich direkt ankoppelbar zu sein, stehen am Bus die Nachteile der begrenzten Leistung (im Mittel 180 mW, < 600 mW je Strang) und einer geringeren Übertragungsgeschwindigkeit (31,25 kBit/s) gegenüber.

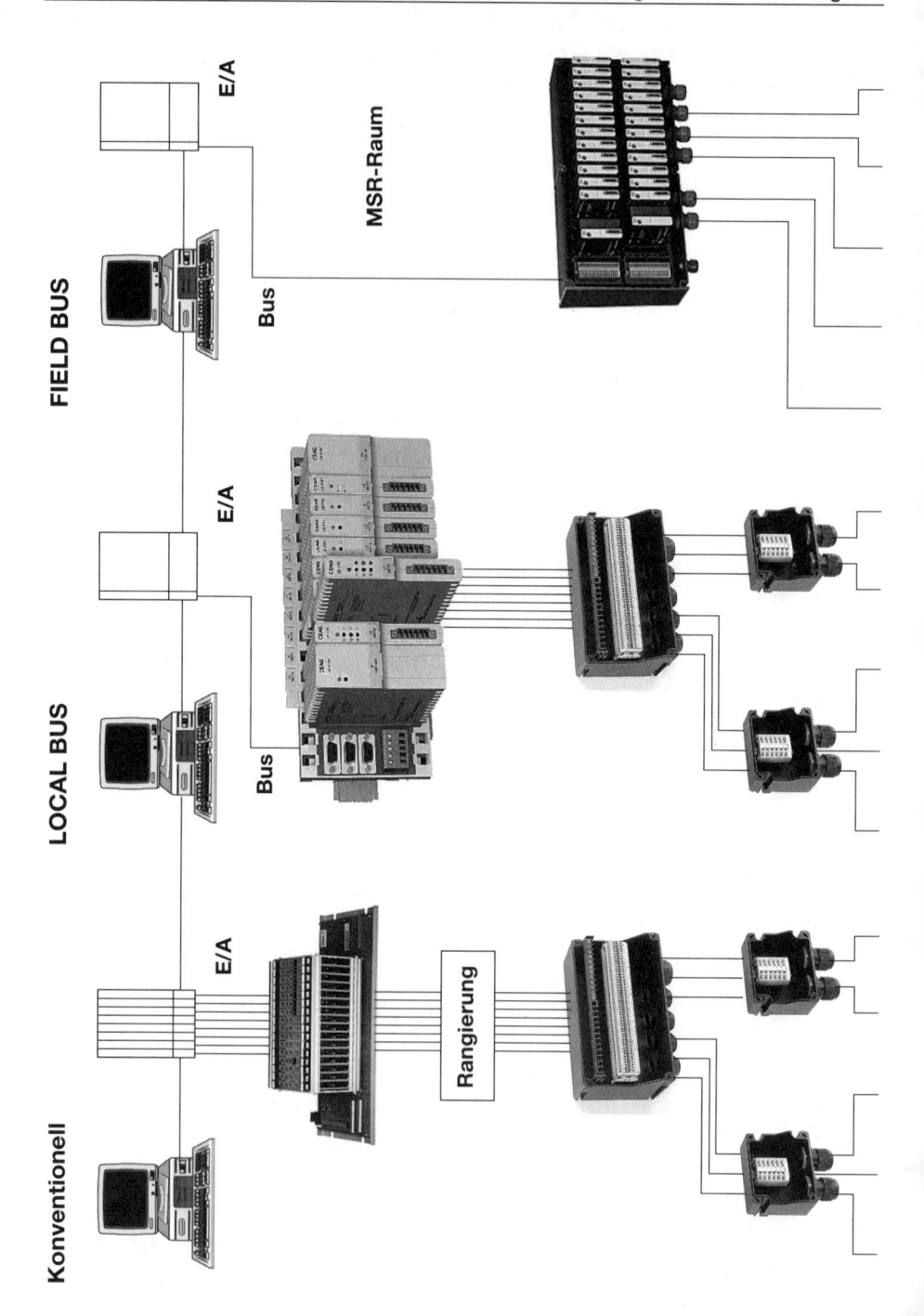

140　　Explosionssichere Gestaltung elektrischer Anlagen

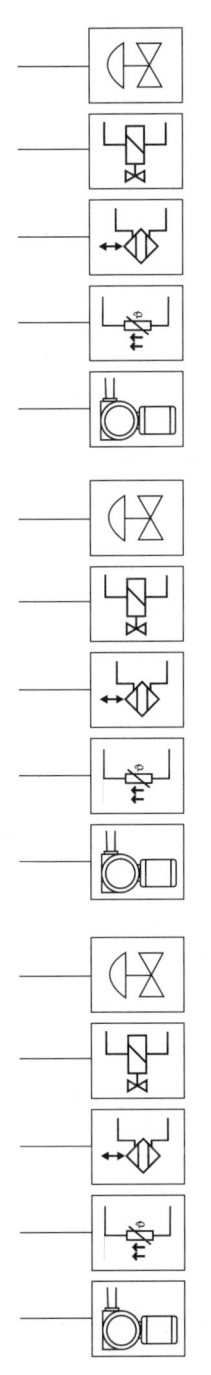

Explosionssichere Gestaltung elektrischer Anlagen

ZONE 1
Konventionell
Die Leitungen analoger und binärer Ein- und Ausgänge werden in Klemmenkästen (Abzweigdosen) zu mehradrigen Stammkabeln zusammengefaßt und zum Rangierverteiler geführt. Vom Rangierverteiler erfolgt eine Einzelverdrahtung zur Ex-i-Signalanpassungsebene. Diese besteht aus Sicherheitsbarrieren, aus galvanisch getrennten DIN-Schienen-Geräten oder aus Europakarten. Von der Signalanpassungsebene werden die Standardsignale wiederum über Einzeladern zu den E/A-Baugruppen der SPS oder des PLS verdrahtet.

ZONE 1
LOCAL BUS
Die Leitungen analoger und binärer Ein- und Ausgänge werden in Klemmenkästen (Abzweigdosen) zu mehradrigen Stammkabeln zusammengefaßt und zum Feldverteiler geführt. Vom Feldverteiler erfolgt eine Einzelverdrahtung zur Ex-i-Signalanpassungsebene. Diese besteht aus galvanisch getrennten BUS-Modulen zur DIN-Schienenmontage. Vom Buskoppler werden die Signale des Normbusses über eine serielle Schnittstelle zur SPS oder zum PLS verdrahtet.
Einsparung bei Planung, Ein-/Ausgabemodulen, Rangierverteilern und Verdrahtung.

ZONE 1
FIELD BUS
Die Leitungen analoger und binärer Ein- und Ausgänge werden zur Ex-i-Signalanpassungsebene geführt, die in ZONE 1 montiert ist. Sie besteht aus galvanisch getrennten, steckbaren BUS-Modulen. Vom Buskoppler werden die Signale des Normbusses über eine serielle Schnittstelle zur SPS oder zum PLS verdrahtet.
Einsparung bei Planung, Ein-/Aus-gabemodulen, Rangierverteilern, Klemmenkästen, Abzweigdosen und Verdrahtung.

(Fa. Cooper CEAG)

Bild 10.7 *Bustechnologien im Vergleich*

Komponenten mit höherem Leistungsbedarf, wie es vor allem bei Aktoren der Fall sein kann, benötigen eine separate eigensichere Stromversorgung und entsprechend mehr Adern im Kabel.
Durch die Anforderungen der Eigensicherheit wird nicht die mögliche Länge einer Busleitung beschränkt, sondern die Übertragungsgeschwindigkeit. Mit Lichtwellenleiter-Verbindungen (LWL-Technik, mit LWL-Trennübertragern) läßt sich dieser Nachteil vermeiden. Konventionelle Kabelverbindungen mit Kupferleitern kann man jedoch nicht einfach durch die absolut fremdspannungssichere LWL-Technik ersetzen.
Nach derzeitigem Stand wird der Profibus in den Varianten PA oder DP bevorzugt. Besondere Merkmale sind bei Variante DP die hohe Übertragungsgeschwindigkeit von bis zu 12 Mbit/s. Bei Variante PA sind es die Eigensicherheit, aber auch die noch nicht abgeschlossene Normung. Dennoch bietet der Profibus PA wegen seiner vergleichsweise einfachen Handhabung günstige Voraussetzungen als Feldbus für Meßumformer, Regelventile u. a. m.
Unter bestimmten Voraussetzungen sind jedoch auch andere Bussysteme mit dem Explosionsschutz kombinierbar, z. B. der Foundation Fieldbus H2/H1. CAN- und Interbus eignen sich mit einer speziellen Technik für den Anschluß leistungsstärkerer Feldkomponenten in konventionellen Zündschutzarten. Der Trend geht zur Dezentralisierung im Feldbereich.

Frage 10.12 Muß der anlagetechnische Explosionsschutz auch außergewöhnliche Vorkommnisse berücksichtigen?

In der Regel ist die Wirksamkeit des Explosionsschutzes elektrischer Betriebsmittel gebunden

- **an den bestimmungsgemäßen Betrieb der Betriebsmittel und**
- **an den Normalbetrieb der technologischen Einrichtungen, von denen die Explosionsgefahr ausgeht.**

Störungen des elektrischen Normalbetriebes, mit denen man bei bestimmungsgemäßem Betrieb erfahrungsgemäß zu rechnen hat, sind in den Normen des elektrischen Explosionsschutzes einbezogen, so z. B. die Überlastung von Antrieben oder das Blockieren einer Pumpe. Der Einfluß von Störungen auf technologischer Seite muß bei der Beurteilung und Einstufung der explosionsgefährdeten Bereiche berücksichtigt werden. Kommt es irgendwann zu einer vorhersehbaren Abweichung vom Normalbetrieb, dann ist das kein außergewöhnliches Vorkommnis. Die Anlagensicherheit wird nicht wesentlich beeinträchtigt.
Anders ist das bei sicherheitstechnischen bedeutenden Störungen. Wenn die Anlage dem Stand der Technik entspricht, sind derartige Störungen nicht mehr „vernünftigerweise vorhersehbar, ebensowenig ein „Störfall" im Sinne der Störfallverordnung (12. BImschV). Tritt dieser Fall dennoch ein, dann betrachtet das der Verantwortliche im wörtlichen Sinn bestimmt als kasptrophal, auch wenn es noch keine „Katastrophe" in rechtlichem Sinne ist. **Normgerechter Explosionsschutz trägt natürlich auch dazu bei, Störfälle und Katastrophen zu vermeiden. Unmittelbar wirksam**

Explosionssichere Gestaltung elektrischer Anlagen

ist er aber nur innerhalb der als **explosionsgefährdet festgelegten örtlichen Bereiche und unter den genormten Bedingungen.** Sollen genormte oder andere Schutzmaßnahmen darüber hinaus wirksam sein, dann müssen das zu erreichende Ziel und die dazu erforderlichen Maßnahmen besonders festgelegt werden. Naheliegend wäre es zum Beispiel, besondere Forderungen an den Funktionserhalt im Brandfall zu erwägen.

Schutzmaßnahmen gegen Störfälle erfordern ein anlagentechnisches Gesamtkonzept. Allein durch elektrischen Explosionsschutz ist das nicht zu bewerkstelligen.

11 Einfluß der Schutzmaßnahmen gegen elektrischen Schlag

Frage 11.1 Gibt es Schutzmaßnahmen gegen elektrischen Schlag, die Zündgefahren durch Fehlerströme sicher verhindern?

Gemeint sind Maßnahmen nach den Normen DIN VDE 0100, die früher als „Schutz gegen zu hohe Berührungsspannung" oder als „Schutz gegen gefährliche Körperströme" bekannt waren, einbegriffen die Erdung und der Potentialausgleich. **In industriellen Anlagen zielen die Schutzmaßnahmen gegen elektrischen Schlag nicht nur auf den physiologischen Schutz der Beschäftigten. In explosionsgefährdeten Bereichen dienen sie sowohl dem Personenschutz als auch der technischen Sicherheit.**
Die Grenzwerte des Explosionsschutzes, bei deren Überschreiten elektrische Stromkreise zündgefährlich werden (ElexV: 1,2 V, 0,1 A, 25 mW, 20 µJ), liegen jedoch deutlich niedriger als die physiologischen Grenzwerte. Wo sich Fehlerströme über frei zugängliche Metallteile verzweigen, z. B. über Tragkonstruktionen, Rohrleitungen, Geländer, können an losen Kontaktstellen zündfähige Funken auftreten.
Die Suche richtet sich daher auf eine universell anwendbare Maßnahme, die zuverlässig einen Isolationsfehler ausschließt oder den Fehlerstromkreis auf eigensichere Verhältnisse begrenzt. Leider kommt man dabei nicht zu einem befriedigenden Ergebnis. Keine der genormten Maßnahmen kann diese Bedingungen für alle Anwendungsfälle erfüllen.
Maßnahmen des „Schutzes durch automatische Abschaltung der Stromversorgung" nach DIN VDE 0100 Teil 410 entschärfen fehlerbedingte elektrische Zündquellen. Abschaltzeiten < 0,5 s kommen zuerst dem Brandschutz zugute, machen sich aber auch im Explosionsschutz bemerkbar.

Frage 11.2 Wie begünstigen die Schutzmaßnahmen gegen elektrischen Schlag den Explosionsschutz?

Aus der Antwort zur Frage 11.1 wird deutlich, daß nicht alle Schutzmaßnahmen auch den Explosionsschutz unterstützen. Einige davon sind in dieser Hinsicht so bedenklich, daß man sie in explosionsgefährdeten Bereichen nicht anwenden kann.
Tafel 11.1 faßt zusammen, auf welche Weise die Schutzmaßnahmen in den Explosionsschutz eingreifen.

Schutzmaßnahmen gegen elektrischen Schlag

Tafel 11.1 *Schutzmaßnahmen gegen elektrischen Schlag in explosionsgefährdeten Bereichen*

1. Prinzip

Verhindern von zündfähigen Funken durch
- Begrenzung von Erdschlußströmen (Größe und/oder Dauer) in Konstruktionsteilen oder Umhüllungen und
- Potentialausgleich; Verhindern von Potentialanhebungen auf Potentialausgleichsleitungen,
- Vermeiden der Berührung blanker aktiver Teile,
- Vermeiden zufälliger Kontaktstellen bei PE und PA

2. Eignung von Maßnahmen nach DIN VDE 0100 Teil 410

Schutzmaßnahme	ungünstige Eigenschaften	Bemerkungen
Schutz gegen direktes Berühren		
– Isolierung	im Fehlerfall wie bei Abdeckung oder Umhüllung	grundsätzlich erforderlich
– Abdeckung oder Umhüllung, Hindernisse, Abstand,	kein Schutz gegen den Eintritt explosionsgefährdender Stoffe	allein nicht geeignet
– RCD zusätzlich (FI-Schutz)	Bedingungen an den Erdungswiderstand	geeignet
Schutz bei indirektem Berühren		
– TN-Systeme, TN-C	stromführender PEN	nicht geeignet
TN-S	Abschaltbedingungen	günstiger mit RCD
TT-System	Abschaltbedingungen	günstiger mit RCD
IT-System	Zweitfehler (vermeidbar)	wird bevorzugt
– SELV-System	aktive Teile nur isoliert zulässig	beschränkt nutzbar
– PELV-Systeme	nur mit Schutz gegen direktes Berühren	bedingt geeignet
Schutz durch Verwenden von Betriebsmitteln der Schutzklasse II		
– Schutztrennung	nur für einzelne Betriebsmittel zulässig	beschränkt nutzbar
– FELV-Systeme	ohne sichere Trennung	nicht geeignet
– FU-Überwachung	hoher Erdungswiderstand	nicht geeignet
– Erdung (> 1 kV)	mögliche Leckströme	nicht günstig, jedoch zulässig

Die aktuellen Normen für elektrische Schutzmaßnahmen, z. B. DIN VDE 0100 Teil 410 (01.97), verwenden eine neue, aus dem EG-Harmonisierungsdokument entnommene Gliederung. Sie sind in der umschreibenden Denkweise internationaler Normungsergebnisse formuliert und müssen dem Anwender mit einem nationalen Vorwort sachgerecht nahegebracht werden. Darauf einzeln einzugehen ist an dieser Stelle aussichtslos.

Für die Belange des Explosionsschutzes führen die neuen Normen DIN VDE 0100 (Teile 410, 470, 480, 540 und 700) nicht zu grundsätzlichen Änderungen. Zumindest diese Feststellung ist möglich, weil die DIN VDE 0165 auch unmittelbar auf die Netzsysteme eingeht. Was sich aber durch die neuen Normen merklich ändert, das ist der Zeitaufwand für den Anwender, um das Schutzziel zweifelsfrei zu erfassen.

Frage 11.3 Welche Schutzmaßnahmen gegen elektrischen Schlag dürfen in Ex-Anlagen angewendet werden?

Das regelt die DIN VDE 0165 (02.91) im Abschnitt 5.3, Vermeidung von Zündgefahren bei Berührungsschutzmaßnahmen. Die Festlegungen beziehen sich auf Abschnitte von inzwischen abgelösten Teilen der DIN VDE 0100.
Für Betriebsmittel in den Zonen 0 sowie 10 (neuerdings Zone 20) gelten besondere Bedingungen, die jeweils aus der Baumusterprüfbescheinigung und/oder der Betriebsanleitung zu entnehmen sind.
Für die elektrischen Anlagen in den Zonen 1, 2 sowie 11 (neuerdings 21 oder 22) bestehen zusätzliche Bedingungen wie folgt:

1. Für alle Spannungsbereiche

Es muß immer eine Schutzmaßnahme „gegen elektrischen Schlag unter normalen Bedingungen" wirksam sein (Schutz gegen direktes Berühren aktiver Teile, auch als Basisschutz bezeichnet). Ausgenommen sind lediglich

- eigensichere Stromkreise,
- baumustergeprüfte elektrostatische Betriebsmittel, z. B. Sprüheinrichtungen,
- örtliche Bereiche, in denen die Art des Errichtens das direkte Berühren verhindert (z. B. Schutz durch Abstand oder durch Hindernisse, mitunter erforderlich in Anlagen über 1 kV).

Außerdem müssen Schutzmaßnahmen „gegen elektrischen Schlag unter Fehlerbedingungen" angewendet werden (Schutz bei indirektem Berühren, auch als Fehlerschutz bezeichnet). Auch dafür sind spezielle Bedingungen zu beachten:

2. Anlagen bis 1000 V

- **TN-C-System** (früher als klassische Nullung bekannt): auch bei Querschnitten unter 10 mm^2 Cu nicht zulässig,
- **TN-C-S-System**
  - Übergang auf TN-S-System im Ex-Bereiches verboten, N/PE-Verbindungen nur außerhalb von Ex-Bereichen vornehmen,
  - PE an jeder Übergangsstelle auf TN-S mit dem Potentialausgleichsystem verbinden,
  - N im Ex-Bereich als aktiven Leiter behandeln (isoliert vom PE),
  - Stromkreise außerhalb von Schalt- und Verteilungsanlagen mit Leitern < 10 mm^2: Isolationsmessung aller N-Leiter gegen Erde muß ohne Abklemmen möglich sein (Trennklemme, möglichst separat für jeden Stromkreis),
  - Ableitströme auf Grenzwertüberschreitung überprüfen, im Zweifelsfall überwachen,

Schutzmaßnahmen gegen elektrischen Schlag

- **TT-System**
  - zusätzlich Fehlerstrom-Schutzeinrichtung (RCD) vorsehen (nicht mehr gefordert für Zone 2 in EN 60079-14 DIN VDE 0165 Teil 1); Hinweis: Erdungswiderstand überprüfen,
- **IT-System**
  - Isolationsüberwachungseinrichtung erforderlich (Meldung des ersten Erdschlusses; Fehler möglichst schon beseitigen bevor ein zweiter Erdschluß hinzukommt),
  - für Zone 0 vorgeschrieben mit selbsttätiger Abschaltung bei < 100 Ω je V gegen Erde/Schirm; Abschaltung bei Erd- und bei Kurzschluß innerhalb 0,25 s,
- **SELV-System** (Schutzkleinspannung)
  - keine zusätzlichen Forderungen,
- **PELV-System** (Funktionskleinspannung mit sicherer Trennung)
  - mit Erdung: Potentialausgleichsystem erforderlich (Anschluß aller Körper und Erdverbindung),
  - potentialfrei: Erdung (z. B. für EMV) zulässig,
- **Schutztrennung**
  - nur für einzelne Betriebsmittel zulässig (DIN EN 60079 VDE 0165 Teil 1).

3. Anlagen über 1000 V

- Erdung nach DIN VDE 0141
  - Empfehlung: Erdschlußüberwachung mit selbsttätiger unverzögerter Abschaltung bei Doppelfehler,
- Normen für spezielle Einrichtungen und Anlagen beachten, z. B. für elektrostatisches Sprühen.

Frage 11.4 Wo kann man auch unter Fehlerbedingungen auf Schutzmaßnahmen gegen elektrischen Schlag verzichten?

Das läßt sich schnell beantworten. Die wenigen Fälle, wo auch Maßnahmen bei indirektem Berühren für den Explosionsschutz bedeutungslos bleiben, sind die gleichen wie beim Schutz gegen elektrischen Schlag unter normalen Bedingungen (Frage 11.3 Punkt 1.)

Frage 11.5 Muß der Neutralleiter gemeinsam mit den Außenleitern geschaltet werden?

Ein Neutralleiter ist bestimmungsgemäß dafür geeignet, zum Transport elektrischer Energie beizutragen. Sobald irgendwo etwas gewollt oder ungewollt die elektrische Symmetrie in den Außenleitern stört, und das kommt recht oft vor, wird er aktiv. Neutralleiter sind als aktive Leiter zu behandeln. **Der Neutralleiter muß zusammen mit den Außenleitern schaltbar sein.**

Frage 11.6 Dürfen Schutzleiter auch separat und blank verlegt werden?

Ja. DIN VDE 0100 Teil 540 läßt das zu und enthält die Bedingungen für die Auswahl. Die Errichtungsnormen für elektrische Anlagen in explosionsgefährdeten Bereichen gehen darauf nicht ein. Trotzdem ist es besser, den Schutzleiter mit den Außenleitern in gemeinsamer Umhüllung zu führen, weil er bei Erdschluß stromführend wird.

Frage 11.7 Was ist beim Potentialausgleich zusätzlich zu beachten?

Der Potentialausgleich trägt sehr dazu bei, zündfähige Funken zu verhindern. Deshalb gehört er zu den vordringlichsten Schutzmaßnahmen in explosionsgefährdeten Bereichen.
Maßgebend für die Beschaffenheit sind

- die Festlegungen in DIN VDE 0100, Teil 410 (Schutz gegen elektrischen Schlag) und Teil 540 (Erdung, Schutzleiter, Potentialausgleichsleiter),
- die zusätzlichen Festlegungen für den Explosionsschutz in DIN VDE 0165.

Besonders ist zu achten auf

- das Potentialausgleichsystem bei TN-, TT- und IT-Systemen für alle Körper von Betriebsmitteln sowie fremde leitfähige Teile (Konstruktionsteile, Schutzrohre, Bewehrungen, Schirme usw.),
- die Notwendigkeit eines zusätzlichen örtlichen Potentialausgleichs (für Zone 0 grundsätzlich immer erforderlich, sonst auf Notwendigkeit zu prüfen).
- gegen Selbstlockern gesicherte Schraubverbindungen (z. B. durch Federring oder Zahnscheibe).

Kein besonderer Anschluß wird verlangt für

- Betriebsmittel mit gesichertem metallischem Kontakt zu Konstruktionsteilen oder Rohrleitungen, die zuverlässig in den Potentialausgleich einbezogen sind, (*Hinweis:* Schraubenlose Klemmbefestigungen, z. B. auf Profilstege aufzusetzende Federstahlklammern, bieten nicht die Zuverlässigkeit einer gesicherten Schraubverbindung.),
- leitfähige Teile, die nicht zur elektrischen Anlage gehören, wenn keine Spannungsverschleppung zu befürchten ist (z. B. Tür- oder Fensterrahmen),
- Betriebsmittel in eigensicheren Stromkreisen, sofern nicht speziell gefordert.

Was man nicht tun soll: Es kann gefährlich sein,

- am Potentialausgleich beteiligte Leiter oder Metallteile zu lösen, ohne sicher zu sein, daß dies gefahrlos möglich ist (z. B. beim Auftrennen einer Rohrleitung durch elektrisches Überbrücken),
- das Potentialausgleichsystem als aktiven Leiter zu benutzen (auch nicht als Hilfsleiter für Prüfzwecke, ausgenommen unter sicherheitsgerechten Bedingungen),
- Anlagen für kathodischen Schutz an ein Potentialausgleichsystem anzuschließen (ausgenommen bei funktionalem Erfordernis).

12 Kabel und Leitungen

Frage 12.1 Stellt der Explosionsschutz Bedingungen an das Material der Leiter, der Isolierung oder der Ummantelung?

Kabel und Leitungen können die Explosionssicherheit einer elektrischen Anlage erheblich beeinflussen. Die genormten Zündschutzarten für elektrische Betriebsmittel sind dafür aber nicht anwendbar, und deshalb unterliegen Kabel und Leitungen grundsätzlich auch nicht der Baumusterprüfung im Sinne des Explosionsschutzes (wohl aber die dafür benötigen Einführungen in explosionsgeschützte Gehäuse und die dort vorhandenen Anschlußteile). **Was man bei der Auswahl und Installation von Kabeln und Leitungen für Ex-Bereiche zu beachten hat, ist in DIN VDE 0165 (02.91) festgelegt.**
Aus dem bevorstehenden Übergang auf die international angelegte DIN EN 60079-14 VDE 0165 Teil 1 ergeben sich für die deutsche Installationspraxis prinzipiell keine verschärfenden Bedingungen.
Die Bestimmungen für gedichtete Rohrsysteme nach britisch-amerikanischer Praxis (Conduit-Systeme) werden ausführlicher formuliert sein als bisher. Die Errichtungsqualität ist jedoch an der fertig montierten Anlage kaum prüfbar, nachträgliche Änderungen haben ihre Tücken und es gibt dafür auch keine IEC-Normen. Bei Explosionsversuchen sind in solchen Rohren Spitzendrücke > 180 bar gemessen worden. Eine Abnahme durch Sachverständige wird schon seit längerer Zeit nicht mehr verlangt. Nach Meinung des Verfassers bietet diese schwere Technik hierzulande keine Vorzüge gegenüber der allgemein üblichen Installationspraxis.
Für explosionsgefährdete Bereiche verwendet man allgemein die gleichen Arten von Kabeln und Leitungen, wie sie in anderen industriellen Bereichen üblich sind.
Industrielle Anwendung schließt immer einen gewissen Schutz gegen Umgebungseinflüsse ein. Für den Explosionsschutz bedeutet dies zunächst die Bedingung ≥ IP 54, also das Verwenden von entsprechenden Gehäuseeinführungen sowie von Kabeln und Leitungen mit rundem Querschnitt. Ostdeutsche Elektrohandwerker erinnern sich nur ungern an die Abdichtprobleme mit dem unrunden „drallmarkierten" NYM oder NAYYA.
Wie sonst auch müssen Kabel und Leitungen für die jeweils zu erwartenden mechanischen, chemischen und thermischen Beanspruchungen geeignet sein. Dafür hat man zwei Möglichkeiten:

a) die Wahl angepaßter Typen und/oder
b) das Anwenden von Maßnahmen, um schädlichen Einwirkungen aus dem Wege zu gehen (Abstand, Schutzrohr, Abdeckung usw.).

Konsequenz: Ohne genaue Kenntnis der Anforderungen, z. B. durch aggressive Lösemittel, ist Variante b) günstiger. Gemäß DIN VDE 0165 ist an besonders gefährdeten Stellen immer auch nach b) vorzugehen.
Außerdem bringt der Explosionsschutz einige Einschränkungen in der Materialauswahl mit sich. Die zulässigen Mindestquerschnitte liegen im Vergleich zu DIN VDE 0100 Teil 520 (Basisnorm) und Teil 725 (Hilfsstromkreise) höher. Der Schutz gegen gefährliche elektrostatische Aufladung von Isolierstoffen ist zu beachten (Richtlinien „Statische Elektrizität" ZH1/200). **Tafel 12.1** faßt die Bedingungen zusammen. Dazu ein Hinweis zur Ziffer 5 der Tafel: Den unvermeidlichen Zweifelsfällen beim Beurteilen elektrostatischer Gefahren geht man am besten damit aus dem Wege, Aufladungsvorgänge konsequent zu vermeiden.

Tafel 12.1 Bedingungen für Kabel und Leitungen in explosionsgefährdeten Bereichen

Merkmale und Bedingungen		
1. Brandschutz Schutz gegen Brandausbreitung, – entweder durch die Verlegungsart (z. B. in Erde, im Sandbett, in Kanälen mit definiertem Feuerwiderstand), – oder durch flammwidrige Beschaffenheit des Mantels (nach DIN VDE 0472 Teil 804, Prüfart B, bzw. nach IEC 332-1; Feuerwiderstandsfähigkeit bis E90 möglich, *auch nötig?*)		
2. Äußere Hülle – *äußere Schutzhülle* nichtleitend oder anderweitig geschützt gegen zufälligen Kontakt mit Rohrleitungen für brennbare Flüssigkeiten oder Gase (ausgenommen Heizleitungen; Entwurf EN 60079-14), – *nicht ummantelte Adern oder Leitungen* nur in Schalt- und Verteilungsanlagen sowie in geschlossenen Rohrsystemen besonderer Bauart (Conduit) zulässig, Typ H07V, – *zusätzlich für Zone 0* unter der äußeren Schutzhülle: Metallschirm, Kupfergeflecht		
3. Leitermaterial, allgemein – Kupfer, – Aluminium (mit dafür geeigneter Anschlußtechnik)		
4. Mindestquerschnitte – Aluminium: einadrig ab 35 mm^2 oder mehradrig ab 25 mm^2 (DIN EN 60079-14: ab 16 mm^2) – Kupfer: Mindestquerschnitt in mm^2:	eindrähtig	feindrähtig
einadrig	1,5	1,0
bis 5 Adern	1,5	0,75
vieladrig oder mit Tragorgan	1,0	0,5
Informationstechnik/MSR bis AC 60 V/DC 120 V	0,5	0,5
für eigensichere Stromkreise (gilt auch für den Einzeldraht)	0,1	0,1
ortsveränderlich: siehe Punkt 6 dieser Tafel		
Fernmelde-/Fernwirktechnik (ohne eigensichere Stromkreise) 2adrig ohne Schirm 2adrig mit Schirm mehradrig, mit dafür geeigneter Anschlußtechnik	0,50 (0,8 mm Ø) 0,28 (0,6 mm Ø) 0,28 (0,6 mm Ø)	

Kabel und Leitungen 151

Tafel 12.1 Bedingungen für Kabel und Leitungen in explosionsgefährdeten Bereichen (Forts.)

Merkmale und Bedingungen

5. Isolierung
– Prüfspannung in eigensicheren Stromkreisen ≥ 500 V,
– Mineralisolierte Leitungen zulässig, Bedingungen:
  • Enden (Anschlußpunkte) entweder mit bescheinigtem Zubehör (Anschlußmaterial) zur Verwendung für die betreffende Zone oder
  • mit normaler Anschlußtechnik: nicht zulässig in den Zonen 0, 1, 10 (bzw. 20) oder 21,
  • Oberflächentemperatur: Einhaltung der Grenzwerte prüfen,
– Schutz gegen elektrostatische Aufladung (ZH1/200):
  • bei Zone 0 wie unter 2. angegeben,
  • bei Zone 1: Schutzmaßnahmen allgemein nur erforderlich bei betriebsmäßig unvermeidlicher gefährlicher Aufladung (Sonderfall),
  • speziell überprüfungsbedürftig bei > 4 mm Dicke des aufladbaren Materials über den äußeren Leitern (> 0,4 mm bei Explosionsgruppe IIC) oder bei Einzelkabeln bzw. -leitungen mit > 30 mm Ø (> 20 mm Ø bei Explosionsgruppe IIC); Schutzmaßnahmen: Abschirmung oder Abdeckung,
  • bei Zone 2 und 11: Schutzmaßnahmen dürfen entfallen

6. Für ortsveränderliche Betriebsmittel *(ausgenommen in eigensicheren Stromkreisen)*
– bis 750 V: Gummischlauchleitungen 07RN oder gleichwertig
– bis 250 V gegen Erde/6 A, mechanisch nicht stark beansprucht
  auch Gummischlauchleitungen 05RN oder gleichwertig, ≥ 1 mm², (z. B. für Steuergeräte; nicht für höhere Beanspruchung wie z. B. an Handleuchten, Fußschaltern, Faßpumpen),
– für MSR, Informationstechnik, Fernmelde-/Fernwirktechnik
  auch Kunststoffschlauchleitungen H05VV-F (nur bei ≥ 5 °C) oder Leitungen mit Litzenleitern für erhöhte mechanische Beanspruchung (DIN VDE 0817), ≥ 1 mm²,
– Schutzleiter
  mit den Außenleitern gemeinsam umhüllt, Metallbewehrung oder -mantel allein dafür nicht zulässig,
– Gehäuseeinführungen: mit Schutz gegen Abknicken (Trompete)

Frage 12.2   Welche Installationsart ist zu bevorzugen?

Wie soeben schon klar geworden ist, muß die Art und Weise der Verlegung von Kabeln und Leitungen in explosionsgefährdeten Bereichen hauptsächlich folgendes berücksichtigen:

1. **Einflüsse durch den bestimmungsgemäßen Betrieb technologischer und anderer elektrischer Einrichtungen,**
2. **Einflüsse durch Abweichungen vom Normalbetrieb,**
3. **Einflüsse durch die entzündbaren Stoffe (Ursachen der Explosionsgefahr).**

Die Einflüsse nach 1. und 2. wirken überall, wo ein Weg für Kabel und Leitungen zu finden ist. Sie sind nicht typisch für den Explosionsschutz, können ihn aber beeinträchtigen. Unter 3. darf nicht vergessen werden, auch an das Ausbreitungsverhalten der gefährdenden Stoffe zu denken. Kanäle, Schutzrohre, Durchführungen und andere Hohlräume sind so zu gestalten, daß sie entzündliche Stoffe nicht in einen anderen Raum oder örtlichen Bereich übertragen können, z. B. durch Sandfüllung, Abschotten oder einseitiges Abdichten von Schutzrohren.

Weitere schädigende Einflüsse können von der chemischen Aggressivität der Gefahrstoffe ausgehen, so bei speziellen Lösemitteln gegenüber bestimmten Isolierstoffen oder bei Acetylen gegenüber blankem Kupfer (Bildung von zündgefährlichem Kupferacetylid). **Es muß immer speziell untersucht und entschieden werden, wie man aus der Sicht des Explosionsschutzes Kabel oder Leitungen zweckmäßig anzuordnen oder zusätzlich zu schützen hat.** Tafel 12.2 informiert darüber, welche Einflüsse anhand von Merkmalen der Explosionsgefahr zu beachten sind und gibt Hinweise zur Verlegung.

Tafel 12.2 Einflüsse auf die Anordnung von Kabeln und Leitungen in explosionsgefährdeten Bereichen

1. Prinzip	
Verhindern äußerer Einflüsse in Form von – schädigenden physikalischen oder chemischen Einwirkungen oder – gefährlicher Berührung mit entzündlichen Stoffen durch zweckmäßige Anordnung und spezielle Schutzmaßnahmen	
2. Einflüsse und Hinweise auf Schutzmaßnahmen bei der Verlegung	
Einfluß	Maßnahme
Verlustwärme, Schwingungen	Abstand von Quelle
mechanische Belastung	Schutzrohr (grundsätzlich beidseitig offen)
Flammen (Brände)	Verlegung in Erde, in Kanälen mit Feuerwiderstand oder Auftrag von Dämmschichtbildner[1], brandschutzgerechte Ausführung von Wand- und Deckendurchführungen
elektromagnetische Strahlung	Verlegung in Erde oder in Umhüllung mit schirmender Wirkung (Metallrohr, -kanal)
Induktion, Fremdspannungen	Abstand oder Umhüllung mit schirmender Wirkung (Erdung, Potentialausgleich)
aggressive Flüssigkeiten (z. B. Lösemittel)	Vermeiden von Tropfstellen und möglichen Ansammlungen, Unterflur-Verlegung (Fußboden) vermeiden, unvermeidliche Einzelanschlüsse in gedichtetem Schutzrohr
schwere Gase (Dichteverhältnis bezogen auf Luft >1, z. B. Propan, Butan)	Unterflur-Verlegung (Fußboden) möglichst vermeiden, tiefliegende Kanäle gegen Verschleppung von Gasen sichern (z. B. durch Sandfüllung, Schottung)
leichte Gase (Dichteverhältnis bezogen auf Luft <1, z. B. Wasserstoff, Methan, Erdgas)	deckennahe Stauräume, in denen sich aufsteigende Gase ansammeln können, möglichst vermeiden oder Entlüftungsmaßnahmen anwenden
Stäube	gegen Staubablagerungen weitmöglich geschützt anordnen, reinigungsfreundlich gestalten und anordnen[1], waagrechte Ablagerungsflächen vermeiden, Pritschen vertikal montieren
Prozeßleittechnik, Notbetrieb	redundante Verlegung (zwei Kabel mit gleicher Aufgabe, getrennte Trassen)
Instandhaltung	eindeutige und zweckmäßige Markierung (Anschlußpunkte, Trassen), Zugänglichkeit

[1] Weiteres in *Schmidt, F.*: „Brandschutz in der Elektroinstallation" aus der Fachbuchreihe Elektropraktiker-Bibliothek, Verlag Technik, Berlin

Kabel und Leitungen 153

Frage 12.3 Was gilt für Kabel und Leitungen speziell für die Zonen 0 und 10 bzw. 20?

Diese Einstufungen kennzeichnen die höchste Intensität einer gefährlichen explosionsfähigen Atmosphäre. Für Arbeitsstätten kann das kaum zutreffen, sondern nur für das Innere technologischer Einrichtungen. Im folgenden wird zusammengefaßt, welche einschränkenden Bedingungen hierbei für Kabel und Leitungen zu beachten sind:

Zone 0
Nach DIN VDE 0165 (02.91) gilt:

a) direkter Anschluß, keine Abzweige, keine Verbindungen,
b) für feste Verlegung: nur Typen mit
  - flammwidriger äußerer Schutzhülle aus Gummi oder Kunststoff (DIN VDE 0742 Teil 804, Prüfart B, bzw. IEC 332-1),
  - Metallmantel, Kupfergeflecht oder mit Schirm,
c) Überwachung des Isolationswiderstandes; selbsttätiges Abschalten bei < 100 Ω/V mit überprüfbarer Funktion, Wiedereinschaltsperre und Meßkreis in Zündschutzart Eigensicherheit „ia",
d) Abschaltzeit bei Kurz- oder Erdschluß $\leq$ 25 s.

Die Bedingungen a) bis d) gelten nicht für eigensichere Stromkreise. Dafür wird nur gefordert:

- geschützt gegen mechanische Beschädigung,
- Anschluß für funktionsbedingte Erdung/Potentialausgleich: außerhalb der Zone 0, aber so nahe wie möglich.

Zone 10 bzw. 22
Es bestehen in dieser Frage nach DIN VDE 0165 (02.91) keine zusätzlichen Bedingungen, ebenso nicht im Entwurf DIN EN 50281-1-2 VDE 0165 Teil 2 für die Zone 20. Nach Meinung des Verfassers ist es empfehlenswert, im Blick auf unvermeidliche Staubablagerungen in Zone 10 bzw. 22 ein Kabel oder eine Leitung mit den gleichen Maßnahmen zu schützen wie bei Zone 0, a) bis c), ebenso bei eigensicheren Stromkreisen.

Frage 12.4 Wie müssen Durchführungen durch Wände und Decken beschaffen sein?

Darauf wird oft spontan geantwortet: Natürlich gasdicht, das ist selbstverständlich für den Explosionsschutz. Gasdichtheit in physikalischem Sinn ist aber mit vertretbarem Aufwand gar nicht erreichbar und auch nicht erforderlich. In DIN VDE 0165 (02.91) heißt es dazu: „**Durchführungsöffnungen zu nicht explosionsgefährdeten Bereichen müssen ausreichend dicht verschlossen sein, z. B. durch Sandtaschen, Mörtelverschluß**".
Im Gegensatz zu den Prüf- und Zertifizierungsverfahren des baulichen Brandschutzes gibt es im Explosionsschutz für Wand- oder Deckendurchführungen von Kabeln

und Leitungen weder eine Prüfnorm noch ein Zulassungsverfahren.
Was soll erreicht werden?
Kabel- und Leitungsdurchführungen durch Baukonstruktionen genügen den Forderungen des Explosionsschutzes, wenn sie „technisch dicht" sind. Es muß verhindert sein, daß der jeweils maßgebende Stoff (Gas, Flüssigkeit, Dampf, Nebel, Staub) die Durchführung in einer Menge durchdringt, die auf der anderen Seite eine gefährliche explosionsfähige Atmosphäre bilden kann. **Speziell für den Explosionsschutz hängt der erforderliche konstruktive Aufwand von folgenden Faktoren ab:**

- Intensität der Explosionsgefahr (Zone),
- die unterschiedlichen Gefahrensituationen im unmittelbaren örtlichen Bereich der Durchführung (Einstufung; Lüftungseinfluß) beiderseits der betreffenden Wand bzw. von Fußboden und Decke,
- Aggregatzustand des gefahrbringenden Stoffes, der an die Durchführung gelangen kann (*Hinweis:* genügend Abstand von Stellen, wo sich Flüssigkeiten ansammeln),
- eventuell zusätzlich zu beachtenden Forderungen des baulichen Explosionsschutzes (Hinweis: Durchführung möglichst vermeiden, wo baulicher Explosionsschutz bzw. definierte Druckresistenz verlangt wird, anderfalls entsprechend druckbeständige Art der Durchführung auswählen).

Außerdem sind Forderungen des baulichen Brandschutzes zu beachten. Im Normalfall reicht es aus, eine Wand- oder Deckenöffnung in voller Dicke mit nichtbrennbaren Baustoffen wieder so zu verschließen, daß der ursprüngliche Feuerwiderstand erhalten bleibt. Dazu müssen die jeweiligen Erfordernisse ermittelt werden. Für höhere Ansprüche bietet die Baustoffbranche differenzierte Lösungen an. Besser ist es, das Durchqueren von Brandschutzkonstruktionen möglichst zu vermeiden. Weiteres dazu enthält der Band „Brandschutz in der Elektroinstallation" aus der Reihe Elektropraktiker-Bibliothek.

Frage 12.5   Ist das Verlegen unter Putz erlaubt?

Diese Frage taucht immer wieder auf, wenn über den Funktionserhalt im Brandfall oder über die Ansichtsgüte nachgedacht wird. DIN VDE 0165 geht darauf nicht unmittelbar ein. Funktionserhalt ist aber auf diesem Wege gar nicht zu erreichen.

Eine Unter-Putz-Verlegung verbietet sich schon deshalb, weil die bestimmungsgemäße Verwendung vorschriftsmäßiger Betriebsmittel zum Einsatz in explosionsgefährdeten Betriebsstätten diese Installationsart nicht einschließt. Auch die im ostdeutschen Bestandsschutz mitunter noch gültigen TGL-Normen erklären die Verlegung in und unter Putz für unzulässig (TGL 200-0621 Teil 2, Elektrotechnische Anlagen in explosionsgefährdeten Arbeitsstätten, Allgemeine sicherheitstechnische Forderungen, Abschnitt 4.5).

Kabel und Leitungen

Frage 12.6 Was ist für die Einführungen von Kabeln und Leitungen in Gehäuse besonders zu beachten?

Einführungsteile für Gehäuse zählen im Elektrohandwerk normalerweise zum Kleinmaterial. Im Explosionsschutz hingegen führen die Kabel- und Leitungseinführungen (abgekürzt KLE) kein Schattendasein, denn es bestehen zusätzliche Anforderungen.
DIN EN 50014 VDE 0170/0171 Teil 1 (Anhang B) enthält die allgemeinen Bestimmungen für Einführungen von Kabeln, Leitungen und Rohrleitungen.
Befestigt sein können die KLE

- in der Gehäusewand, dort auch auf einer Anschlußplatte,
- in Gewindebohrungen oder in glatten Bohrungen,
- sowohl als einzelnes Bauteil als auch als fester Bestandteil eines Gehäuses.

Für Rohreinführungen gelten besondere Bedingungen (Zündsperre). **Im installierten Zustand dürfen die Einführungen nur mit Werkzeug lösbar sein.**
KLE sind unmittelbarer Bestandteil der Zündschutzmaßnahmen

- erhöhte Sicherheit „e" und
- druckfeste Kapselung „d"

mit der Aufgabe, das hindurchführende Kabel oder die Leitung auf mindestens IP 54 abzudichten und gegen Verdrehen zu sichern. Sie werden daraufhin geprüft, bescheinigt und gekennzeichnet. Bei „d"-Gehäusen haben sie außerdem die Druckfestigkeit der Einführungsstelle herzustellen und müssen dementsprechend beschaffen und geprüft sein. Eine KLE mit der Kennzeichnung „e" ist dafür nicht zulässig. Allgemein betrachtet richtet sich die Auswahl einer KLE wie immer nach

- den Beanspruchungen des Gehäuses (Einsatzort),
- Art und Aufbau des Kabels oder der Leitung (Durchmesser, äußere Beschaffenheit, Mantel),
- der Beweglichkeit des anzuschließenden Betriebsmittels.
- dem erforderlichen Einschraubgewinde (metrisch oder noch als Pg-Gewinde).

Demgemäß hat man im Material die Wahl zwischen Kunststoff- oder Metallausführungen. **Im Einflußbereich der VDE-Vorschriften ist die „e"- Einführungstechnik traditionell bewährt und vorherrschend.** Bild 12.1 zeigt eine Ex-e-KLE, wie man sie für Kabel- und Leitungsdurchmesser zwischen 4 und 48 mm nach Katalog auswählen kann, in ihren Einzelteilen. In dieser Art gibt es auch Mehrfacheinführungen, die bis zu 4 Leitungen mit kleinem Durchmesser aufnehmen können.
Bei beweglicher Leitung ist immer auf Knickschutz zu achten und eine sogenannte Trompeteneinführung zu verwenden, z. B. gemäß **Bild 12.2.**
Unbenutze Einführungsöffnungen von Gehäusen müssen mit Verschlußteilen abgedichtet werden, die der Zündschutzart entsprechen, dafür geprüft sind und die sich nur mit einem Werkzeug lösen lassen (z. B. Gewinde-Verschlußstopfen wie in **Bild 12.3** oder Stifte wie in Bild 12.1).

Bild 12.1 *Beispiel einer Kabel- und Leitungseinführung aus Polyamid, EEX e II, IP 66, mit Verschlußstopfen*
(Fa. Cooper CEAG)

Bild 12.2 *Beispiel einer Kabel- und Leitungseinführung aus Polyamid für ortsveränderliche explosionsgeschützte Betriebsmittel (Trompeteneinführung), EEx e II, IP 66, mit Metallgewinde*
(Fa. Stahl)

Andere Länder bevorzugen die „d"-Technik. Das europäische Vorschriftenwerk EN 50014 ff. (DIN VDE 0170/0171) bezieht diese Installationstechnik ein und läßt für die KLE bei druckfesten Gehäusen zwei Möglichkeiten zu:

- Systeme mit indirekter Einführung in das „d"-Gehäuse, dazu gehören
  - ein „e"-Anschlußgehäuse mit eingebauten druckfesten Durchführungen zum „d"-Gehäuse mit
  - KLE in „e"-Technik,
- Systeme mit direkter Einführung; dazu müssen entweder
  - KLE in Ex-d-Ausführung verwendet werden oder
  - druckfeste Rohrleitungen (Conduit-System nach britischen oder amerikanischen Normen) werden eingeschraubt.

Bild 12.4 stellt diese Varianten gegenüber. **Bild 12.5** demonstriert am Beispiel einer gekapselten Verteilung in „d"-Technik, welchen Aufwand eine Rohrinstallation erfordert.

Kabel und Leitungen 157

Bild 12.3 *Beispiel einer Abzweigdose aus Polyesterharz in EEx de IIC, bis T6; hier mit 7 Mantelklemmen, einer Geräteschutzsicherung auf dem Klemmensockel, Leitungseinführungen und Verschlußstopfen* *(Fa. STAHL)*

DIN VDE 0165 (02.91) bezieht diese Installationstechnik schon ein. Wenn Betriebsmittel mit dafür geeigneten KLE nicht zur Verfügung stehen, darf der Übergang auf das Rohrsystem mit Adapter erfolgen. Es müssen geprüfte und bescheinigte Adapter verwendet werden, ausgenommen für die Zone 2.

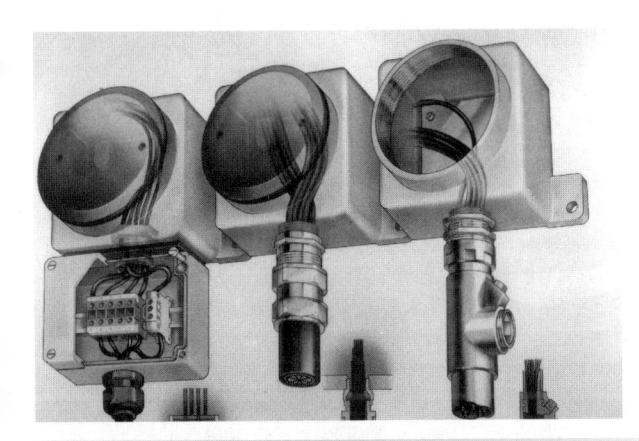

Bild 12.4 *Kabel- und Leitungseinführungen in explosionsgeschützte Betriebsmittel der Zündschutzart Druckfest Kapselung „d";*
links: übliche indirekte Einführung über ein „e"-Klemmengehäuse mit „e"-Einführungsstutzen; Mitte: direkte Einführung mit „d"-Einführungsstutzen; rechts: direkte Einführung (Conduit-System: Einzeladern in „d" Leitungsrohr) mit Zündsperre (vergossen)
(Fa. STAHL)

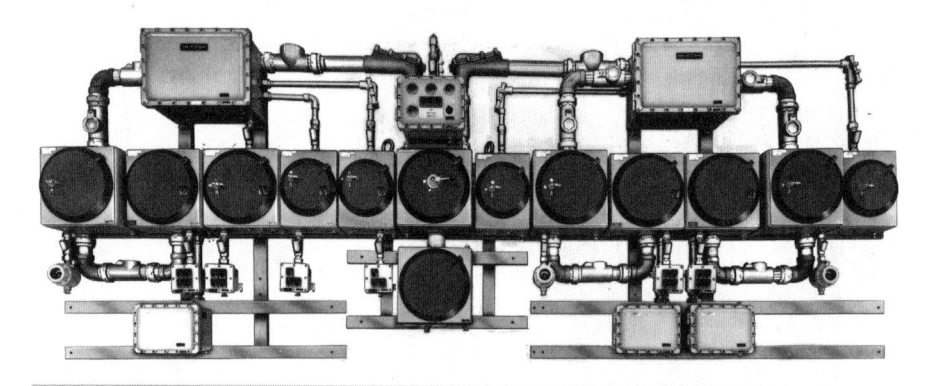

Bild 12.5 *Beispiel einer Verteilungsanlage in Zündschutzart Druckfeste Kapselung „d" und „d"-Rohrinstallation (Conduit-System);
oben: zwei Verteilerkästen mit Sammelschiene, dazwischen ein Instumentengehäuse;
Mitte: Motorabgänge, Gehäuse mit Schützen; unten angesetzt: Instrumentengehäuse (rund), Tastergehäuse (quadratisch), Klemmengehäuse (rechteckig)* (Fa. Stahl)

Die neue DIN EN 60079-14 VDE 0165 Teil 1 geht besonders darauf ein, wie die KLE für druckfeste Gehäuse auszuwählen und auszuführen sind und wie Conduit-Systeme beschaffen sein müssen. Anstelle weiterer Erläuterungen kann hier nur darauf aufmerksam gemacht werden, daß die Hersteller in den Betriebsanleitungen auch dazu Angaben zu machen haben. Das gilt ebenso für mineralisolierte Leitungen (z. B. für Heizung) und die dafür notwendigen speziell geprüften Abschlüsse.

Frage 12.7 Welche Leiterverbindungen sind zulässig?

Bei Klemmstellen, die sich innerhalb von serienmäßigen Ex-Betriebsmitteln befinden, braucht man danach nicht zu fragen. Die Zulässigkeit der Verbindungsmittel ist in den Normen über elektrische Betriebsmittel für explosionsgefährdete Bereiche DIN EN 50029 ff. /VDE 0170/0171 geregelt, wird durch Baumusterprüfung nachgewiesen und liegt in der Verantwortung des Herstellers.

Für Klemmen schreiben diese Normen besondere **Kriech- und Luftstrecken** vor. Das sind Maße zwischen blanken Teilen, die beim Verdrahten nicht beeinträchtigt werden dürfen. Kriechströme oder Stromfluß infolge eines abgespleißten Drähtchens können zündgefährlich sein. Deswegen wird grundsätzlich vorausgesetzt, daß die Leiterenden sorgfältig abisoliert und hergerichtet sind, damit sie nicht aufspleißen. Das kann auf gewohnte Weise mit Endhülsen oder Kabelschuhen geschehen oder auch durch entsprechend beschaffene Klemmen. Weichlöten ist nach DIN VDE 0165 (02.91) nicht zulässig, ausgenommen bei eigensicheren Stromkreisen.

Für **Leiterverbindungen außerhalb von Betriebsmitteln**, also für Muffenverbindungen, legt DIN VDE 0165 folgendes fest:

- nur als Preßverbindung erlaubt,
- mit ausreichendem Schutz gegen Berühren und Umgebungseinflüsse, erreichbar durch Einbettung in eine
- Gießharzmuffe oder Schrumpfschlauchmuffe in normaler VDE-gerechter Ausführung (mechanische Beanspruchung vermeiden).

Was ist außerdem noch zu beachten?
- **allgemein:** In explosionsgefährdeten Bereichen sollen Kabel und Leitungen **möglichst ohne Verbindungen** (ungeschnitten) verlegt werden. Für Zone 0 ist dies bindend vorgeschrieben.
- **Klemmen: Lose angeordnete Klemmen, z. B. Dosenklemmen, sind nicht zulässig.** Das gilt auch für Preßhülsen (ausgenommen in ostdeutschen Anlagen unter Bestandsschutz bei Gefährdungsgrad EG 4 bzw. Zone 2 oder bei EG-St bzw. Zone 11).
- **Besonderheiten:** Die vorstehend genannten Bedingungen für die Beschaffenheit von Leiterverbindungen gelten
  - nicht für eigensichere Stromkreise,
  - nicht für Conduit-Systeme,
  - auch für Zone 2, und für die Zonen 11 bzw. 22 sind sie zu empfehlen. In den nicht baumustergeprüften Betriebsmitteln (soweit sie zugelassen sind) dürfen normale fest angeordnete Klemmen verwendet werden, die sich nicht von selbst lockern und die Leiter nicht beschädigen.
- **Klemmengehäuse:**
  - Belastungs-Minderungsfaktoren sind vom Hersteller anzugeben und bei der Installation zu berücksichtigen. Mit steigender Klemmenanzahl und/oder Auslastung entsteht Verlustwärme, die nicht zu unzulässig hohen Temperaturen führen darf.
  - Bei Klemmen für eigensichere sowie nicht eigensichere Stromkreise ist darauf zu achten, daß
    - •• die hellblaue Kennzeichnung des eigensicheren Klemmenbereiches eindeutig und auffällig erkennbar ist,
    - •• die vorgeschriebene Trennung zwischen eigensicheren und nicht eigensicheren Bereich gewahrt bleibt (mindestens 50 mm Zwischenraum oder Steg gemäß DIN EN 50020 VDE 0170/0171 Teil 7).

Frage 12.8 Wie ist mit den Enden von nicht belegten Adern zu verfahren?

Dazu machen die Errichtungsnormen der DIN VDE 0165 keine Angaben, ebenso nicht die DIN-EN-Normen über elektrische Betriebsmittel für explosionsgefährdete Bereiche. Normen müssen und können eben nicht alles regeln, worauf die Fachkraft achten muß.
Die freien Enden müssen so beschaffen sein, daß über die betreffende Ader kein Potential verschleppt werden kann. Nach Auffassung der Fachleute im Komi-

tee K 235 der Deutschen Elektrotechnischen Kommission (DKE) liegt es im Ermessen des Betreibers zu entscheiden, welche der folgenden Maßnahmen dafür erforderlich sind:

- isolieren (einseitig oder beidseitig),
- auf Klemme legen,
- erden (einzeln oder zusammengefaßt, einseitig oder beidseitig),
- oder nur glattschneiden und umlegen.

Ein Chemieunternehmen hat Versuchsergebnisse veröffentlicht, wonach sich mit Schrumpfendkappen nach DIN 47632 dauerhaft gute Isolationswerte ergeben.
Die im Bestandsschutz mitunter noch gültigen ostdeutschen Normen TGL 200-0621 (Elektrotechnische Anlagen in explosionsgefährdeten Arbeitsstätten, Teil 2 und Teil 5) fordern, nicht belegte Adern in Kabeln und Leitungen

- entweder an gemeinsamer Stelle zu erden
- oder beidseitig zu isolieren.

Für eigensichere Anlagen (Teil 5 der Norm) wird beides verlangt, sowohl das Erden der freien Adern und des Schirmes als auch das Isolieren der freien Enden.

Frage 12.9 Wie müssen ortsveränderliche Betriebsmittel angeschlossen werden?

Das Leitungsmaterial eines ortsveränderlichen Betriebsmittels ist naturgemäß viel höher beansprucht als bei einem Betriebsmittel, das sich zwar bewegen kann, jedoch befestigt ist, z. B. eine Pendelleuchte im Unterschied zu einer Handleuchte.
Bei einem beweglich angeordneten Betriebsmittel wird man die Anschlußleitung, wenn sie mechanisch beansprucht sein sollte, in einen Metallschlauch einziehen. Ein zusätzlicher Schutz gegen Abknicken ist nicht immer vonnöten.
Ortsveränderliche Anschlußleitungen müssen jedoch so beschaffen sein, daß sie den zu erwartenden rauhen Beanspruchungen bei der Instandhaltung von Betriebsanlagen widerstehen. Kantenschutz durch Trompeteneinführungen gehört unbedingt dazu. Tafel 12.1 (siehe Frage 12.1) informiert darüber, welche Bedingungen in DIN VDE 0165 an das Leitungsmaterial zum Anschluß ortsveränderlicher Betriebsmittel gestellt werden.

Frage 12.10 Was gilt für Kabel und Leitungen in eigensicheren Anlagen?

Die Besonderheiten eigensicherer Stromkreise liegen vor allem in den schaltungstechnischen Sicherheitsmaßnahmen zum Vermeiden zündgefährlicher Energiewerte, aber nicht im Schutzaufwand für Kabel und Leitungen. Diesem Vorteil der Zündschutzart Eigensicherheit steht eine entsprechend hohe Empfindlichkeit gegen äußere magnetische und elektrische Felder gegenüber. Für Kabel und Leitungen sind als Gegenmaßnahme gemäß DIN VDE 0165 folgende **Auswahlbedingungen** zu beachten:

– allgemein: siehe Tafel 12.1,
– speziell für eigensichere Anlagen: siehe Tafel 15.1,
– außerdem erforderlich sind Herstellerangaben zu spezifischen C-, L- und L/R-Werten.

Kennzeichnung: hellblau (an Trassen, bei der Aderumhüllung sowie in/auf Klemmenkästen, wofür auch hellblaue Stopfbuchsverschraubungen verfügbar sind).

Frage 12.11 Was ist bei Heizleitungen zu beachten?

Im Brand- und im Explosionsschutz wird viel Aufwand getrieben, um ungewollte elektrische Verlustwärme zu unterdrücken. Für Heizungsaufgaben möchte man die positiven Eigenschaften der Elektrowärme ausnutzen. Das Problem besteht darin, die Wärme so zu dosieren, daß sie effektiv wirksam wird, ohne sich zur Zündquelle zu aktivieren.

Elektrische Heizkabel, so lautet die gängige Bezeichnung oft auch bei Leitungen, lassen sich einfacher installieren als die früher üblichen Dampfbegleitheizungen. Man nutzt die Vorteile ihres geringen Platzbedarfs unter einer Wärmeisolierung und die günstigen Möglichkeiten zur Steuerung der Wärme auf vielfältige Weise, z. B. zum Frostschutz an Rohren und Rohrleitungsarmaturen (Begleitheizung), um Kondenswasser zu vermeiden, oder einfach, um Temperaturwerte an Behältern, Bunkern und Silos, auch in MSR- und Analysen-Schränken, an Maschinen und für anderweitigen Bedarf zu gewährleisten. Für die elektrische Beheizung in explosionsgefährdeten Bereichen stehen prinzipiell folgende Leitungsarten zur Verfügung:

a) **einadrig** rund, in Form von kunststoff- oder mineralisolierten Widerstandsheizkabeln, wobei der Widerstand einer Leiterschleife bzw. der Widerstand einer Drehstromschaltung (Stern oder Dreieck) maßgebend ist und die Wärmeabgabe durch Verändern der speisenden Spannung beeinflußt werden kann, oder

b) **zweiadrig** flach, in Form von sogenanntem Parallelheizband mit Kunststoffisolierung, wobei die Spannung über die gesamte Länge zweipolig anliegt und der Querwiderstand zwischen den beiden parallelen Cu-Leitern zur Bemessung dient. Dadurch stehen abgestuft wählbare Heizleistungen von etwa 10 W/m bis 60 W/m zur Verfügung.

Das Typenangebot der spezialisierten Hersteller wird nahezu allen äußeren Beanspruchungen gerecht. Alle Heizkabel haben eine metallische Umhüllung. Die Heizkabel selbst werden nicht auf ihren Explosionsschutz geprüft und bescheinigt, wohl aber die Anschlußmittel. Weitere Hinweise zur Gestaltung elektrischer Heizungsanlagen sind in der Frage 18.3 enthalten.

Was muß man bei der Auswahl von Heizkabeln grundsätzlich beachten:

- **Beheizungsaufgabe**
Wenn die Heizleistung regelbar sein soll, eignen sich einadrige Heizkabel am besten. Die zweiadrigen Parallelheizbänder werden vorzugsweise zur Temperaturhaltung mit Thermostat verwendet. Nicht nur auf die Solltemperatur kommt es an, sondern auch auf die Umgebungstemperatur, für die ein Heizkabeltyp jeweils geeignet ist. Bei Heizkabeln mit Kunststoffisolierung liegen diese Begrenzungen je nach Typ zwischen etwa 65 °C (Parallelheizbänder, teilweise bis 120 °C) und 200 °C (einadriges Heizkabel). Dagegen genügen die einadrigen mineralisolierten Typen mit einer Temperaturbeständigkeit bis 650 °C den höchsten Anforderungen, und sie erreichen auch den vergleichsweise höchsten Heizeffekt (> 200 W/m). Im Preis sind einadrige Heizkabel zumeist vorteilhafter als Heizbänder.

- **Temperaturbegrenzung**
Beim Entwurf der Heizeinrichtungen darf mit Blick auf den Explosionsschutz die jeweils zulässige Oberflächentemperatur nicht überschritten werden (vgl. Frage 18.3). Der betreffende Wert muß vorgegeben sein. Damit liegt ein zweiter oberer Grenzwert dafür fest, wie weit mit einer elektrischen Begleitheizung der technologisch geforderten Temperatur entsprochen werden kann.
Parallelheizbänder in selbstlimitierender Ausführung ermöglichen das ohne den sonst zwangsläufig vorgeschriebenen Temperaturbegrenzer. Solche Heizbänder wirken auch gegen zu hohe Umgebungstemperaturen selbstbegrenzend. Für höhere Temperaturklassen, T 5 (100 °C) und T 6 (85 °C), die aber nur selten vorkommen, steht nicht mehr das volle Sortiment an Heizbändern zur Verfügung.

DIN VDE 0165 (02.91) erlaubt es, bei wärmeisolierten Heizeinrichtungen die zulässige Oberflächentemperatur auf die äußere Oberfläche zu beziehen. Liegt also die Heizleitung z. B. unter der thermischen Isolierung eines Behälters oder einer Rohrleitung, dann muß der Meßpunkt nicht die Oberfläche der Heizleitung sein, sondern es darf auf dem Isoliermantel gemessen werden. Dem Planer nützt das wenig, weil er diesen Vergleichswert weder berechnen noch messen kann und die möglichen Schwachpunkte der Wärmeisolierung nicht kennt (Anschlußstellen, Flanschen; Reparaturen). Aber nicht nur deshalb **ist es ratsam, Heizleitungen für Ex-Anwendungen nur von spezialisierten Herstellern zu beziehen, die auch den Planer oder Errichter sicherheitsgerecht beraten.**

- **Anschlußbedingungen**
Vom Leitungsaufbau und vom Anschlußort (innerhalb oder außerhalb des Ex-Bereiches) hängt es ab, ob und welche Bedingungen am Speisepunkt (Kaltenden zur Temperaturminderung) und am Leitungsende zu erfüllen sind. Danach richtet es sich, ob ein „Trockenanschluß" möglich ist, Verguß erforderlich wird oder ob eine Schrumpfkappe den Abschluß bilden darf.

Kabel und Leitungen

– **Grundlagen, Gestaltung, Montage**
Im Band „Elektrische Heizleitungen" der Elektropraktiker-Bibliothek (Verlag Technik, Berlin) findet man vieles, was erst einmal bekannt sein sollte, bevor man sich mit den speziellen Fragen des Explosionsschutzes befaßt.
Einadrige Heizleitungen, die sich kreuzen oder stellenweise überdecken, können an diesen Stellen unkontrollierbare Temperaturen annehmen. Sie müssen daher unbedingt kreuzungsfrei verlegt werden. Bei Parallelheizbändern gibt es damit keine Probleme.
Die spezialisierten Hersteller teilen in ihren Prospekten, Anwendungsinformationen sowie in den Montage- und Betriebsanleitungen mit, wofür sich ihr Material eignet, wie man die erforderliche Heizleistung ermittelt und welches Zubehör gebraucht wird.

Betriebe der Chemieindustrie, in denen Begleitheizungen zunehmend angewendet werden, haben in Werksrichtlinien festgelegt, welche Systeme in ihren Unternehmen anzuwenden und wie sie auszulegen sind.

13 Leuchten und Lampen

Frage 13.1 Müssen Leuchten für Ex-Bereiche immer ein robustes Metallgehäuse haben?

Ganz und gar nicht, auch wenn das Bild auf dem Einband dieses Buches solche Vermutungen aufkommen läßt. Leuchten für explosionsgefährdete Bereiche müssen jedoch stabiler sein als andere, wenn sie erhöhten Belastungen ausgesetzt sind. **Das kann erforderlich werden** durch

- die mechanische Beanspruchung am Einsatzort (Grad der mechanischen Gefährdung hoch oder niedrig) und/oder
- die genormte Zündschutzart.

Da ein geschlossenes Leuchtengehäuse durch Temperaturwechsel mehr oder minder atmet, kann es entzündbare Gase ansaugen. Ein „d"-Gehäuse muß dem Explosionsdruck standhalten. In einem „e"-Gehäuse hingegen darf sich das Gas/Luft-Gemisch gar nicht erst entzünden, weshalb auch die Klemmen und Fassungen besonderen Bedingungen unterliegen.

Außerdem müssen in staubbelasteten Bereichen gefährliche Ansammlungen auf dem Leuchtengehäuse vermieden werden. Von der Form her kann eine Leuchte, wie man sie auf dem Einband sieht, fast alle diese Bedingungen erfüllen. Leuchten dieser Art gibt es schon seit vielen Jahren, sowohl für Glühlampen bis 200 W als auch für moderne Leuchtmittel. Im Bergbau unter Tage sind sie häufig anzutreffen, in der Industrie dagegen nur noch dort, wo die Beleuchtungsaufgabe auf andere Weise nicht zweckmäßig zu lösen ist. Die größte Ausführung einer EEx-d-Hängeleuchte schafft maximal 22 000 lm (Mischlichtlampe 400 W), hat ein Leichtmetallgehäuse, ist mit Zusatzgehäuse zur Kompensation etwa 870 mm hoch und belastet die Aufhängung mit 30 kg.

Das ist nicht erforderlich

- für Montageorte, wo die Leuchten mechanisch nicht gefährdet sind wie z. B. im Deckenbereich oder an Masten und/oder
- in Bereichen der Zone 2, wo nach DIN VDE 0165 (02.91) Leuchten in normaler Industriequalität verwendbar sind.

Wie das Angebot an Leuchten in leichter Bauweise für Ex-Bereiche zugenommen hat, erkennt man besonders bei den Langfeldleuchten für Zone 1. Weitere Beispiele zeigen die **Bilder 13.1** bis **13.3**.

Leuchten und Lampen 165

Frage 13.2 Welchen Einfluß hat die Zonen-Einstufung der Ex-Bereiche die Leuchtenauswahl?

In DIN VDE 0165 (02.91) ist das grundsätzlich wie folgt geregelt:
- **In den Zonen 0 und 10 (bzw. 20)** sind elektrische Betriebsmittel weitmöglich zu vermeiden, nur speziell dafür zugelassene Leuchten sind verwendbar (aber praktisch so gut wie nicht verfügbar).
- **In den Zonen 1 und 2** ist jede baumustergeprüfte explosionsgeschützte Leuchte verwendbar.
- **In den Zonen 2 und 11** sind Leuchten auch in normaler Ausführung zulässig, vorausgesetzt,
  - der Hersteller bestätigt den Einsatz für die jeweilige Zone und
  - die zulässige Oberflächentemperatur wird nicht überschritten. Letzere Bedingung gilt für alle Zonen. Unzulässig sind Temperaturen, die den Wert der Zündtemperatur des gefährdenden Stoffes erreichen oder überschreiten. Die Grenzwerte dafür sind unter Frage 6.6 erläutert.

Wenn sich auf einer Leuchte Staubschichten in einer Dicke > 5 mm einstellen können, muß die Verwendbarkeit speziell untersucht werden.
Weiteres zur Leuchtenauswahl für die Zonen 0 bis 2 enthält die Tafel 9.2.

Was ist außerdem zu beachten?
Auf die neuen Merkmale „Gerätegruppe" und „Gerätekategorie", die seit 1996 durch die EXVO eingeführt worden sind, geht die DIN VDE 0165 (02.91) natürlich nicht ein, ebenso nicht auf die neue Einteilung staubexplosionsgefährdeter Bereiche. Dafür schreibt die neue ElexV seit 1996 die Zonen 20 bis 22 vor. Das alles ist aber über die EXVO geregelt. Tafel 2.5 (siehe Frage 2.4.2) enthält die dafür gültige Einteilung explosionsgeschützter Betriebsmittel und die Zuordnung zu den Zonen.
Was beim Staubexplosionsschutz elektrischer Betriebsmittel für die neuen Zonen 20 bis 22 allgemein zu beachten ist, wird im Abschnitt 2.4 und speziell in der Frage 2.4.2 besprochen. Für Zone 22 kann man sich vorerst an die für Zone 11 geltenden Regeln halten und für Zone 20 an diejenigen für Zone 10. Die Zone 21 ist ein besonderer Anwendungsfall. Dafür sind zunächst nur solche Betriebsmittel zweifelsfrei anwendbar, die mit dem neuen Kennzeichen der Gerätekategorie 2D versehen sind (vgl. Tafel 2.5). Ob ein Betriebsmittel, das den Regeln für Zone 11 entspricht, ebenfalls verwendet werden darf, muß der Prüfung durch Sachverständige vorbehalten bleiben.

Frage 13.3 Welchen Einfluß haben die Temperaturklassen T1 bis T6 auf die Leuchtenauswahl?

Je höher die erforderliche Temperaturklasse, um so weniger Wärme darf entstehen, und dementsprechend **geringer ist die zulässige Lampenleistung.** Wie sich das auswirkt, zeigt **Tafel 13.1** an drei Beispielen für die maximal zulässige Bestückung, die einem Prospekt entnommen wurden.

166 Leuchten und Lampen

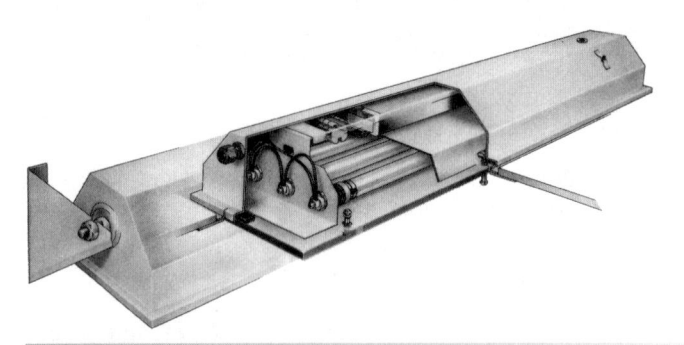

Bild 13.1 Beispiel einer Langfeldleuchte in EEx ed IIC T4, für 2 bis 4 St. Leuchtstofflampen in Stahlblechausführung als Hänge-, Wand- oder Einbauleuchte, vorzugsweise für Farbspritzkabinen *(Fa. Stahl)*

Bild 13.2 Flutlichtstrahler für Zone 2 in Ex n T4/T5 IP 66 (schwadensicher; Non-sparking IIC T4) für Natrium-Hochdruckdampflampe oder Quecksilber-Hochdruckdampflampe, je 250 W oder 400 W, kunststoffbeschichtetes Aluminiumgehäuse
(Fa. Cooper CEAG)

Bild 13.3 Notleuchte für die Zonen 1 und 2 in EEx d IIC T6 IP 67, mit Kompaktleuchtstofflampe 11 W/Glühlampe 3 W, Aluminiumgehäuse, Silikatglas *(Fa. Cooper CEAG)*

Leuchten und Lampen

Tafel 13.1 *Beispiele für die zulässige Lampenbestückung explosionsgeschützter Leuchten in Abhängigkeit von den Temperaturklassen T1 bis T6*

Leuchtenart	Schutzart, Lampenart	zulässige Bestückung in W bei					
		T1	T2	T3	T4	T5	T6
Wand- und Deckenleuchte (Schiffsarmatur)	EEx e Glühlampe	100	60	40	–	–	–
Hängeleuchte	EEx de IIB						
	Mischlicht	500	500	500	250	–	–
	HM	400	400	400	250	–	–
	HS	350	350	350	350	–	–
Langfeldleuchte	EEx ed IIC						
	Leuchtstoff	65	65	65	65		
optional	Ex sed					20	20

Geht man von einem gleich hohen Beleuchtungsniveau aus, so ist prinzipiell zu sagen:

- Je höher die Temperaturklasse, um so mehr Leuchten werden je Flächeneinheit erforderlich oder um so höher muß die Lichtausbeute bei gleicher Leistungsaufnahme sein.
- Bei Leuchten für Leuchtstofflampen bestehen praktisch keine Einschränkungen in den Temperaturklassen T1 bis T4.
- Leuchten für Glüh-, Mischlicht- und andere wärme- oder leistungsintensivere Lampen sind nur in der Zündschutzart „d" möglich, aber auch da mit zunehmenden Einschränkungen zwischen T4 und T6 sowie bei der höchsten Explosionsgruppe IIC. Wenn solche seltenen Fälle eintreten, sind sie im Entwurf der Beleuchtungsanlage immer problematisch. Dann ist zu empfehlen, zuerst die Einstufung für den Montageort zu überprüfen. Leuchten müssen sich nicht unbedingt in einem kritischen Ex-Bereich befinden.

Frage 13.4 Was muß bei der Lampenauswahl für Leuchten in Ex-Bereichen immer beachtet werden?

Falsch ausgewählte Lampen können unzulässige Temperaturen verursachen. Das ist vor allem bei Leuchten der Zündschutzart „e" bedeutsam, wo es im Gegensatz zu „d" besonders darauf ankommt, die Innentemperatur zu begrenzen. Lampen werden aber nicht mit einer Temperaturklasse gekennzeichnet. **Daher dürfen Leuchten für den Einsatz in Ex-Bereichen grundsätzlich nur mit solchen Lampen bestückt werden, mit denen sie geprüft und bescheinigt sind.** Nur in Bereichen der Zonen 2 und 11 ist das etwas anders (siehe auch Tafel 9.2).
Maßgebende Merkmale sind:

- Lampentyp und Bemessungswerte (Spannung, Leistung, AC oder DC, auf Sonderlampen achten),

- Gebrauchslage, besonders bei Glühlampen (Tendenz der Temperaturzunahme normaler Glühlampen in geschlossenen Leuchten):
  a) senkrecht/Kolben unten (= 100 %),
  b) waagerecht ($\cong$ 120 ... 145 %),
  c) senkrecht/Kolben oben ($\cong$ 130 ... 150 %); je kleiner die Lampe, um so größer der relative Temperaturanstieg,
- Lampenfarbe (farbige Lampen: erneute Prüfung erforderlich).

Die benötigten Daten sind dem Typschild der Leuchte oder der Dokumentation des Herstellers zu entnehmen.

Frage 13.5   Was ist bei Glühlampen unter Ex-Bedingungen besonders zu beachten?

Glühlampen sind nicht nur energetisch unwirtschaftlich. Wie unter 13.4 schon festgestellt wurde, sind sie unter Ex-Bedingungen auch nur eingeschränkt einsetzbar. Den Vorteil eines vollen Lichtstromes gleich nach dem Einschalten bieten heute auch Leuchtstofflampen mit EVG, allerdings nicht zu gleich günstigen Preisen.
Glühlampen wird man unter Ex-Bedingungen, wenn überhaupt, dann an Stellen einsetzen, die nur ab und an einmal für kurze Zeit beleuchtet werden müssen, z. B. ein untergeordneter Lagerraum, eine Grube, ein Schauglas; und in Handleuchten. **Was ist dazu außerdem zu beachten?** DIN VDE 0165 (02.91) legt weiterhin fest:

- In „e"-Leuchten für Allgebrauchslampen sind temperaturbegrenzte Lampen (nach DIN 49810 Teil 4 oder DIN 49812 Teil 4, mit den Kennzeichen „T im Dreieck" und „R im Kreis") zu verwenden;
- wenn diese Lampen in Zone 2 verwendet werden, darf die höchste Oberflächentemperatur an der Lampe um 50 K höher sein als die Zündtemperatur des gefährdenden Stoffes. Das geht zurück auf EN 50019 und richtet sich an den Leuchtenhersteller.
- Ortsveränderliche und andere mechanisch stark beanspruchte Leuchten erfordern stoßfeste Glühlampen (nach DIN 48810 Teil 3 oder 42-V-Lampen).

Nach TGL 200-0621 Teil 4 war für Glühlampen mit Doppelwendel in Ex-e-Leuchten der Lampentyp AHTD vorgeschrieben. Es ist nach Meinung des Verfassers nichts einzuwenden, wenn man ersatzweise eine der in DIN VDE 0165 (02.91) genannten temperaturbegrenzten DIN-Lampen gleicher Leistung einschraubt. In anderen Ländern sind temperaturgeprüfte Lampen mitunter gar nicht bekannt.

Frage 13.6   Welche zusätzlichen Bedingungen bestehen in Ex-Bereichen für Leuchtstofflampen?

Da Leuchtstofflampen zu den Arten von Lampen gehören, die nur typgerecht austauschbar sind und außerdem viel weniger Wärme entwickeln als Glühlampen, gibt

Leuchten und Lampen 169

es damit nur wenig Probleme. Neben den grundsätzlichen Bedingungen für Lampen (vgl. Frage 13.2) ist zu beachten:
– **In Bereichen**, in denen einer der sehr energiearm entzündbaren Stoffe der **Explosionsgruppe IIC** (z. B. Wasserstoff, Acetylen, Schwefelkohlenstoff) auftritt, kann sogar eine spannungslose Leuchtstofflampe bei Glasbruch zündgefährlich sein. In solchen Ex-Bereichen **dürfen Leuchtstofflampen nur transportiert und gewechselt werden, wenn keine gefährliche explosionsfähige Atmosphäre vorhanden ist.**
– Elektronische Vorschaltgeräte (EVG) mit ihren erheblichen auch sicherheitstechnischen Vorteilen eignen sich auch für Gleichspannung (DC; Notlicht!) und lösen die konventionellen induktiven Vorschaltgeräte (KVG) zunehmend ab. Eine Leuchte mit EVG kann sich aber mitunter zu einem kleinen 30-kHz-Störsender entwickeln, wenn eine Lampe fehlt. Das ist nicht zündgefährlich, macht sich jedoch in jeder nicht geschirmten Elektronik im Nahbereich bemerkbar.
– Was ist besser, die kostengünstigen Zweistiftsockel- bzw. Warmstartlampen oder Einstiftsockel- bzw. Kaltstartlampen? Für die Anlagensicherheit hat das nicht mehr die Bedeutung wie noch vor wenigen Jahren, denn ein EVG bewirkt in beiden Fällen einen flackerfreien Start und Betrieb.

Frage 13.7 Welche Natriumdampflampen sind verboten und warum?

Was bei Na-Hochdruckdampflampen nicht eintreten kann, ist bei Na-Niederdruckdampflampen gefährlich: das Austreten elementaren Natriums bei Lampenbruch und Feuchteeinfluß. Deshalb sind gemäß DIN EN 50019 Na-Niederdruckdampflampen nicht zulässig. Gemäß DIN VDE 0165 sind sie darüber hinaus auch für Zone 11 verboten. Für Zone 2 sollte der Ersatz geprüft werden, weil die DIN VDE 0165 darauf nicht ausdrücklich hinweist.

Frage 13.8 Darf man an Leuchten für Ex-Bereiche Änderungen vornehmen?

An Leuchten dürfen grundätzlich keine Veränderungen der typgeprüften Beschaffenheit vorgenomen werden, denn der Explosionsschutz einer Leuchte umfaßt innere und äußere Maßnahmen, die optimal aufeinander abgestimmt sind. Auch kleine Veränderungen, z. B. ein nicht serienmäßiger Blendschutz, eine farbige Glühlampe oder Farbe auf einem Schutzglas greifen in den prüftechnisch bestätigten Originalzustand ein und müssen von der Prüfstelle oder von einem Sachverständigen zusätzlich bescheinigt sein. Das trifft nicht zu
– für den Austausch von Originalteilen, die der Hersteller speziell dafür bereitstellt,
– für nicht baumustergeprüfte Leuchten in den Zonen 2 und 11,
– für den Verzicht auf das Schutzgitter, wenn eine Leuchte am Einsatzort mechanisch nicht beansprucht wird.

14 Elektromotoren

Frage 14.1 Welche Besonderheiten bringt der Explosionsschutz für die unterschiedlichen Arten von Elektromotoren mit sich?

Elektromotoren umfassen mit über 60 % den Hauptanteil aller explosionsgeschützten Betriebsmittel, gemessen am Prüfumfang der Physikalisch-Technischen Bundesanstalt (PTB). Fast alle Antriebsaufgaben sind auch explosionsgeschützt lösbar. Schon lange ist es nicht mehr so, daß man einen explosionsgeschützten Motor sofort am massiven Gehäuse und den Dreikant-Verschraubungen erkennt. Das Beispiel des **Bildes 14.1** zeigt, wie wenig sich ein moderner EEx-Motor äußerlich von einem nicht explosionsgeschützten Motor unterscheidet, und das sogar bei Druckfester Kapselung „d".

Bild 14.1 Beispiel eines explosionsgeschützten Getriebemotors in Zündschutzart Druckfeste Kapselung „d", Klemmkasten in Erhöhte Sicherheit „e" (Fa. Bauer)

Die sichere Wirksamkeit des Explosionsschutzes einer elektrische Maschine ist zum Teil an ergänzende anlagetechnische Maßnahmen gebunden. In welchem Umfang solche Maßnahmen erforderlich werden, hängt hauptsächlich ab von der Zündschutzart (z. B. Druckfeste Kapselung „d", Erhöhte Sicherheit „e", Überdruckkapselung „p"). Welche Zündschutzart sich jeweils am besten eignet, das ergibt sich aus:

- dem Funktionsprinzip (z. B. mit Schleifring, Kommutator; ohne funkenerzeugende Teile, z. B. Käfigläufer),
- der Bemessungsleistung (Baugröße) und Bauart,
- der Betriebsart (S1 bis S9),

Elektromotoren 171

- der elektrischen Schaltung (variable Drehzahl),
- den äußeren Einflüssen am Einsatzort (z. B. Staub).

Antriebe sind in der Regel fester Bestandteil technologischer Einheiten. Auf die Zündschutzart eines Elektromotors hat der Elektroplaner oder -errichter zumeist keinen Einfluß. Es nimmt ihm aber niemand ab, gewissenhaft zu prüfen, ob der Explosionsschutz des betreffenden Motors und die IP-Schutzart dem vorgesehenen Anwendungszweck entsprechen. Das hängt davon ab, welche Bedingungen bestehen durch

- den Aufstellungsort (Zone und weitere Umgebungseinflüsse),
- den Überlastschutz
- die Steuerung und
- die Wartung.

Grundlage dafür sind die Einstufung der Explosionsgefahr, die DIN VDE 0165 und die Betriebsanleitung des Motorenherstellers.

Frage 14.2 Welchen Einfluß hat die Zonen-Einteilung der Ex-Bereiche auf die Eignung von Elektromotoren?

Diejenigen Bereiche, in denen die größten Probleme zu vermuten wären, nämlich bei den Zonen 0 und 10 (bzw. 20), befinden sich hinter den Wandungen technologischer Einrichtungen, und dort sind Elektromotoren praktisch nicht anzutreffen. Die Beziehung elektrischer Maschinen zur Zonen-Einteilung ist in DIN VDE 0165 (02.91) grundsätzlich wie folgt geregelt:

- **in den Zonen 0 und 10 (bzw. 20)**
  sind nur dafür zugelassene und gekennzeichnete Maschinen verwendbar,
- **in den Zonen 1 und 2**
  genügen alle mit dem Ex-Symbol gekennzeichneten Motoren den Anforderungen,
- **in den Zonen 2 und 11 (bzw. 22)**
  dürfen gemäß DIN VDE 0165 (02.91) auch Motoren in normaler Ausführung verwendet werden.

Für **Zone 2** sind die Bedingungen in Tafel 9.2 angegeben. Für **Zone 11** gelten folgende Bedingungen:

- IP-Schutzart: allgemein $\geq$ IP 54, bei Käfigläufermotoren $\geq$ IP 44 mit Anschlußkasten $\geq$ IP 54,
- Überlastschutz zur Vermeidung unzulässiger Übertemperaturen (Grenztemperaturen unter Frage 6.6).

Wenn sich auf einem Motor Staubschichten in einer Dicke > 5 mm einstellen können, muß die Verwendbarkeit speziell untersucht werden.

Was außerdem zu beachten ist

Auf die neuen Merkmale der Gerätegruppe und Gerätekategorie, die seit 1996 durch die EXVO eingeführt worden sind, geht die DIN VDE 0165 (02.91) natürlich nicht ein, ebenso nicht auf die neue Einteilung staubexplosionsgefährdeter Bereiche, wofür die ElexV seit 1996 die Zonen 20 bis 22 vorschreibt. Dieses Problem tritt während des Übergangs auf die EXVO nicht nur bei Motoren auf, sondern bei allen Betriebsmitteln, und es wurde unter Frage 13.2 am Beispiel der Leuchten schon erörtert.

Frage 14.3 Welche Unterschiede für den Motorschutz ergeben sich aus der Zündschutzart?

Motoren in den Zündschutzarten Druckfeste Kapselung „d" und Überdruckkapselung „p" gewährleisten den Explosionsschutz schon durch das Prinzip der Zündschutzart. Da die Motorschutzeinrichtung dabei keine tragende Funktion übernehmen muß, stellt die Norm dafür keine zusätzlichen Bedingungen.
Bei Motoren der Zündschutzart „e" ist das nicht so. Im Grunde handelt es sich dabei zumeist um normale Asynchronmotoren. Der Explosionsschutz wird hauptsächlich durch folgende temperaturbegrenzende Zusatzmaßnahmen erreicht:

a) verringerte Auslastung durch Herabsetzen der Bemessungsleistung um etwa 10 bis 20 %, gestaffelt nach Temperaturklassen, und
b) Begrenzung des Temperaturanstieges infolge Überlastung; ergänzt durch
c) Verzicht auf Schleifringe, Kommutatoren oder andere kontaktgebende Teile (dafür Anwendung einer anderen Zündschutzart).

Ein spezieller Fall sind Synchronmotoren mit Anlaufkäfig.
Für die Maßnahmen nach a) und c) hat der Hersteller des Motors zu sorgen. Das schließt jedoch eine zündgefährliche Temperaturzunahme während des Betriebes nicht aus. Dann muß die Motorschutzeinrichtung gemäß b) eingreifen.

Frage 14.4 Unter welchen Voraussetzungen darf ein Motor nur mit einer speziell angepaßten Schutzeinrichtung betrieben werden?

Das wird immer dann erforderlich, wenn bei bestimmungsgemäßem Betrieb des Motors eine serienmäßige Schutzeinrichtung nicht die Gewähr bietet, gefährliche Temperaturspitzen hinreichend sicher abzufangen. Ein normales Bimetall ist kein thermisches Abbild des Motors. Es erwärmt sich schneller als die Motorwicklungen, kühlt aber auch schneller ab. Die Temperaturfühler eines thermischen Motorschutzes (TMS) sind in die Ständerwicklung eingebettet. Sie können dem Temperaturgeschehen wesentlich besser folgen, jedoch nur bei ständerkritischen Maschinen und auch nicht ganz zeitgleich.

Für Motoren, die im Dauerbetrieb laufen, ergeben sich aus dem thermisch verzögerten Auslöseverhalten der stromüberwachenden Bimetalle normalerweise keine Probleme. Bei Aussetzbetrieb dagegen kann der wiederkehrende Anzugstrom (auch

Elektromotoren

Anlaufstrom genannt) den Motor gefährlich aufheizen, wenn sich das Bimetall inzwischen abgekühlt hat. Dazu darf es nicht kommen.
In DIN VDE 0165 ist festgelegt, welche Bedingungen für den Schutz von elektrischen Maschinen zum Betrieb in explosionsgefährdeten Bereichen zu erfüllen sind.
Tafel 14.1 stellt die grundsätzlichen Bedingungen für die Beschaffenheit von Schutzeinrichtungen für explosionsgeschützte Elektromotoren zusammen.

Tafel 14.1 Festlegungen für zulässige Schutzeinrichtungen für Motoren in explosionsgefährdeten Bereichen (DIN VDE 0165)

Zündschutzart des Motors	Motorschutzeinrichtung bei den Betriebsarten		
	Dauerbetrieb S1	Kurzzeit- und Aussetzbetrieb S2 und S3	weitere Betriebsarten S4 bis S9
Erhöhte Sicherheit „e"	serienmäßige Schutzeinrichtung[1]	für den Motor geprüfte und dafür bescheinigte Schutzeinrichtung[2]	
Druckfeste Kapselung „d"	wie bei „e", TMS auch allein[2]	serienmäßige Schutzeinrichtung mit Zeitglied, TMS auch allein[2]	
Überdruckkapselung „p"	serienmäßige Schutzeinrichtung[1] oder mit dem Motor geprüfte und dafür bescheinigte Schutzeinrichtung; Betriebsanleitungen beachten		
bei jeder Zündschutzart	kein Überlastschutz erforderlich für Maschinen, die ihren Anzugstrom dauernd ohne unzulässige Erwärmung aushalten		
ohne Zündschutzart, Zone 2, 11 (22)	serienmäßige Schutzeinrichtung ausreichend (ausgenommen bei anderweitiger Festlegung des Motorherstellers)		

[1] serienmäßige Motorschutzeinrichtungen sind z. B. Motorschutzschalter oder Motorstarter nach DIN VDE 0660 mit stromabhängig verzögerter Auslösung, Gebrauchskategorie AC 3 oder AC 4 (TMS zusätzlich möglich),
[2] nur zulässig, wenn die Wirksamkeit der Schutzeinrichtung für den betreffenden Motor prüftechnisch nachgewiesen ist; Betriebsanleitung des Motorherstellers beachten.
TMS: Thermischer Motorschutz mit direkter Temperaturüberwachung; Eignungsnachweis: in der Prüfbescheinigung des Motors oder durch den Hersteller in Abstimmung mit der Prüfstelle.

Motorschutzeinrichtungen müssen allgemein

– allpolig wirken (zweipolig ausreichend in nicht starr geerdeten Netzen > 1 kV),
– mit Wiedereinschaltsperre versehen sein und auch bei Ausfall eines Außenleiters auslösen (z. B. mit Phasenausfallschutz),
– in kaltem Zustand eingestellt werden (3polige Belastung),
– auf den Bemessungsstrom eingestellt werden (nicht höher),
– bei Δ-Schaltung, wenn die Schutzeinrichtung mit den Wicklungssträngen in Reihe liegt, auf den 0,85fachen Bemessungsstrom eingestellt werden (Strangstrom).

174　Elektromotoren

Motorschutzeinrichtungen müssen außerdem bei Zündschutzart „e"

- vor Ablauf der Erwärmungszeit t_E auslösen,
- bei Schleifringläufern zusätzlich unverzögerte Überstromauslöser haben (einzustellen auf wenig oberhalb des größten Anlaufstromes, maximal auf das 4fache),
- bei Δ-Schaltung unter 2poliger Belastung, wenn mehr als das 3fache des Einstellstroms fließt, bei 0,87fachem Anzugstrom innerhalb t_E auslösen.

Frage 14.5　Auf welche Bemessungsdaten kommt es bei Motoren der Zündschutzart „e" besonders an?

Die Auswahl einer Schutzeinrichtung für Motoren der Zündschutzart Erhöhte Sicherheit „e" ist an zwei charakteristische Kennwerte gebunden: die Erwärmungszeit t_E und das Anzugstromverhältnis I_A/I_N. Diese Werte gehören zu den Angaben, die in der Dokumentation und auf dem Prüfschild der Maschine angegeben sein müssen.

1.　Erwärmungszeit t_E

Das ist die Zeit in Sekunden, die eine betriebswarme Drehstrommaschine benötigt, bis sie der Anzugstrom (bei höchstzulässiger Umgebungstemperatur) auf die zulässige Grenztemperatur aufgeheizt hat. Es dauert verhältnismäßig lange, bis eine kalte Maschine auf Betriebstemperatur kommt, aber im Störungsfall eben nur Sekunden, bis durch weitere Erwärmung die Grenztemperatur erreicht sein kann. **Bild 14.2** stellt das grafisch dar.
Bei gefährlicher Überlastung muß die Schutzeinrichtung den Motor innerhalb t_E vom Netz trennen. Die zulässige Grenztemperatur richtet sich einerseits nach der Zündtemperatur des gefährdenden Stoffes bzw. nach der entsprechenden Temperatur-

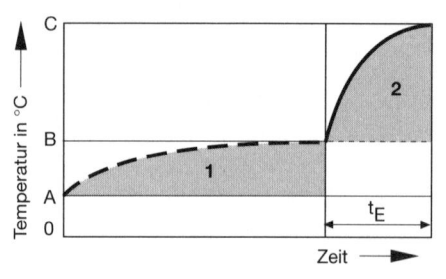

A　höchstzulässige Umgebungstemperatur
B　Temperatur bei Bemessungsleistung
C　Grenztemperatur
1　Temperaturanstieg bei Nennbetrieb
2　weiterer Temperaturanstieg unter Prüfbedingungen

Bild 14.2 *Temperaturzunahme während der Erwärmungszeit t_E (nach DIN EN 50019 VDE 0170/0171 Teil 6)*

klasse, andererseits nach der thermischen Belastbarkeit der Isolierstoffe bzw. nach der Wärmeklasse (Isolationsklasse).

2. Anzugstromverhältnis I_A/I_N

Die höchstmögliche Überlastung kommt zustande, wenn der Läufer blockiert. Dann bringt der Anzugstrom die Temperatur relativ schnell auf hohe Werte. Das ist abhängig vom Anzugstromverhältnis des Motors. Je größer es ist, um so schneller erwärmt er sich. Deswegen werden dem Motorenhersteller in DIN EN 50019 VDE 0170/0171 Teil 6 Mindestwerte für t_E auferlegt. Drei herausgegriffene Wertepaare zeigen die Größenordnung:

- $t_E \geq 5$ s bei $I_A/I_N \geq 7$ (kleinster zulässiger t_E-Wert),
- $t_E \geq 10$ s bei $I_A/I_N \geq 4{,}25$,
- $t_E \geq 30$ s bei $I_A/I_N \geq 2{,}5$.

Die stromabhängig verzögerte Schutzeinrichtung eines Drehstrommotors (das Bimetall) muß so ausgewählt werden, daß die **Auslösezeit bei I_A/I_N** bezogen auf den **kalten Zustand** und **20 °C Raumtemperatur** nicht höher ist als der für die Maschine angegebene der t_E-Wert. **Bild 14.3** zeigt den Zusammenhang an zwei Beispielen.

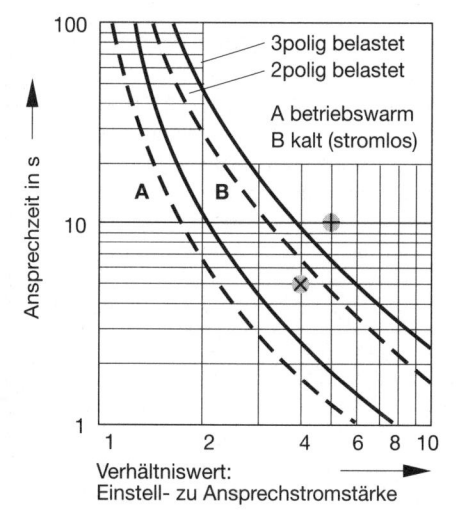

✚ Beispiel 1, Motordaten: $I_A/I_N = 5$, $t_E = 10$ s
   Ansprechzeit ist ausreichend

✖ Beispiel 2, Motordaten: $I_A/I_N = 4$, $t_E = 5$ s
   Ansprechzeit ist nicht ausreichend

Bild 14.3 *Beispiele für die Auswahl einer stromabhängig verzögerten Motorschutzeinrichtung (Bimetallauslöser) anhand der Kennlinien*

Am Betriebsort müssen Kennlinien der Schutzeinrichtung verfügbar sein, aus denen die Ansprech- bzw. Auslösezeiten in Abhängigkeit von der Belastung deutlich hervorgehen. **Tafel 14.1** enthält Angaben zur abweichenden Vorgehensweise bei Δ–Schaltung. Für Maschinen mit Alleinschutz durch TMS bleibt I_A/I_N zwar ebenfalls wesentlich, aber t_E hat keine Bedeutung.

3. Was man dazu noch beachten sollte

Die Ansprechzeiten stromüberwachender Auslöser verringern sich mit zunehmender Erwärmung, teilweise sogar bis auf etwa 25 % der Werte im kalten Zustand. Schwierigkeiten bei der Suche nach einem passenden Motorschutzschalter oder -starter deuten sich an, wenn eine oder mehrere der folgenden Bedingungen auftreten:

- $I_A/I_N > 6$, schwerer Anlauf,
- $t_E < 10$ s (und verstärkt bei $t_E < 7$ s),
- Temperaturklassen T4 bis T6.

Frage 14.6   Was gilt bei Motoren im elektrischen Explosionsschutz als „schwerer Anlauf"?

Schwierige oder häufige Anlaufvorgänge verursachen Erwärmungen, die bei Motoren der Zündschutzart „e", wenn überhaupt, dann nur mit speziellen thermischen Schutzmaßnahmen beherrschbar sind. Einfache stromüberwachende Schutzeinrichtungen eignen sich prinzipiell nur für Motoren, die leicht und nicht sehr häufig anlaufen.
„Schwerer Anlauf" im Sinne der Norm liegt vor, wenn eine normal ausgewählte Überstromschutzeinrichtung schon anspricht, bevor der Motor seine Betriebsdrehzahl erreicht hat. Das ist erfahrungsgemäß zu erwarten, sobald die Anlaufzeit t_A mehr beträgt als das 1,7fache der Erwärmungszeit t_E. Typische Beispiele für schwere Anlaufbedingungen sind Antriebe für Verdichter, Ventilatoren, Kolbenpumpen. Häufige Anlaufwiederholung kann z. B. vorkommen bei Aufzügen, Hebezeugen, Tür- und Klappenantrieben, speziellen Fördereinrichtungen.
Mit einer zeitgesteuerten Anlaufstrom-Überbrückung läßt sich das vorzeitige Auslösen der Schutzeinrichtung verhindern. Unzulässige Temperaturen dürfen auch dabei nicht auftreten. Deshalb sollte man sich für diese Lösung erst nach sachverständiger Prüfung entscheiden, es sei denn, der Motor befindet sich in einem Bereich der Zonen 2 oder 11 (bzw. 22).

Frage 14.7   Was ist bei variablen Drehzahlen zu beachten?

Für Motoren mit schaltungstechnischer Drehzahländerung, z. B. polumschaltbare Motoren, stellt der Explosionsschutz keine höheren Forderungen an den Motorschutz, als bisher schon gesagt wurde. Wo die Prozeßleittechnik mit variabel wählbaren Drehzahlen arbeitet, kommen frequenzgesteuerte Motoren zum Einsatz.

Elektromotoren 177

Für Motoren, die zur Drehzahländerung über Umrichter betrieben werden dürfen, muß dies in der Prüfbescheinigung angegeben sein. Dort sind dann auch die zulässigen Betriebsdaten festgelegt.
So ist es aus DIN VDE 0165 (02.91) zu entnehmen. Betrifft dies einen Motor der **Zündschutzart „e"**, so fordert die Norm außerdem noch, daß die Kombination von Motor, Umrichter und Schutzeinrichtung gemeinsam geprüft und als zusammengehörig gekennzeichnet sein muß.
Bei Motoren der **Zündschutzart „d"** hingegen darf teilweise eine einfachere Verfahrensweise angewendet werden. Voraussetzungen dafür sind: Der „d"-Motor ist von der Prüfstelle für $\leq$ T4 und für TMS als vollwertigen Motorschutz bescheinigt. Dann kann der Hersteller selbst prüfen und muß bestätigen, daß sich der Motor für Umrichterbetrieb eignet. Auch hier gehört immer eine Betriebsanleitung dazu, aus der die jeweiligen Betriebsbedingungen hervorgehen.

Frage 14.8 Was ist in Verbindung mit der neuen Normspannung 400 V prinzipiell zu beachten?

Seit einiger Zeit wird in gleitendem Übergang die Normspannung 400 V eingeführt mit dem Ziel, diese Spannungsebene gemäß IEC 38 weltweit einheitlich anzuwenden. Mit Blick auf den Explosionsschutz treten beim Wechsel von 380 V auf 400 V Anpassungsprobleme auf. Sie werden verursacht durch:

– die Toleranzen und -unterschiede der Spannungen für Netze und für Motoren (Bemessungswerte),
– die betrieblichen Verhältnisse am Einsatzort (Betriebswerte; kleinster Wert der Klemmenspannung, Motorschutzeinrichtung).

Grundsätzlich kann folgendes gesagt werden:

1. Zum weiteren Betreiben von 380-V-Motoren

– zulässig bei Klemmenspannungen < 400 V,
– prüfungsbedürftig bei Klemmenspannungen $\geq$ 400 V,
  • Es ist eine Sachverständigen-Prüfung und -Bescheingung erforderlich. Die Erfolgsaussichten sind weniger günstig bei kleiner Leistung, t_E < 10 s, Temperaturklasse > T4, höherer Drehzahl oder cos φ < 0,85.
  • Es ist eine neue Beschilderung erforderlich.

2. Zum Einsatz neuer 400-V-Motoren

Die Klemmenspannung muß mindestens 380 V betragen (400 V ± 5 %)

3. Zur Prüfung des weiteren Einsatzes von 380-V-Motoren

- Netzverhältnisse und Einsatzbedingungen konkret ermitteln,
- Prüfung des Einzelfalles durch Sachverständigen in Verbindung mit dem Motorhersteller oder der Prüfstelle,
- Motorschutzeinrichtung überprüfen.

15 Eigensichere Anlagen

Frage 15.1 Was hat man unter einer eigensicheren Anlage zu verstehen?

So bezeichnet man eine **explosionsgeschützte elektrische Anlage, in der hauptsächlich die Zündschutzart Eigensicherheit angewendet wird** mit allem, was dazu gehört. Und das sind nicht nur eigensichere Betriebsmittel oder ein eigensicherer Stromkreis. Weil eigensichere Stromkreise und Anlagen prinzipiell nur mit kleinen Energien arbeiten, sind sie hauptsächlich in der Automatisierungstechnik anzutreffen. Eine eigensichere Anlage

– kann aus einem oder mehreren eigensicheren Stromkreisen bestehen,
– kann elektrisch verbundene eigensichere Stromkreise (eigensichere Systeme) enthalten,
– kann außerhalb des explosionsgefährdeten örtlichen Bereiches (Ex-Bereich) auch nicht eigensichere Stromkreise aufweisen und
– verbindet die Anlagenteile im Ex-Bereich mit der MSR-Zentrale und/oder dem Prozeßleitsystem.

Die grundsätzlichen Bedingungen für das Errichten eigensicherer Anlagen sind festgelegt in den Normen

– DIN VDE 0165 in Verbindung mit
– DIN EN 50020 VDE 0170/0171 Teil 7 und
– DIN EN 50039 VDE 0170/0171 Teil 10.

Für den Bestandsschutz ostdeutscher Altanlagen gelten TGL 200-0621 Teil 1 und Teil 5 in Verbindung mit TGL 55041.

Frage 15.2 Was sind die wesentlichen Besonderheiten eigensicherer Stromkreise?

Das Wirkprinzip der Zündschutzart Eigensicherheit und der anderen Zündschutzarten wurde im Abschnitt 7 (Bild 7.1) dargestellt. Für eigensichere Stromkreise sind folgende Besonderheiten charakteristisch:

1. Weder ein Kontaktfunke noch eine Wärmequelle, ein Kurzschluß oder Erdschluß können zündgefährlich werden, denn **in eigensicheren Stromkreisen sind die elektrischen Verhältnisse so begrenzt, daß weder im ungestörtem Betrieb noch bei definierten Fehlern zündgefährliche Energie- oder Temperaturwerte auftreten.** Die Energiedaten des Stromkreises ($LI^2/2$ und/oder $CU^2/2$) verbleiben unterhalb der Werte, die zur Entzündung explosionsfähiger Gemische erforderlich sind (Mindestzündenergie, Mindestzündstrom, Zündtemperatur).
2. **Die Betriebsmittel in eigensicheren Stromkreisen einschließlich der Kabel und Leitungen werden hellblau gekennzeichnet.**

3. **Eigensichere Stromkreise sind sehr empfindlich gegen Störeinflüsse von außen.** Sie sind zwar
   - prinzipiell gegen Erde zu isolieren,
   - müssen jedoch geerdet werden, wenn es aus Sicherheitsgründen erforderlich ist (z. B. in Stromkreisen mit Sicherheitsbarrieren ohne galvanische Trennung) und
   - dürfen geerdet werden, wenn es ihre Funktion erfordert (z. B. bei geschweißten Thermoelementen). Isolationsspannung: $\geq$ AC 500 V (kann bei geringer isolierten Betriebsmitteln Überspannungsschutz erfordern!); Ausnahmen sind in **Tafel 15.1** enthalten.
5. Der eigensichere Stromkreis kann auch aus galvanisch voneinander getrennten Teilen bestehen oder nur Teil eines Stromkreises sein und zur Übertragung analoger oder digitaler Signale dienen.
6. Die Zündschutzart Eigensicherheit „i" benötigt für ihre Wirksamkeit im Gegensatz zu den anderen Zündschutzarten prinzipiell kein Gehäuse.
7. **Es darf grundsätzlich unter Spannung gearbeitet werden.** (Notwendigkeit explosionsgeschützter Geräte überprüfen, aktive energiespeichernde Arbeitsmittel dürfen die Eigensicherheit nicht beeinträchtigen).

Frage 15.3   Welche Forderungen bestehen für das Errichten eigensicherer Stromkreise?

An das Errichten von eigensicheren Stromkreisen knüpft die Norm DIN VDE 0165 (02.91) zahlreiche Bedingungen. **Tafel 15.1** faßt die Grundsätze zusammen. Die Forderungen sind **für die Zone 1 formuliert, gelten auch für Zone 10** und werden auch **in den Zonen 2 und 11 praktiziert**. Für **Zone 0** bestehen **verschärfende Bedingungen**.
Weiteres zur Betriebsmittelauswahl wird in der Frage 15.4 behandelt. Abschnitt 12 geht auf die grundsätzlichen Bedingungen zur Auswahl von Kabeln und Leitungen ein. Darüber hinaus soll auf folgendes hingewiesen werden:
Für den Bestandsschutz ostdeutscher Altanlagen gilt TGL 200-0621 Teil 5. Diese Norm empfiehlt für nicht abgeschirmte Kabel und Leitungen eigensicherer Stromkreise, die parallel zu Starkstromkabeln oder -leitungen verlaufen, je nach Intensität der Fremdeinflüsse Abstände $\geq$ 200 mm.

Eigensichere Anlagen

Tafel 15.1 *Übersicht über grundsätzliche Bedingungen für eigensichere Stromkreise in Zone 1 gemäß DIN VDE 0165 (02.91)*

Merkmal	Bedingungen
Schutz gegen Fremdspannung	– allgemein erforderlich, auch für nicht eigensichere Kreise, die mit eigensicheren Kreisen galvanisch verbunden sind, Schutz gegen Blitzüberspannungen einbeziehen
Erdung	– allgemein erdfrei ($\geq$ 15 kΩ gilt als erdfrei); funktionsbedingtes Erden erlaubt, – Erdungszwang bei sicherheitsbedingtem Erfordernis; dazu Anschluß an den Potentialausgleich (nur an einer Stelle zulässig), – bei eigensicheren Betriebsmitteln mit Metallgehäuse nicht erforderlich (Zone 0: erforderlich)
Kabel und Leitungen	– isolierte Leiter, Prüfspannung $\geq$ AC 500V, – Leiterdurchmesser $\geq$ 0,1 mm (auch Einzeldraht), – zweckmäßige Abschirmung (Oberflächenbedeckung $\geq$ 60 %) oder Verdrillung (meist schon vorhanden), – bei mehr als einem eigensicheren Stromkreis in einem Kabel oder einer Leitung, ohne daß eine Fehlerbetrachtung nach DIN EN 50039 VDE 0170/0171 Teil 10 (i-Systeme) vorgenommen wird: spezielle Bedingungen beachten (Dicke der Isolierung, Prüfspannung, maximale Betriebsspannung, Beschaffenheit der Schirmung), – unzulässig: gemeinsame Führung mit Adern von nicht eigensicheren Stromkreisen in gleicher Umhüllung; in Kanälen aber erlaubt, entweder • mit Isolierstoff-Zwischenlage oder • bei Verwendung von Leitungen mit Mantel oder Hülle für die eigensicheren oder die nicht eigensicheren Stromkreise oder • bei nicht eigensicheren Stromkreisen mit $\leq$ AC 42 V oder DC 60 V; so auch erlaubt für Stromkreise auf der nicht eigensicheren Seite von Potentialtrennern, jedoch nicht bei Sicherheitsbarrieren, – in i-Betriebsmitteln: DIN EN 50020 VDE 0170/0171 Teil 7 beachten, – Kennzeichnung hellblau (Aderumhüllung, außerdem in/auf Klemmenkästen und an Trassen, Verwechslung mit anderen blauen Kennzeichnungen ausschließen
Betriebsmittel mit speziellen Bedingungen	– Sicherheitsbarrieren (Erdung), – zugehörige Betriebsmittel (Zusammenschaltungen, Eigensicherheitsnachweis für i-Systeme), – Bestimmungen für spezielle Anlagen (z. B. elektrostatisches Sprühen; hohe Spannung)

Frage 15.4 Welchen Einfluß hat die Zoneneinteilung auf die Auswahl von Betriebsmitteln für eigensichere Stromkreise?

Vorab ist hierzu anzumerken:
Alle folgenden Angaben für die Eignung elektrischer Betriebsmittel setzen voraus, daß damit die elektrischen Grenzwerte für den i-Stromkreis oder das i-System nicht überschritten werden. Das gilt auch für explosionsgeschützte Betriebsmittel anderer Zündschutzarten, die in Verbindung mit eigensicheren Kreisen verwendet werden!

In Abhängigkeit von der Zoneneinstufung stellt DIN VDE 0165 (02.91) folgende Bedingungen bei der Auswahl von Betriebsmitteln für i-Stromkreise:

- **Zonen 0 und 10 (bzw. 20)**
  In diesen Zonen sind nur dafür zugelassene und gekennzeichnete i-Betriebsmittel verwendbar (auch solche der Kategorie „ia", ausgenommen wenn sie schon die neue Kennzeichnung der Gerätekategorie 1G bzw. 1D tragen).
  Für Zone 0 müssen eigensichere und zugehörige Betriebsmittel als Bestandteil der eigensicheren Anlage (System) besonders bescheinigt sein. Zusätzlicher örtlicher Potentialausgleich wird auch für Metallgehäuse gefordert, ausgenommen, es sind nur i-Betriebsmittel installiert.
- **Zonen 1 und 2**
  In diesen Zonen sind alle mit dem Ex-Symbol gekennzeichneten i-Betriebsmittel der Kategorie „ia" oder „ib" verwendbar (neu: Gerätekategorien 1G bis 3G, letztere aber nur für Zone 2), außerdem die im folgenden noch erläuterten nicht Ex-gekennzeichneten Betriebsmittel (weiteres unter 15.8)
- **Zone 2**
  Die Norm enthält keine speziellen Festlegungen zur Betriebsmittelauswahl in i–Kreisen. Allgemein ist die Erlaubnis nicht Ex-gekennzeichneter (normaler) Betriebsmittel in Zone 2 daran gebunden, daß der Hersteller die Eignung für Zone 2 bestätigt hat. Nach Auffassung des Verfassers besteht an dieser Stelle ein Widerspruch: Wenn die Norm diese Bedingung an normale Betriebsmittel für i–Kreise der Zone 1 nicht stellt, macht sie auch für Zone 2 keinen Sinn.
- **Zone 11**
  Für diese Zone enthält DIN VDE 0165 ebenfalls keine speziellen Festlegungen für eigensichere Stromkreise. Es gelten die gleichen Festlegungen wie für andere Betriebsmittel in staubexplosionsgefährdeten Bereichen. Ein Mindestwert für die IP-Schutzart ist nicht festgelegt.
  Trotzdem sollte man die IP-Schutzart mit der gleichen Sorgfalt bedenken wie sonst auch, besonders aber dort, wo leitfähiger Staub an das Gehäuse gelangen kann.

Frage 15.5 Welche Arten elektrischer Betriebsmittel können zu einem eigensicheren Stromkreis gehören?

In einen eigensicheren Stromkreis (im folgenden i-Kreis genannt) können verschiedenartige Betriebsmittel einbezogen sein. **Die Betriebsmittel** können wie folgt unterteilt werden:

a) **eigensicher** (DIN EN 50020 VDE 0170/0171 Teil 7)
   - **in den Kategorien „ia" oder mindestens „ib"** (hohes Niveau oder Mindestniveau, vgl. hierzu auch Frage 7.4),
b) **teilweise eigensicher** (als „zugehöriges Betriebsmittel") und haben
   - kein explosionsgeschütztes Gehäuse oder
   - ein explosionsgeschütztes Gehäuse,
c) **nicht eigensicher** (aber anderweitig explosionsgeschützt),

Eigensichere Anlagen 183

d) **normale Bauart** (ohne bescheinigten Explosionsschutz, auch als „einfache Betriebsmittel" bezeichnet); Betriebsmittel können
 – elektrisch aktiv oder
 – elektrisch passiv (mit oder ohne speichernde Bauteile) wirksam sein.

Beispiele:

a) Thermoelemente (aktiv), Widerstandsthermometer (passiv),
b) Netzgeräte oder andere „zugehörige Betriebsmittel" (z. B. Potentialtrenner, Sicherheitsbarrieren; siehe auch Frage 6.7),
c) Elektronikteile mit energiespeichernden oder wärmeabgebenden Elementen (C, L, R),
d) LEDs, Schaltkontakte, Klemmengehäuse (weiteres dazu unter 15.8).

Frage 15.6 Welche Bedingungen müssen grundsätzlich erfüllt werden, um die Eigensicherheit zu gewährleisten?

Es müssen gerätetechnische und anlagetechnische Bedingungen eingehalten werden, um innere und von außen einwirkende magnetische, elektrische oder anderweitige Störungen auszuschließen.
Die C- und L-Werte (bei ohmschen Kreisen L/R) müssen spannungs- und/oder stromabhängig begrenzt bleiben. Das gilt nicht zuletzt auch für die verbindenden Kabel und Leitungen, und da vor allem für die Kapazität C (vgl. Frage 12.10). Kabel und Leitungen von weniger als 1 000 m Länge dürfen als konzentrierte Kapazitäten berücksichtigt werden. Wenn keine Herstellerangaben zur Verfügung stehen, befindet man sich bei handelsüblichen Kabeln und Leitungen mit dem Literaturwert ≤ 200 nF/km im sicheren Bereich.
Damit das alles erfüllt und überprüft werden kann, ermitteln die Hersteller von i–Stromquellen, welche äußeren Grenzwerte dafür zulässig sind und geben sie auf den Stromquellen an. Für die anzuschließenden eigensicheren Betriebsmittel stellen die Hersteller die (Ist-) Werte an den Klemmen fest und geben sie auf den Betriebsmitteln an.
Ebenso wichtig ist es, die Erfordernisse des Potentialausgleiches unter den spezifischen Bedingungen festzustellen und sowohl für die Betriebsmittel als auch für die Schirme und Bewehrungen von Kabeln und Leitungen (Mindestquerschnitte, Anschlußstelle an das Potentialausgleichssystem usw.) zu gewährleisten. Die Errichtungsnorm und Anweisungen des Herstellers sind zu beachten.
Darüber hinaus muß folgendes beachtet werden:
Für aktive i-Kreise werden die maximal zulässigen Werte der äußeren Induktivität L_0 und der Kapazität C_0 angegeben (vgl. Frage 15.7, Bild 15.1). Nach neuer europäischer Praxis sind diese Werte so zu verstehen, daß nur einer dieser Werte, also entweder L_0 als konzentrierte Induktivität oder C_0 als konzentrierte Kapazität, an den betreffenden Klemmen vorhanden sein darf. Werden beide Grenzwerte voll beansprucht, so kann der mit 1,5 vorgeschriebene Sicherheitsfaktor auf < 1 sinken. Diese neue Erkenntnis zwingt jedoch nicht zu besonderen Maßnahmen, solange es sich im Blick auf die Grenzwerte nur um Leitungsreaktanzen handelt.

Frage 15.7 Welche elektrischen Grenzwerte sind bei eigensicheren Stromkreisen besonders wichtig?

Bild 15.1 stellt die maßgebenden elektrischen Kenngrößen im Zusammenhang gegenüber. Die Anlagenplaner und -errichter müssen

- die maßgebenden elektrischen Grenzwerte für den eigensicheren Außenkreis ermitteln und einhalten,
- die weiteren Errichtungsbedingungen nach DIN VDE 0165 erfüllen,
- die genormten Schutzabstände zu Teilen von nicht eigensicheren Stromkreisen beachten und
- bei zusammengeschalteten Stromquellen (aktive zugehörige Betriebsmittel) die Eigensicherheit der Anlage nachweisen.

Mit dem Umfang einer eigensicheren Anlage wachsen leider auch die Schwierigkeiten beim Nachweis der eigensicheren Verhältnisse. Ein einfacher i-Kreis kann z. B. aus einem Netzgerät (zugehöriges Betriebsmittel), einem konventionellen Schaltkontakt und einem i-Betriebsmittel bestehen. Wenn die Ist-Werte insgesamt die zulässigen Werte für den i-Außenkreis des Netzgerätes nicht überschreiten, gibt es zumeist

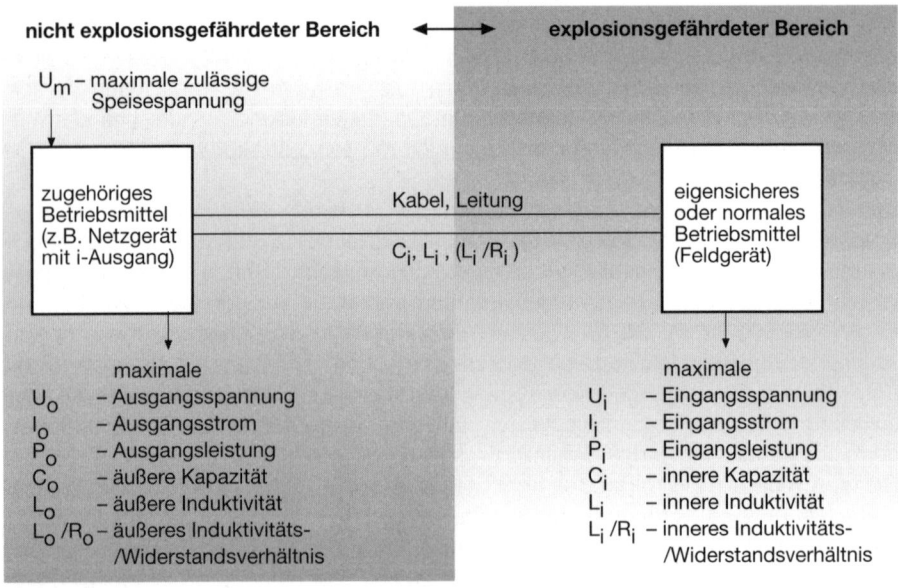

nicht explosionsgefährdeter Bereich ←→ **explosionsgefährdeter Bereich**

U_m – maximale zulässige Speisespannung

zugehöriges Betriebsmittel (z.B. Netzgerät mit i-Ausgang) — Kabel, Leitung $C_i, L_i, (L_i/R_i)$ — eigensicheres oder normales Betriebsmittel (Feldgerät)

maximale
U_o – Ausgangsspannung
I_o – Ausgangsstrom
P_o – Ausgangsleistung
C_o – äußere Kapazität
L_o – äußere Induktivität
L_o/R_o – äußeres Induktivitäts-/Widerstandsverhältnis

maximale
U_i – Eingangsspannung
I_i – Eingangsstrom
P_i – Eingangsleistung
C_i – innere Kapazität
L_i – innere Induktivität
L_i/R_i – inneres Induktivitäts-/Widerstandsverhältnis

Bedingungen:
$U_o, I_o, P_o \leq U_i, I_i, P_i;\ \ C_o \geq \Sigma C_i\ (\Sigma C_i = C_a);\ \ L_o \geq \Sigma L_i\ (\Sigma L_i = L_a);\ \ L_o/R_o \geq \Sigma L_i/R_i$

Bild 15.1 Kennwerte eigensicherer Stromkreise gemäß DIN EN 50020 VDE 0170/0171 Teil 7

keine Probleme. Je mehr Betriebsmittel im i-Kreis miteinander verbunden sind, besonders bei einer Zusammenschaltung mehrerer i-Stromquellen, um so mehr greifen die Festlegungen von EN 50020 DIN VDE 0170/0171 in die Anlage ein, und um so schwieriger wird es, die Eigensicherheit eindeutig zu belegen.
Als Grundlage dienen genormte Zündgrenzkurven für C-, L- oder R-Stromkreise, spezielle Sicherheitsfaktoren und weitere Festlegungen in DIN EN 50020 VDE 0170/0171 Teil 7. Anleitung gibt der PTB-Bericht W-39. So besehen stellen eigensichere Anlagen auch an die Qualifikation der Planer und Prüfer besondere Anforderungen.
Anmerkung: Anhang A der DIN VDE 0165 (02.91) enthält die Tabellen A.2. und A.3. mit Zündspannungen für Leitungslängen von 1 bis 3 km. Im Text zu Tabelle A.3. muß es richtig heißen „... davon mehr als 200 m des Leitungsendes innerhalb des explosionsgefährdeten Bereiches".

Frage 15.8 Welche elektrischen Betriebsmittel normaler Bauart darf ein eigensicherer Stromkreis enthalten?

An sich besteht der Gedanke der Eigensicherheit ja darin, durch das Verwenden einer nicht zündgefährlichen (eigensicheren) Energiequelle weitere Explosionsschutzmaßnahmen überflüssig zu machen. Von der angedachten Einfachheit einer solchen Anlage mit Betriebsmitteln normaler Bauart hat jedoch vor allem der Betreiber den Nutzen, weniger der Planer oder Errichter.
Die ElexV, DIN EN 50014 VDE 0170/0171 Teil 1 und VDE 0165 stimmen darin überein, daß in folgenden explosionsgefährdeten Bereichen normale Betriebsmittel zulässig sind:
– Einrichtungen, in denen keiner der Werte 1,2 V; 0,1 A; 20 µJ oder 25 mW überschritten werden kann,
– **in eigensicheren Stromkreisen, wenn sie deren Sicherheit nicht beeinträchtigen können.** Davon kann man ausgehen, wenn die Bedingungen in DIN VDE 0165 (02.91) erfüllt werden. Die Norm schränkt die Anwendung normaler Betriebsmittel in i-Kreisen für Zone 1 wie folgt ein:
  • Sie dürfen keine Spannungsquelle enthalten.
  • Sie müssen identifizierbar gekennzeichnet sein, z. B. mit der Typbezeichnung.
  • Es müssen die elektrischen Kenndaten und das Erwärmungsverhalten eindeutig bekannt sein (zulässige Grenzwerte beachten, keine energiespeichernden Elemente, Erwärmung muß unterhalb der Grenztemperatur bleiben).
Außerdem müssen sie
  • den Baubestimmungen für i-Betriebsmittel nach DIN EN 50020 VDE 0170/0171 Teil 7 entsprechen (z. B. Luftstrecken, Abstände, Verguß, Abdeckung der Klemmen, kein elektrostatisch aufladbares Gehäuse) und
  • einer Temperaturklasse und einer Explosionsgruppe zugeordnet werden (bei Schaltern, Steckverbindern und Anschlußklemmen formal möglich in T6 IIC).

Als Beispiele für solche Betriebsmittel führt die Norm an:
Schalter, Steckvorrichtungen, Klemmenkästen, Meßwiderstände, einzelne Halbleiterbauelemente, Spulen (Drehspulgeräte), Kondensatoren, elektrische Wegfühler nach DIN 19 234.

Da aber die letztgenannte Bedingung, das Erfüllen der i-Baubestimmungen, nur mühevoll kontrollierbar ist, bringt die beabsichtigte Erleichterung in der Betriebsmittelauswahl für Zone 1 nur selten einen realen Vorteil.
DIN EN 50020 VDE 0170/0171 Teil 10 verwendet den Begriff „einfache elektrische Betriebsmittel". Das sind Betriebsmittel oder kombinierte einfache Bauteile mit genau bekannten elektrischen Parametern, die die Eigensicherheit des betreffenden Stromkreises nicht beeinträchtigen. Die Norm listet detailliert auf, unter welchen Bedingungen ein Betriebsmittel dazu gerechnet werden muß.

Frage 15.9 Wodurch unterscheidet sich eine Sicherheitsbarriere von einem Potentialtrenner?

Sowohl Sicherheitsbarrieren als auch Potentialtrenner sind dazu bestimmt, den eigensicheren Teil innerhalb Stromkreises so zu schützen, daß die Eigensicherheit auch bei Fehlern im nicht eigensicheren Teil erhalten bleibt. Sie haben die Funktion einer Schnittstelle. Als zugehörige Betriebsmittel dürfen sie grundsätzlich nicht im Ex-Bereich angeordnet werden. Potentialtrenner haben ein höheres Sicherheitsniveau als Sicherheitsbarrieren.
1. Eine Sicherheitsbarriere verfügt über folgende Eigenschaften:
– Sie bewirkt keine galvanische Trennung (deshalb nicht zulässig für i-Kreise in Zone 0).
– Sie schützt gegen Überspannung von der nicht eigensicheren Seite und Kurzschluß auf der eigensicheren Seite.
– Sie ist an anlagetechnische Bedingungen gebunden:
  • Verbindung mit dem Potentialausgleichsystem auf möglichst kurzem Wege ($\geq 1{,}5$ mm^2 Cu oder anderes Material mit gleichem Leitwert),
  • Begrenzung von Störungsfällen auf der nicht eigensicheren Seite: Spannung $\leq U_{max}$ gemäß Angabe auf der Barriere, Kurzschlußstrom ≤ 4 kA,
– Sie enthält Zener-Dioden (spannungsbegrenzend, geschützt durch eine Sicherung) sowie ohmsche Widerstände und/oder Halbleiter (kurzschlußbegrenzend).
– Sie hat daher einen temperaturabhängigen Längswiderstand und einen Leckstrom und
– kann mit fester oder wechselnder Polarität, ein- oder mehrkanalig sowie kombiniert ausgeführt sein.

Bild 15.2 stellt die Innenschaltung einer einfachen Sicherheitsbarriere dar. **Bild 15.3** zeigt, wie die Sicherheitsbarrieren im Stromkreis angeordnet werden.

Eigensichere Anlagen

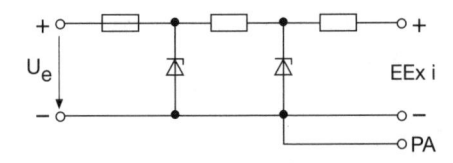

Bild 15.2 *Beispiel für die Schaltung einer Sicherheitsbarriere*

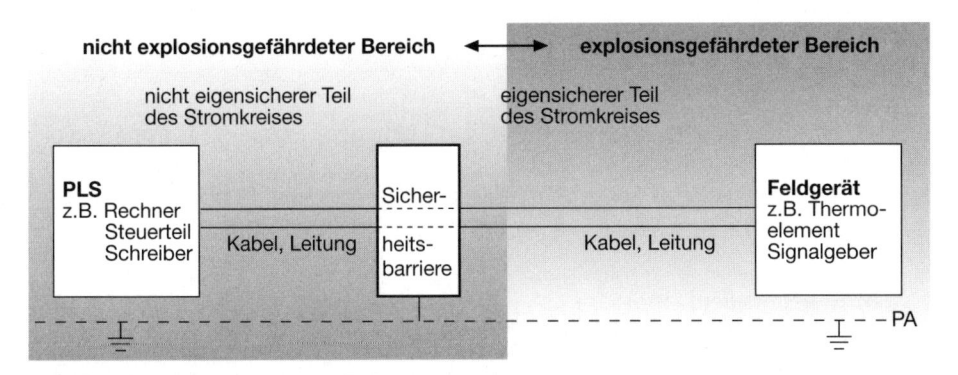

Bild 15.3 *MSR-Stromkreis, Eigensicherheit durch Zwischenschalten einer Sicherheitsbarriere*

2. Eine **Trennstufe mit galvanischer Trennung**, auch Potentialtrenner oder galvanischer Trenner genannt,

- ergänzt die Schutzwirkung der Sicherheitsbarriere durch einen vorgeschalteten Trennübertrager,
- erfordert keinen Potentialausgleich,
- gestattet es, die angeschlossenen Feldgeräte betriebsmäßig zu erden, denn bei Erdung nur an einem Punkt kann kein Ausgleichstrom fließen.

Potentialtrenner werden wegen ihres höheren Sicherheitsniveaus z. B. in Meßumformerspeisegeräten, Widerstandsmeßumformern, Trennschaltverstärkern (in das Feld, aber auch in die Warte) eingesetzt und sind meist Bestandteil dieser Geräte.
Sicherheitsbarrieren werden sowohl in einfacher Form als auch in kombinierten Schaltungsvarianten als Aufbaugeräte eingesetzt, z. B. in schmaler Bauweise, auf DIN-Schiene rastbar, für den Einbau geeignet und auch in Modulbauweise.

Frage 15.10 Was ist ein „eigensicheres System"?

Dabei handelt es sich um

- zusammengeschaltete zugehörige Betriebsmittel oder
- ein eigensicheres elektrisches Netzwerk, das nicht nur von einer Stromquelle versorgt wird.

Dafür gelten die Normen DIN EN 50039 VDE 0170/0171 Teil 10 (ergänzend zu DIN EN 50020 VDE 0170/0171 Teil 7) in Verbindung mit DIN VDE 0165.
Das „eigensichere elektrische System" ist definiert

- als die Gesamtheit der miteinander verbundenen elektrischen Betriebsmittel,
- bei denen die Stromkreise, die ganz oder teilweise in einem explosionsgefährdeten Bereich benutzt werden sollen, eigensichere Stromkreise sind und
- das mit einer Systembeschreibung dokumentiert ist.

Ein solches i-System
- wird als ein einziges Betriebsmittel behandelt,
- muß als solches in seiner Eigensicherheit meßtechnisch oder rechnerisch nachgewiesen werden,
- stellt spezielle Bedingungen an Kabel und Leitungen, Erdung und Potentialausgleich und
- erfordert eine spezielle Fehlerbetrachtung (mit besonderer Rücksicht auf lineare und/oder nicht-lineare Kennlinien der Energiequellen, Spannungs- und/oder Stromaddition).

Es gibt zwei Varianten:

1. Das **komplette eigensichere System** ist baumustergeprüft, bescheinigt und gekennzeichnet mit dem Zeichen „i-SYST", dem Hinweis auf die Systembeschreibung und dem Zeichen der Prüfstelle. Die i-Kennzeichnung der verbundenen einzelnen Betriebsmittel ist dabei nicht mehr wesentlich und deshalb auch nicht erforderlich. Komplette i-Systeme können in einer durch Gehäuse abgeschlossenen Geräteeinheit enthalten sein, ohne daß dafür anlagetechnische Leitungsverbindungen benötigt werden, oder sie sind installationsbedürftig. Dann gehört auch die Beschaffenheit der Kabel und Leitungen zum Prüfumfang, ist vorgegeben und darf nicht verändert werden.
Im untertägigen Bergbau (Gruppe I) sind bescheinigte i-Systeme vorgeschrieben. Die EMR-Fachleute der chemischen Industrie (Gruppe II) in Deutschland hingegen sehen für ihre Anlagen keinen Bedarf für komplett bescheinigte „i-SYST"-Lösungen, weil bei einer nachträglichen Modifikation das System neu geprüft und bescheinigt werden muß. Diesen Nachteil kann man durch die Zusammenschaltung einzelner Betriebsmittel vermeiden.
2. Die **Zusammenschaltung einzelner Betriebsmittel** wird vom MSR-Planer als anlagetechnische Lösung für einen speziellen Anwendungsfall entworfen. Hier bilden die elektrischen Daten und die i-Kennzeichnungen der zusammengeschalteten zugehörigen und eigensicheren Betriebsmittel die Grundlage dafür, den Nachweis der Eigensicherheit des Systems individuell vorzunehmen. Den Nachweis hat der Planer gemäß DIN VDE 0165 selbst zu führen. Wie das durchzuführen ist, sagt der PTB-Bericht W-39. Der Planer hat auch die Kategorie (ia oder ib) und die Explosionsgruppe (I, IIA, IIB oder IIC) für das System anzugeben und die Systembeschreibung zu liefern. Diese Dokumentation muß das System vollständig erfassen und sie muß so abgefaßt sein, daß sie der Prüfer oder Instandsetzer nachvollziehen kann.

Für den Nachweis der Eigensicherheit bleibt dem Planer ohne das vorgeschriebene Funkenprüfgerät nur der rechnerische Weg. Anweisung dazu gibt der schon genannte PTB-Bericht W-39. Je mehr zugehörige Betriebsmittel unterschiedlicher Kennlinien zusammenwirken, um so eher sind die unter 15.6 erwähnten Probleme zu erwarten. *Empfehlung:* Stromkreise einfach aufbauen, netzartige Zusammenschaltungen möglichst vermeiden.

Eine andere Möglichkeit, die Vielfalt von Betriebsmitteln unter den Anforderungen der Eigensicherheit einzuschränken, zeigt ein Beispiel zur Prozeßvisualisierung im **Bild 15.4**. Durch Kombination anderer Zündschutzarten mit einem i-Stromkreis ist hier die Eigensicherheit nicht mehr maßgebend für die Installation des Gerätes.

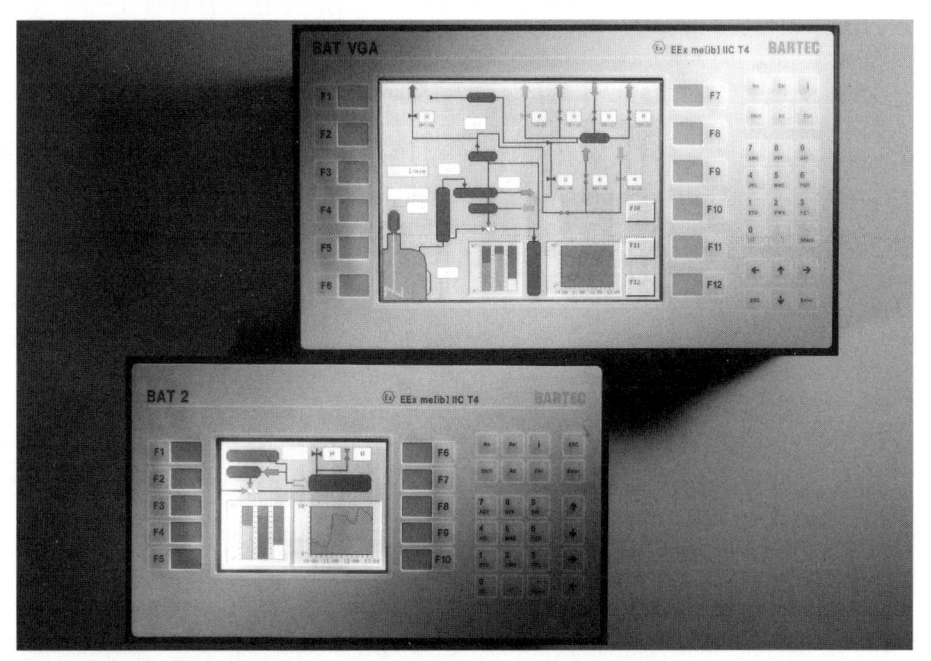

Bild 15.4 Beispiel eines PC-Anzeigeterminals, EEx me [ib] IIC T4 (Fa. BARTEC)

16 Überdruckgekapselte Anlagen

Frage 16.1 Was ist unter einer überdruckgekapselten Anlage zu verstehen?

Das ist **eine explosionsgeschützte Anlage, in der hauptsächlich das Prinzip der Zündschutzart Überdruckkapselung „p" angewendet wird, einschließlich**

- Zubehör für die Zuführung, Ableitung, Steuerung und Überwachung des Zündschutzgases und
- Zubehör für die Alarmierung und/oder Abschaltung der elektrischen Anlage, wenn die Versorgung mit Zündschutzgas gestört ist.

Die Wirkprinzipien der Zündschutzarten und auch das p-Prinzip wurden im Abschnitt 7 (Bild 7.1) dargestellt. Dabei befinden sich die zündgefährlichen elektrischen Bauteile in einem Gehäuse (Kapselung), welches unter geringem Überdruck gegenüber der äußeren Atmosphäre steht. Luft oder ein nicht brennbares Gas füllen oder durchströmen das Gehäuse und verhindern, daß ein explosionsfähiges Gemisch an die elektrischen Zündquellen gelangen kann.

Anders als sonst im elektrischen Explosionsschutz beseitigt das p-Prinzip nicht die Zündquellen, sondern verhindert das Zustandekommen explosionsfähiger Atmosphäre in einem räumlich begrenzten Volumen. Innerhalb der Kapselung bewirkt das p-Prinzip einen primären Explosionsschutz, d. h., **bei normgerechtem Betrieb einer Überdruckkapselung ist das gekapselte Volumen als nicht explosionsgefährdet zu betrachten.** Dadurch wird es möglich, in dieses Volumen (Betriebsmittel, Schrank, Raum) elektrische Einrichtungen normaler Bauart einzubauen, ja sogar analysentechnische Geräte mit offener Flamme zu betreiben, wenn die dafür genormten sicherheitstechnischen Bedingungen erfüllt werden.

Tafel 16.1 informiert über die Arten überdruckgekapselter Anlagen (folgend p–Anlagen genannt) und gibt dazu technische Regeln an. **Bild 16.1** stellt am Beispiel einer p-Anlage mit ständiger Durchspülung dar, wie eine p-Anlage prinzipiell aufgebaut ist.

Tafel 16.1 *Explosionsschutz mit überdruckbelüfteten Anlagen, Arten der Anwendung*

Art der Anlage, [Vorschrift]	Anwendungsbeispiele	Prüfung durch Sachverständigen
1. Anlage mit Betriebsmitteln der Zünschutzart „p" (bescheinigt) [1]	Motoren, Transformatoren, statische Umrichter; mit Steuereinheit und Zubehör	nicht erforderlich bei Installation bescheinigter p-Betriebsmittel
2. EEx-p-Schutzgassystem mit Steuereinheit und Zubehör, (bescheinigte Komponenten), Einbau von Betriebsmitteln normaler Bauart [1]	als Gehäuse oder Schrank z. B. für MSR-Ausrüstungen, Industrie-PC; äußere Teile (Überwachungs- und Steuerteil) haben andere Zündschutzarten	allgemein erforderlich, (auch bei kompletter Lieferung durch Hersteller des Systems)
3. Raum oder Gebäude mit Überdruckbelüftung, Einbau von Betriebsmitteln normaler Bauart [2]	elektrischer Betriebsraum mit Zugang über Luftschleuse, z. B. Schaltanlage; auch im Bergbau u. T.	erforderlich
4. Analysenmeßhaus oder -raum mit Überdruckbelüftung Einbau von Betriebsmitteln normaler Bauart [3]	Raum mit Zugang über Luft-, schleuse für Prozeßanalysegeräte mit brennbaren Gasen oder Flüssigkeiten	erforderlich
5. Transportable Räume mit Überdruckbelüftung [4]	spezielle Anwendungen	erforderlich

Elektrische Betriebsmittel oder Komponenten, die sich in der Kapselung befinden und bei Störung oder Ausfall der Überdruckbelüftung nicht abgeschaltet werden dürfen (z. B. Magnetventile, Beleuchtung, Beheizung) müssen in einer anderen Zündschutzart explosionsgeschützt sein.

[1] DIN EN 50016 VDE 0170/0171 Teil 3
[2] IEC 79-13 Construction und use of rooms or buildings protected by pressurization
[3] DIN EN 61285 VDE 0400 Teil 100 – Prozeßautomatisierung; Sicherheit von Analysengeräteräumen, in Verbindung mit IEC 79-16 Electrical apparatus for explosive gas atmospheres, part 16: Artificial ventilation for the protection of analyzer(s) houses
[4] in Vorbereitung

Für den Bestandsschutz ostdeutscher Anlagen wird hingewiesen auf die TGL 200-0621 Teil 3 (fremdbelüftete Anlagen) in Verbindung mit TGL 55041 (p-Betriebsmittel).

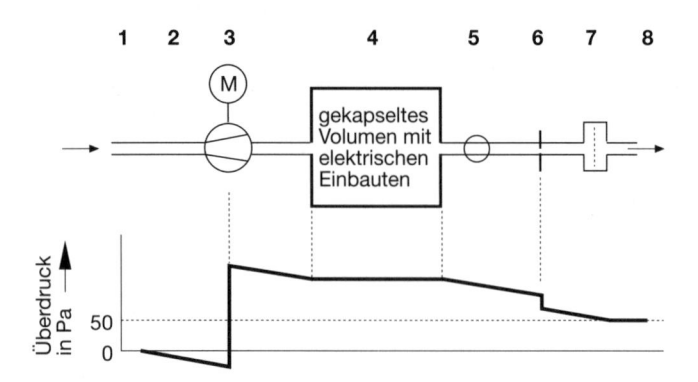

1   Eintritt des Zündschutzgases
    (Luft aus einem nicht gefährdeten Bereich oder nicht entzündliches Gas)
2   Rohrleitung
3   Lüfter (entfällt bei Speisung aus Druckluft- oder Inertgasnetz)
4   Kapselung (Betriebsmittel, Schrank, Raum)
5   Druck- oder Volumenstromsensor
6   Drosselblende, sofern zur Justierung des
    Luft-Überdruckes erforderlich
    (bei Überdruckkapselung mit Ausgleich der Leckverluste: Absperreinrichtung)
7   Austritt des Zündschutzgases
    (in der Regel außerhalb des gefährdeten Bereiches anzuordnen)

Bild 16.1 *Schematische Darstellung einer Überdruckkapselung (mit Druckverlauf bei ständiger Durchspülung)*

Frage 16.2   Warum muß bei p-Anlagen nach der Ursache der Explosionsgefahr besonders gefragt werden?

Nach dem örtlichen Auftreten gefahrbringender gasförmiger Stoffe kann das gekapselte Volumen (Betriebsmittel, Schrank, Raum) drei verschiedenartigen Gefahrensituationen ausgesetzt sein:

a) **äußere Explosionsgefahr**
   Der Gefahrstoff kann nur von außen an die Kapsel gelangen (äußere Freisetzung, Normalfall bei elektrischen Anlagen).
b) **innere Explosionsgefahr**
   Der Gefahrstoff gelangt betriebsbedingt durch eine Rohrleitung in die Kapsel und kann dort eventuell austreten (innere Freisetzung, z. B. bei Geräten der chemischen Analysentechnik).
c) Es sind sowohl **Gefahren nach a) als auch b)** zu betrachten (Sonderfall).

Überdruckgekapselte Anlagen

Die vorliegende Situation und der gefahrbringende Stoff (Gas, Flüssigkeit bzw. Dampf oder Staub; sicherheitstechnische Kennzahlen) beeinflussen die Schutzgaskonzeption und die konstruktive Gestaltung einer p-Anlage. Um eine überdruckbelüftete Anlage sicherheitsgerecht gestalten zu können, müssen die jeweils auftretenden Gefahren einzeln beurteilt und einer Zone zugeordnet werden.

Frage 16.3 Auf welche Art kann die Überdruckkapselung elektrischer Betriebsmittel ausgeführt sein?

Aus den unterschiedlichen Anwendungsmöglichkeiten des p-Prinzips haben sich typische Arten der Überdruckkapselung elektrischer Betriebsmittel entwickelt, die in **Tafel 16.2** dargestellt sind. **Bild 16.2** zeigt das p-Prinzip an einem Elektromotor. **Bild 16.3** demonstriert die Funktionsweise eines EEx-Schutzgassystems. Diese Art einer Überdruckkapselung von Leergehäusen, Pulten oder Schränken ist bestimmt für elektrischer Baugruppen normaler Bauart. Die Schränke sind als p-System baumustergeprüft und komplett bestellbar. Die Hersteller liefern die Einrichtungen zur Steuerung und Überwachung des Schutzgases mit und können auch die Abnahmeprüfung vor Ort übernehmen. **Bild 16.4** zeigt ein Anwendungsbeispiel.

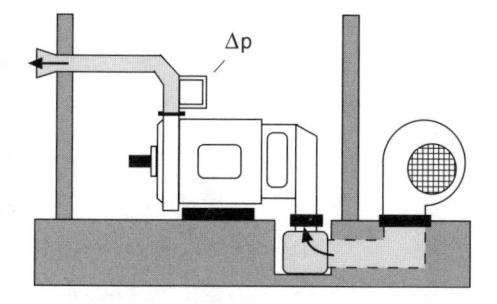

Bild 16.2 Motor in Zündschutzart Überdruckkapselung „p", mit Fremdkühlung; im Bild rechts: Ventilator und Zuluftkanal; Mitte: explosionsgefährdeter Bereich mit p-Motor, Drucküberwachung am Abluftstutzten; links: Abluftluftaustritt ins Freie
(Fa. Bauer)

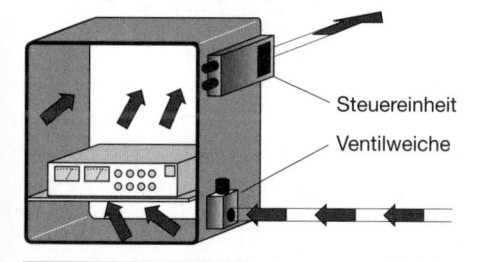

Bild 16.3 Beispiel zur Funktionsweise eines EEx-p-Systems (Schrank als Überdruckkapselung)
(Fa. Bachmann)

Tafel 16.2 Arten der Überdruckkapselung elektrischer Betriebsmittel (EN 50016, DIN VDE 0165)

Art der Überdruckkapselung	Führung des Zündschutzgases	Kennzeichnung (zusätzlich zur Zündschutzart EEx p)
1. **Statische Überdruckkapselung**	abgedichtete Kapselung, wird außerhalb des Ex-Bereiches unter Druck gesetzt (ohne innere Freisetzung entzündlicher Stoffe)	Beschilderung des Gehäuses: – durch statische Überdruckkapselung geschützt – darf nur in einem nicht-explosionsgefährdeten Bereich nach Herstellervorschrift gefüllt werden
2. Überdruckkapselung mit **Ausgleich der Leckverluste** (früher: Fremdluftüberdruck „fü")	Gaszufuhr von außerhalb des Ex-Bereiches, Austrittsöffnungen der Kapselung geschlossen, Gas entweicht durch Undichtheiten	a) Volumen, einschließlich Rohrleitung b) Art des Zündschutzgases (wenn nicht Luft) c) Vorspülbedingungen Mindestvolumenstrom, -zeit) d) Überdruck min/max e) max. Leckverlustrate
3. Überdruckkapselung mit **ständiger Durchspülung** mit Zündschutzgas (früher: Fremdbelüftung „f")	Gaszufuhr wie bei 2., Gasaustritt außerhalb des Ex-Bereiches oder mit Funkensperre	f) Temperatur des Zündschutzgases am Eintritt (Herstellerangabe falls erforderlich) g) Meßort(e) für Zündschutzgasdruck, sofern nicht dokumentiert
4. Überdruckkapselung wie 2. oder 3., mit **Containment-System** (führt brennbare Stoffe) a) ohne Freisetzung b) begrenzte Freisetzung c) unbegrenzte Freisetzung	Gaszu- und -abführung wie bei 2. oder 3., Besonderheit: Bildung explosionsfähiger Gemische ist verhindert durch Konzentration im Containment-System < UEG oder $\Delta p \geq 50$ Pa[1]) speziell festgelegte Grenzkonzentrationen für Anwendung in 2. oder 3. mit b) oder c) und Luft oder Inertgas als Zündschutzgas	h) Kategorie der inneren Freisetzung (a, b oder c) i) Mindestvolumenstrom des Zündschutzgases (falls erforderlich) k) maximaler Einlaßdruck am Containment-System l) maximaler Volumenstrom in das Containment-System m) maximale Sauerstoffkonzentration im Containment-System n) höchstzulässige obere Explosionsgrenze (OEG) im Containment-System
5. **Vereinfachte Überdruckkapselung** gemäß DIN VDE 0165, Gehäuseschutzart ≥ IP 40	– Vorspülung entfällt, – bei Druckabfall des Zündschutzgases Alarm anstelle Abschaltung ausreichend – Gasableitung in die Zone 2 zulässig mit Funkensperre	„vereinfacht überdruckgekapselt nach DIN VDE 0165 /02.91, Abschnitt 6.3.1.4" mit Bestätigung des Herstellers zur Verwendung in Zone 2
Schwadensicheres Gehäuse gemäß DIN VDE 0165 Gehäuseschutzart ≥ IP 54	nicht zur Zündschutzart „p" gehörend, ohne Zündschutzgas, ein innerer Überdruck von 4 mbar darf erst nach > 30 s auf 2 mbar gefallen sein	nicht speziell festgelegt, aber erforderlich, Bestätigung des Herstellers gemäß DIN VDE 0165 /02.91 zur Verwendung in Zone 2

[1]) Δp = Differenz zwischen Innendruck im Containment-System und gefordertem Schutzgasüber-

Überdruckgekapselte Anlagen

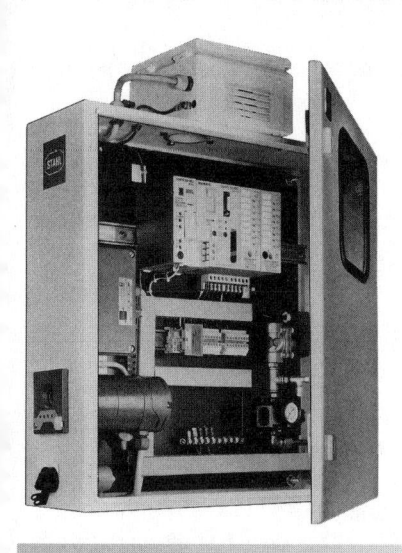

Bild 16.4 *Beispiel eines überdruckgekapselten Steuerschrankes als EEx-p-System, IP 65; oben auf dem Schrank: Drucküberwachungseinheit, innerhalb des Schrankes: Steuerung in normaler Bauweise mit Klemmen und Verdrahtung, unten rechts: die Zulufteinheit, unten links: das Steuergerät (Fa. Stahl)*

druck

Weitere spezifische Eigenheiten, auf die an dieser Stelle nicht eingegangen werden kann, haben p-Betriebsmittel der Gruppe I (Bergbau unter Tage) und der Gruppe II D (Staubexplosionsschutz, dazu wird über einen Entwurf IEC 61241-4 beraten).

Frage 16.4 Was ist ein Zündschutzgas und welche Bedingungen muß es erfüllen?

Das Zündschutzgas verdrängt die mit brennbaren Anteilen belastete Luft. Es darf nicht entzündlich sein und es darf das Material der gasführenden Gehäuse-, Anlage- und Einbauteile nicht angreifen.
Als Zündschutzgas dienen
a) **Luft**

- zumeist für p-Kapselungen mit ständiger Durchspülung,
- auch für Kapselungen mit Ausgleich der Leckverluste und
- für überdruckbelüftete Räume.
- *Bedingung:* Konzentration brennbarer Anteile im Luftvolumen der Kapselung ≤ 25 Vol.-% UEG (Betriebszustand), Grenzwert,
- Luft als Zündschutzgas ist **nicht zulässig**
  - für Kapselungen mit statischem Überdruck,
  - für Containment-Systeme unbekannter („unbegrenzter") Freisetzung.

b) **ein Inertgas**, z. B. Stickstoff

- zumeist für p-Kapselungen mit Containment-Systemen unbegrenzter Freisetzung,
- auch für p-Kapselungen mit Containment-Systemen bekannter („begrenzter") Freisetzung,
- gefordert für p-Kapselungen mit statischem Überdruck.
- *Bedingungen:* Absenkung der Sauerstoff-Konzentration im gekapselten Volumen auf ≤ 2 Vol.-% (bei statischer Überdruckkapselung ≤ 1 Vol.-%) durch Vorspülung, Überwachung im Betriebszustand,
- Inertgas als Zündschutzgas ist **nicht zulässig**
  - für überdruckbelüftete Räume, die betriebsmäßig begangen werden,
  - bei Containment-Systemen mit beabsichtigter Freisetzung (Verdünnung mit Luft vornehmen).

Frage 16.5   Was versteht man unter einem Containment-System?

Containment-Systeme sind typisch für die Prozeßanalysentechnik. Als Containment-System definiert die DIN EN 50016 VDE 0170/0171 Teil 3 **den Teil eines Betriebsmittels,**

- **der brennbare gasförmige oder flüssige Stoffe enthält und**
- **der eine innere Freisetzungsstelle bilden kann.**

Eine innere Freisetzungsstelle ist eine Stelle, aus der diese brennbaren Stoffe in das gekapselte Volumen gelangen und eine explosionsfähige Atmosphäre bilden könnten. „Begrenzte Freisetzung" bedeutet im Unterschied zur „unbegrenzten Freisetzung", daß der größtmögliche Volumenstrom bekannt ist.

Frage 16.6   Welche Grundsätze gelten für die Beschaffenheit überdruckgekapselter Anlagen mit p-Betriebsmitteln?

Die DIN VDE 0165 (02.91) geht auf die Gestaltung von p-Anlagen nicht ein, sondern verweist lediglich auf DIN EN 50016 VDE 0170/0171 Teil 3. Diese Norm gilt zunächst für elektrische Betriebsmittel. Der Explosionsschutz eines p-Betriebsmittels kommt insgesamt durch die Kombination gerätetechnischer und anlagetechnischer Maßnahmen zustande, wobei aber die Norm diese Maßnahmen nicht ausdrücklich unterscheidet. Darüber hinaus hängen Art und Umfang des Anteils anlagetechnischer Maßnahmen auch sehr davon ab, um welche Art von Anlagen es sich jeweils handelt (siehe Frage 16.1, Tafel 16.1). Im folgenden werden die Grundsätze der Überdruckkapselung entsprechend eingeordnet und stichwortartig zusammengefaßt.

1.   Grundlegende Festlegungen für Betriebsmittel der Zündschutzart „p"

- **Schutzart $\geq$ IP 40,**
- **Schutz gegen austretende Funken oder glühende Partikel** an den Gehäusen und den Rohrleitungen für das Zündschutzgas,

- **1,5fache Druckfestigkeit** der Gehäuse und Rohrleitungen, bezogen auf den normalen Betriebsdruck nach Herstellerangabe, jedoch **mindestens 200 Pa** (2 mbar),
- bei von Hand zu öffnendem Deckel:
  - automatische Abschaltung der eingebauten nicht explosionsgeschützten Betriebsmittel beim Öffnen, verriegelt gegen Wiedereinschaltung vor dem Schließen,
  - Warnschild mit Wartezeit, wenn heiße Oberflächen enthalten sind, die während der Abkühlung noch zündgefährlich sein können,
- **Sicherheitseinrichtungen als sicherheitsbezogene Steuerung** (Aufgaben gemäß den Punkten 2.2 bis 2.4) sind einzurichten entweder
  - vom Hersteller oder
  - vom Betreiber bzw. Errichter, in diesem Fall erkennbar durch das Kennzeichen X am Betriebsmittel (hierzu Abschnitt 8),
  - sind für spezielle Arten von p-Kapselung zweifach gefordert,
- weitere Bedingungen: z. B. Werkstoffe und Isolierstoffe, Einstufung in eine Temperaturklasse, Beschilderung.

2. Grundlegende anlagetechnische Bedingungen für p-Betriebsmittel

2.1 Vorschriftsmäßige Gestaltung der Kapselung einschließlich der Bauteile für die Zu- und Abführung des Zündschutzgases

- Einspeisung aus einem nicht explosionsgefährdeten Bereich,
- Dichtheit gegen das Eindringen von Außenluft,
- Funken- und Partikelsperren am Austritt des Zündschutzgases (Erfordernis nach Festlegung in der Norm),
- brandschutzgerechte Materialauswahl,
- Explosionsschutz in einer anderen Zündschutzart für eingebaute Betriebsmittel oder Komponenten, die bei Störung des Zündschutzgases in Betrieb bleiben müssen,
- Überwachung der Konzentrationsgrenzwerte des Zündschutzgases bei Containment-Systemen mit Freisetzung entzündlicher Stoffe

2.2 Vorspülung der Kapselung einschließlich der Leitungen mit Zündschutzgas (Luft oder Inertgas)

- mit vorgegebenem Volumenstrom (überwacht),
- mit vorgegebener Vorspülzeit (druckabhängig gesteuert) und
- mit Einschaltsperre bis zum Ende der Vorspülung.

2.3 Gesteuerte Einschaltfreigabe für die zu schützenden elektrischen Bauteile bzw. Betriebsmittel in der Kapselung

2.4 Betrieb der Kapselung

- **mit selbsttätiger Überwachung** des Zündschutzgases auf
  - Druck (**Mindestwert 50 Pa** bzw. 0,5 mbar) und/oder

- Volumenstrom (festgelegter Mindestwert) an der Austrittsstelle je nach Festlegung des Herstellers und
- **sicherheitsgerichtete Maßnahmen** bei Unterschreitung der Zündschutzgas-Mindestwerte nach Festlegung des Betreibers bzw. des Errichters:
  - Alarm und/oder selbsttätige Ausschaltung der zu schützenden elektrischen Bauteile oder Betriebsmittel in der Kapselung
  - mit oder ohne Wiedereinschaltsperre.

Frage 16.7 Welche Grundsätze gelten für den Explosionsschutz von Räumen durch Überdruckbelüftung?

Dabei müssen zwei Anwendungsfälle unterschieden werden.

1. Überdruckbelüftung elektrischer Betriebsräume
In diesem Fall wird davon ausgegangen, daß die Explosionsgefahren nur von außen kommen können. Der IEC-Report 79-13 gibt Empfehlungen zur Konstruktion und Betriebsweise überdruckbelüfteter elektrischer Betriebsräume nach den Prinzip der Luftspülung zum Erreichen einer nicht explosionsgefährdenden Luftkonzentration vor der Inbetriebnahme (Vorspülung) durch

a) Luftüberdruck mit Ausgleich der Leckverluste oder
b) Luftüberdruck bei kontinuierlicher Zirkulation.

Die Empfehlungen zur Beschaffenheit der lüftungstechnischen Anlagen entsprechen den Angaben unter 16.6 (1.). Auch in den grundlegenden anlagetechnischen Bedingungen für das Betreiben nicht explosionsgeschützter Betriebsmittel folgt IEC 79-13 den unter 16.6 (2.) genannten Grundsätzen. Wesentliche Unterschiede und Einflüsse gegenüber einer Anlage mit p-Betriebsmitteln:

- **Mindestüberdruck nur 25 Pa** (0,25 mbar)
- **Erfordernis einer lüftungstechnischen Anlage (LTA)**,
- **spezielle Bemessung und Überwachung der LTA**; besonders überprüfungsbedürftig sind folgende Fragstellungen:
  - Ist Vorspülung mit dem 5fachen Raumvolumen (empfohlener Mindestwert) ausreichend?
  - Soll Lüftungsart a) oder b) eingesetzt werden?
  - Einrichtung einer Luftschleuse im Vorraum; vorteilhaft mit separater Belüftung oder hinderlich?
    Hinweis: Auch bei offener Tür muß das Einströmen belasteter Außenluft in den Betriebsraum verhindert werden. Der Luftdruck darf Türen nicht blockieren.
  - Sind Reservelüfter zweckmäßig?
  - Ist eine Gaswarneinrichtung zweckmäßig (weiterer Betrieb bei Lüftungsstörung oder Steuerung eines Rservelüfters)?

- Ist die elektrische Versorgungssicherheit ausreichend?
- Ist eine Luftkonditionierung erforderlich?
– **Koordinierung mit der elektrotechnischen Versorgungsaufgabe**
  - Verriegelung bei Lüftungsstörung: Gibt es Probleme durch die automatische Abschaltung (Zone 1)? Art und Ort der Alarmgabe (akustisch und/oder optisch)?
  - Wartungsbelange
– **Kennzeichnung** anbringen
  - außen an der Tür als Warnung, z. B. „Überdruckbelüfteter Raum, Tür schließen",
  - innen: Lüftungsüberdruck und Betriebsbedingungen (z. B. Vorspülzeit vor elektrischer Inbetriebnahme, Maßnahmen im Störungsfall).

Außerdem sollte man bedenken:
Die Erfordernisse der Überdrucklüftung sind mehr oder minder mit betrieblichen Erschwernissen verbunden. So muß z. B. auch geprüft werden, welche Folgen eine Funktionsstörung an der Überwachungseinrichtung haben kann und wie man dem begegnet. Für einen überdruckbelüfteten Raum als Maßnahme des Explosionsschutzes sollte man sich nur entscheiden, wenn die unmittelbare Nachbarschaft zu einem explosionsgefährdeten Bereich unvermeidlich ist, wie z. B. bei Bediener-Räumen von Verladeanlagen für brennbare Flüssigkeiten oder bei Unterschaltanlagen, wie sie in chemischen Produktionsanlagen unter speziellen baulichen und anlagetechnischen Bedingungen erforderlich sein können.

2. Überdruckbelüftung von Analysengeräteräumen (AGR)

Bevor man die Lüftung konzipiert, müssen die Ursachen der Explosionsgefahr (drei mögliche Gefahrensituationen, vgl. Frage 16.2) geklärt sein. Alles weitere ist in **DIN EN 61285 VDE 0400 Teil 100** differenziert geregelt. Tritt lediglich eine **äußere Explosionsgefahr** auf (Situation a), dann ist die Vorgehensweise nicht wesentlich anders als bei elektrischen Betriebsräumen. Einzelheiten dazu regelt die Norm wie folgt:

– Luftwechsel: mindestens stündlich 5fach (Frischluft),
– Lüftungsüberdruck: 25 bis 50 Pa,
– Gaswarneinrichtung: ist nicht Bedingung, berechtigt jedoch zum verzögerten Abschalten nicht explosionsgeschützter Betriebsmittel, unverzögertes Abschalten gefordert bei ≤ 20 % UEG,
– Luftschleuse: Bedingung für Zugänge aus Bereichen der Zonen 1 und 0 (aus Zone 0 nach Meinung des Verfassers aber nicht akzeptabel).

Muß jedoch eine **innere Explosionsgefahr** einbezogen werden (Gefahrensituation b aus Frage 16.2) oder liegt eine Kombination aus äußerer und innerer Gefahr vor, dann legt die Norm dafür spezielle Maßnahmen fest. Kriterien für die technische Gestaltung der Lüftungsanlage sind das Ausbreitungsverhalten der gefährdenden Stoffe, das Freisetzungsverhalten der Containment-Systeme und die betrieblichen Bedingungen. Die Regelungen orientieren sich an den grundlegenden Gestaltungsregeln für p-Anlagen (vgl. Frage 16.6).

Darüber hinaus befaßt sich die Norm mit allem, was für die sicherheitstechnischen Gestaltung der AGR zu beachten ist. Anstelle einer Darstellung der sachlichen Zusammenhänge kann an dieser Stelle nur auf die Norm hingewiesen werden.

Außerdem sollte man bedenken:
Anlageteile oder Betriebsmittel mit nicht überschaubaren inneren Freisetzungsstellen sollten zuerst daraufhin untersucht werden, ob sie einzeln gekapselt werden können, z. B. in einem überdruckbelüfteten Schutzschrank als p-System. Diese Lösung kann auch für elektrische Anlageteile oder Betriebsmittel ohne innere Freisetzung geeignet sein, wenn deren Funktion mit dem zentralen Sicherheitsmanagement des Raumes in Widerspruch steht.

Frage 16.8   Was ist eine vereinfachte Überdruckkapselung und wofür verwendet man sie?

Diese Form der Überdruckkapselung mit erleichterten Bedingungen (vgl. Tafel 16.2)

- ist nur für Zone 2 zulässig (DIN VDE 0165 02.91),
- kann sowohl mit ständiger Durchspülung als auch mit Ausgleich der Leckverluste ausgeführt sein und muß von einem Sachverständigen geprüft werden.

Normenbasis für Betriebsmittel dieser Art sind die IEC 79-15 bzw. die zu erwartende EN 50021 (DIN VDE 0170/0171 Teil 16), Zündschutzart „n". Der Begriff „vereinfachte Überdruckkapselung" darf nicht verwechselt werden mit der kompakten Form der Überdruckkapselung als baumustergeprüftes p-System.

Frage 16.9   Welchen Einfluß hat die Zoneneinteilung auf die Auswahl von Betriebsmitteln von überdruckgekapselten Anlagen?

Am einfachsten ist das für explosionsgeschützte Betriebsmittel oder Systeme der Zündschutzart „p" zu beantworten. Darauf nimmt die Zone den gleichen Einfluß wie auf Betriebsmittel in anderen Zündschutzarten, beantwortet unter 9.10.
Bei überdruckgekapselten Räumen wird das anders, weil hier die beabsichtigte Minderung der Explosionsgefahr wesentlichen Einfluß hat. Der IEC-Report 79-13 enthält dazu empfehlende Angaben. Danach gilt grundsätzlich folgendes, bezogen auf die Einstufung des Raumes, die ohne Überdruckbelüftung zutreffend wäre:

a) **Zone 1** (nicht üblicher Fall)
- normale, nicht explosionsgeschützte Betriebsmittel: bei Alarmgabe so schnell wie betrieblich möglich automatische Trennung vom Netz; die Auslösezeit ist speziell festzulegen,
- als explosionsgeschützt gekennzeichnete Betriebsmittel: bei Alarmgabe weiteres Betreiben zulässig, ausgenommen
  • Zone-2-Betriebsmittel: Trennung vom Netz, die Bedingungen dafür sind speziell festzulegen,

b) **Zone 2** (üblicher Fall)
- als explosionsgeschützt gekennzeichnete Betriebsmittel einschließlich Zone-2-Betriebsmittel: bei Alarmgabe weiteres Betreiben zulässig,
- normale, nicht explosionsgeschützte Betriebsmittel: bei Alarmgabe Trennung vom Netz, die Bedingungen dafür sind speziell festzulegen.

Sowohl bei a) als auch bei b) kommt es auch darauf an, ob und in welcher Zeit die Überdruckbelüftung wieder in Gang kommt. Auch wenn die Norm bei Alarm den weiteren Betrieb erlaubt, gilt das nicht ohne Vorbehalt. Daß der Fehler so schell wie möglich festgestellt und behoben wird, setzt man als selbstverständlich voraus.

Zonen 11 bzw. 21 und 22
Dafür stehen technische Regeln noch aus. Für Betriebsmittel liegen schon Normenentwürfe vor, jedoch nicht für überdruckbelüftete Räume. Wegen des Filteraufwandes bei staubbelasteter Luft ist nur das Prinzip mit Ausgleich der Leckverluste erwägbar.

Frage 16.10 Kann der Elektrofachmann eine überdruckgekapselte Anlage selbständig planen und errichten?

Das wird nur möglich sein, wenn es sich um die Installation eines bescheinigten explosionsgeschützten Betriebsmittels oder eines überdruckgekapselten Systems der Zündschutzart „p" handelt. Dann gibt der Hersteller in der Dokumentation oder Betriebsanleitung alles an, was zur vorschriftsmäßigen Errichtung und zum Betreiben bekannt sein muß.
Bei überdruckbelüfteten Räumen hingegen hängt die sachgerechte Gestaltung von Faktoren ab, die der Elektrofachmann allein nicht zu überschauen vermag, so z. B. die Wahl und Bereitstellung des Zündschutzgases, die lüftungstechnischen Belange, die sicherheitstechnischen Erfordernisse bei Störzuständen und weitere betriebliche Bedingungen (Wirkungsweise der Sicherheitseinrichtung, Verriegelungen, Redundanzen, Luftschleuse). Dazu ist der Elektro- oder MSR-Fachmann auf die Mitwirkung aller beteiligten Fachgewerke angewiesen, besonders aber auf die Vorgaben des Betreibers. Aufgabenstellung und sicherheitstechnische Konzeption der betreffenden Anlage sollten unbedingt schriftlich fixiert werden.

17 Staubexplosionsgeschützte Anlagen

Frage 17.1 Wodurch unterscheidet sich der Staubexplosionsschutz wesentlich vom Gasexplosionsschutz?

Gasexplosionsgefahren werden durch gasförmige Gefahrstoffe verursacht, die sich mit Luft vermischen, sich aber durch Luftbewegung auch verdünnen und entfernen. Stäube sind Feststoffe, jedoch in feinverteilter Form und mit einer vielfach größeren reaktionsfähigen Oberfläche.
Stäube haben ein anderes Ausbreitungsverhalten und entzünden sich auch anders als gasförmige Stoffe. Ähnlich ist das bei Fasern und flockigen Agglomeraten. Im Explosionsschutz werden diese besonderen Formen den Stäuben zugeordnet. Im Staubexplosionsschutz sind charakteristische Besonderheiten zu berücksichtigen, denn

Stäube

- bilden explosionsfähige Gemische in der Regel erst durch Aufwirbeln (oder im freien Fall, aber das mitunter schon aus einer flächigen Schicht von weniger als 0,5 mm Dicke),
- verdünnen sich nicht in der Atmosphäre wie ein Gas, sondern
- sedimentieren und sammeln sich in zunehmender Schichtdicke an (wodurch die Wärmeableitung elektrischer Betriebsmittel stark behindert werden kann),
- können eine hohe Eigenbeweglichkeit haben, sich mit der Luftströmung verteilen (abhängig von Feinheit und Feuchte), auch Gehäusespalte der Zündschutzart „d" durchdringen (aber nicht ein Gehäuse mit Schutzart $\geq$ IP 6X),
- sind oft elektrisch isolierend (mögliche Ursache elektrostatischer Aufladungen),
- können elektrisch leitfähig sein (gefährliche elektrische Überbrückung, Verlustwärme),
- haben höhere Werte der Mindestzündenergie ($\geq 10^1$ bis 10^3) als gasförmige Stoffe, liegen aber in der unteren Explosionsgrenze in gleicher Größenordnung,
- können weitere spezielle Eigenschaften haben (zu Glimmnestern neigend, selbstentzündlich, schmelzend, sublimierend),
- explodieren im Luftgemisch um so heftiger, je feiner sie sind,
- verursachen im Freien aber nur selten Explosionsgefahren.

Ebenso wie bei der Gasexplosionsgefahr **gilt für die Einstufung in eine Zone als entscheidend, daß ein Gemisch mit Luft vorliegt, also eine explosionsfähige Staubwolke.** Staubablagerungen allein begründen nach ElexV noch keinen explosionsgefährdeten Bereich. In einigen anderen Ländern betrachtet man Staubablagerungen als maßgebendes Merkmal, so auch ehemals in der DDR (TGL 30042).

Staubexplosionsgeschützte Anlagen 203

Im Abschnitt 5.2.2 der EN 1127-1 (08.97) wird darauf hingewiesen, daß in Gegenwart von abgelagertem brennbarem Staub stets mit dem Entstehen einer explosionsfähigen Atmosphäre zu rechnen ist.
Anders als bei den sicherheitstechnischen Kennzahlen für brennbare Gase und Dämpfe gibt es bei den Stäuben

- **keine Temperaturklassen und**
- **keine Explosionsgruppen.**

Die Klassifizierung nach Staubexplosionsklassen (St 1 bis St 3) hat für elektrische Anlagen keine Bedeutung (vgl. Frage 6.5).
Wie aus Schadensereignissen bekannt ist, kann eine Staubexplosion ebenso verheerende Schäden anrichten wie eine Gasexplosion. Bei der Verarbeitung von staubförmigen Stoffen kann es vorkommen, daß die technisch ratsamen Schutzmaßnahmen mit bestimmten betrieblichen Erfordernissen nicht im Einklang stehen, so z. B. im Handwerk (Bäckerei, Schleiferei), bei der Lagerung (Silos) oder bei Produktionsprozessen (Elektrostatik). Diese Erkenntnisse haben das bisher recht schmale Regelwerk des Staubexplosionsschutzes nun in Bewegung gebracht.

Frage 17.2 Welchen Einfluß hat die Zoneneinteilung auf die Betriebsmittelauswahl für staubexplosionsgefährdete Bereiche?

Das kommt darauf an, ob sich die Frage auf die bisherige „alte" ElexV bezieht oder auf die neuen europäisch geprägten Rechtsgrundlagen von 1996, d. h., auf die EXVO und die neue ElexV (siehe Abschnitt 2).
1. Gemäß **DIN VDE 0165 (02.91)**, also nach altem Recht, gilt:

- In **Zone 10** sind nur besonders geprüfte und dafür bescheinigte Betriebsmittel einsetzbar. Wegen der extremen Staubbelastung beschränkt sich hier der Einsatz elektrischer Betriebsmittel auf technologisch erforderliche MSR-Ausrüstungen. Steht das betreffende Betriebsmittel so nicht zur Verfügung, dann bleibt nur die Möglichkeit, mit Hilfe eines Sachverständigen eine andere Lösung zu suchen und mit den zuständigen Aufsichtsstellen abzustimmen. Maßgebend für die Beschaffenheit und Installation ist die DIN VDE 0170/0171 Teil 13. An Gehäuse aus Kunststoffen oder Leichtmetallen stellt die Norm spezielle Bedingungen.

- In **Zone 11** sind Betriebsmittel ohne besondere Prüfbescheinigung verwendbar, wofür die Bedingungen zur Beschaffenheit und Installation in DIN VDE 0165 (02.91) enthalten sind (zusammengefaßt in **Tafel 17.1**).

Tafel 17.1 Bedingungen für Betriebsmittel normaler Bauart bei Staubexplosionsgefahr (Zone 11) gemäß DIN VDE 0165 (02.91)

Merkmal	allgemeingültige Bestimmungen
IP-Schutzart	Zone 11: ≥ IP 54; Zone 10: ≥ IP 65; staubdicht (Ausschluß gefährlicher Staubablagerungen innerhalb des Betriebsmittels)
Oberflächentemperatur	unterhalb zündfähiger Temperaturwerte; erfüllt bei äußerer Gehäusetemperatur ≤ $^2/_3$ der Zündtemperatur (Staub-Luft-Gemisch) oder ≤ Glimmtemperatur -75 K, wo sich Staub ablagern kann (bei Schichtdicke > 5 mm herabzusetzen!); kleinster Wert ist maßgebend
Art der Betriebsmittel	**Einzelbestimmungen**
Maschinen	– Schutz gegen unzulässige Erwärmung durch Überlastung, – Motoren mit Käfigläufer: ≥ IP 44, Anschlußkasten ≥ IP 54,
Leuchten	– mit Glüh-, Mischlicht- oder warmstartenden Leuchtstofflampen: Schutzabdeckung gefordert (lichtdurchlässig), – mit Glüh- oder Mischlichtlampen bei mechanischer Gefährdung: Schutzgitter oder Schutzabdeckung bruchsicher gefordert (Nachweis wie bei Ex-Leuchten mit hoher mechanischer Beanspruchung), – mit Leuchtstofflampen: Vorschaltgeräte mit temperaturbegrenzenden Maßnahmen (wie Zone 2); Starter mit Abschalteinrichtung: wie Zone 2, – Natrium-Niederdruckdampflampen verboten, – Handleuchten mit Glühlampen und andere mechanisch stark beanspruchte Leuchten: dafür geeignete Lampen verwenden (z. B. stoßfest oder ≤ 42 V)
Steckvorrichtungen ist	– fest montieren, – Steckereinführung unten, darf bis 30° von vertikal abweichen, – Steckerbetätigung nur spannungslos möglich (Ausnahme: Steckvorrichtung einem Gerät fest zugeordnet und gegen unbeabsichtigtes Trennen gesichert; dann mit Warnschild „Nicht unter Last betätigen!"), – unverlierbarer Deckel, der bei nicht eingeführtem Stecker die Öffnung mit ≥ IP 54 abdichtet, – Kupplungssteckvorrichtungen und Adapter nicht zulässig
i-Betriebsmittel (ib)	– ≥ IP 20, ausgenommen bei Bauteilen mit funktionsbedingter Staubberührung (z. B. Sonden)

Dazu Bestätigung des Herstellers: Eignung für Zone 11, betriebsmäßig auftretende Oberflächentemperatur (sofern > 80 °C)

2. Gemäß **EXVO** mit Richtlinie 94/9/EG (neues Recht) müssen sämtliche Betriebsmittel, die zur Verwendung in explosionsgefährdeten Bereichen bestimmt sind, gekennzeichnet sein. Für **Staubexplosionsschutz** ist es der **Kennbuchstabe D**. Die damit verbundene **Gerätekategorie 1, 2 oder 3** informiert darüber, für welche Zonen das betreffende Betriebsmittel verwendbar ist. Staubexplosionsgefährdete Bereiche werden gemäß neuer ElexV in die **Zonen 20, 21 und 22** eingeordnet. Weiteres dazu wird in den Abschnitten 2 und 8 besprochen. Tafel 2.5 informiert über die zugeordneten Kennzeichen. Im Abschnitt 2.4 wird auf Fragen des Übergangs zum neuen Recht eingegangen.

Staubexplosionsgeschützte Anlagen

Frage 17.3 Was ist zu beachten, wenn Betriebsstätten nach der neuen Zonen-Einstufung errichtet werden sollen?

Danach wird man zwangsläufig fragen, denn die Errichtungsnorm DIN VDE 0165 (02.91) bezieht sich auf die bisherigen Zonen 10 und 11. Die neue ElexV ersetzt diese Zonen übergangslos durch die Zonen 20 bis 22.
Stellt man sich das zeitlich zunehmende Auftreten von Explosionsgefahren als Skala vor, so ändert sich nicht nur die Teilung der Skala. Auch der Betrachtungsbereich erweitert sich. **Bild 17.1** zeigt das anhand eines Vergleiches.

Rechts-norm	explosionsfähige Atmosphäre kann auftreten		
	bei normalem Betrieb	bei Störungen	
ElexV 1980	langzeitig oder häufig	gelegentlich kurzzeitig	(nicht einbezogen, aber in der Praxis auch als Zone 11 betrachtet)
Zone	10	11	

Zone	20	21	22
ElexV 1996	ständig langzeitig oder häufig	gelegentlich	nicht damit zu rechnen, wenn doch, dann selten und kurzzeitig
typische Beispiele	Inneres von Betriebs-apparaten, Silos	Nahbereich von Abfüllstellen mit betriebsbedingten Undichtheiten	Nahbereich von Klappen an Förderern, Lager für empfindliche Kollis (Transport)

Bild 17.1 *Einstufung der staubexplosionsgefährdeter Bereiche in Zonen gemäß ElexV*

Für das Inbetriebnehmen elektrischer Anlagen wird im § 3 der neuen ElexV vorausgesetzt:

– Die Betriebsmittel müssen der EXVO entsprechen.
– Die Betriebsmittel dürfen nur in den Zonen eingesetzt werden, die ihrer Gerätegruppe und Gerätekategorie entsprechen.

Ein technisches Regelwerk steht noch aus. International (IEC) und regional (CENELEC) wird noch über Entwürfe beraten für

– Konstruktion und Prüfung elektrischer Betriebsmittel,
– Auswahl, Errichten und Instandhalten,
– Einteilung staubexplosionsgefährdeter Bereiche,
– Untersuchungsverfahren für die Kennzahlen brennbarer Stäube (Mindestzündtemperatur, Widerstand, Mindestzündenergie, untere Explosionsgrenze).

Rechtliche Sachverhalte
a) Gemäß Rechtsnorm (ElexV § 3 Abs. 1 Satz 1) dürfen seit 13.12.1996 Staub-Ex-Bereiche der Zonen 20 bis 22 nur mit Betriebsmitteln ausgerüstet werden, deren

Beschaffenheit und Kennzeichnung der EXVO entspricht. Demnach darf eine Anlage nicht in Betrieb genommen werden, sobald auch nur ein Betriebsmittel nicht das neue Kennzeichen II D (1, 2 oder 3) trägt.

b) Gemäß gleicher Rechtsnorm (§ 5 ElexV) kann die zuständige Behörde für elektrische Anlagen im Einzelfall aus besonderen Gründen Ausnahmen von § 3 Abs. 1 Satz 1 zulassen, wenn die Sicherheit auf andere Weise gewährleistet ist.

Interessenkonflikt: Die rechtlichen Festlegungen stehen mit den technischen Möglichkeiten und den realen Sachverhalten des Explosionsschutzes elektrischer Anlagen noch nicht im Einklang.

Die zuständigen Aufsichtsstellen (in der Regel das Staatliche Amt für Gewerbeaufsicht und der Technische Aufsichtsdienst der jeweiligen Berufsgenossenschaft) können aber den Einzelfall prüfen und einer Lösung nach bisher gültigen Regeln zustimmen, wenn die Sicherheit gewährleistet ist.

Dabei sind nach Auffassung des Verfassers folgende **sicherheitstechnische Sachverhalte** zu bedenken:

1. Zone 20

Es dürfen künftig wie bisher nur eigens dafür geprüfte und gekennzeichnete Betriebsmittel verwendet werden, bisher erkennbar aus der Kennzeichnung „Zone 10", künftig aus der Kennzeichnung II **1 D** (vgl. Tafel 2.5). In beiden Fällen haben die Betriebsmittel das höchste im Staubexplosionsschutz genormte Sicherheitsniveau. Da bleibt es praktisch ohne Belang, wie die Staubexplosionsgefahr eingestuft worden ist. Da es noch keine harmonisierte EN mit einem neuen Stand der Technik gibt, kann auch mit der bisher maßgebenden DIN VDE 0170/0171 Teil 13 die Explosionssicherheit gewährleistet werden.

2. Zone 21

Bereiche der neuen Zone 21 sind so definiert, daß das zeitliche Auftreten explosionsfähiger Atmosphäre

– in der Häufigkeit des Auftretens mit Zone 11 übereinstimmt („gelegentlich", bestimmungsgemäßer Betrieb),
– in der Dauer jedoch weiter reicht (nicht auf „kurzzeitig" begrenzt wie bei Zone 11)

Vor allem wegen der erweiterten Dauer kann hier die Explosionssicherheit grundsätzlich nicht mehr durch Zone-11-Betriebsmittel mit Schutzart IP 54 gewährleistet werden. Ob das mit einer höheren IP-Schutzart möglich wird, wäre im Einzelfall vom Sachverständigen zu prüfen.

3. Zone 22

Bisher sind staubexplosionsgefährdete Arbeitsstätten fast ausnahmslos Bereiche der Zone 11. Für Zone 11 schreibt DIN VDE 0165 (02.91) eine Kennzeichnung des Explosionsschutzes elektrischer Betriebsmittel nicht vor. Nach neuem Recht (EXVO, Richtlinie 94/9/EG) müssen diese Betriebsmittel jedoch eine EEx-Kennzeichnung haben. Das Gefahrenniveau der Zone 22 umfaßt aber nur den unteren Bereich von Zone 11. Es schließt das Auftreten explosionsfähiger Atmosphäre bei bestimmungsgemäßem Betrieb nicht mehr ein (Bild 17.1). Demnach darf man das Niveau der Explosionssicherheit von Zone-11-Betriebsmitteln prinzipiell höher bewerten, als es für Zone 22 erforderlich wäre.

4. Mögliche Lösungswege, wenn Betriebsmittel mit neuer Kennzeichnung noch nicht verfügbar sind

1. Ermittlung der Kollisionspunkte (Anzahl, Problem),
2. Abstimmung mit der zuständigen Aufsichtsbehörde anhand der dargestellten sicherheitstechnischen Sachverhalte mit dem Ziel, entweder
   a) die Anlage bei Einstufung in die Zonen 20, 21 oder 22 auch mit bisher üblichen Betriebsmitteln auszurüsten (Sachverständigen-Gutachten erforderlich) oder
   b) die Anlage nach altem Recht einzustufen (Zonen 10 und 11) und die Betriebsmittelauswahl und Installation nach DIN VDE 0165 (02.91) vorzunehmen. Betriebsmittel nach neuem Recht können auch verwendet werden (Zone 10: mit Kennzeichen II D 1). Der Betreiber stuft dann nach eigenem Ermessen die Bereiche neu ein, sobald es die Situation zuläßt.

Nach Meinung des Verfassers sollte man Lösung b) vorziehen.

Darüber hinaus sollte man bedenken:
Das gelegentliche Auftreten von Staubwolken in Arbeitsstätten widerspricht den Rechtsnormen des Arbeits- und Gesundheitsschutzes. Bereiche der Zone 21 sind daher in Neuanlagen nach Meinung des Verfassers nicht akzeptabel.

Frage 17.4   Wo stellt der Staubexplosionsschutz besondere Anforderungen an die Betriebsmittel?

Dazu wäre zunächst auf die unter 17.1 genannten Einflüsse hinzuweisen und auf die Bedingungen der jeweiligen Zone (siehe die Fragen 17.2 und 17.3).
Obwohl die ElexV für den Sachverhalt der Explosionsgefahr eine „explosionsfähige Atmosphäre" ausdrücklich voraussetzt, können Stäube auch im Ruhezustand gefährlich werden. Das gilt besonders für

1. Staubschichten über 5 mm Dicke
Elektrische Betriebsmittel können in der Regel nicht mehr mit ihren Bemessungswerten (P, I) betrieben werden, wenn die Staubschicht dicker ist als bei der Bemessungsgrundlage von 5 mm.
Überwiegend ergibt sich die zulässige Grenztemperatur (Oberflächentemperatur, dazu Tafel 17.1) nicht aus der Zündtemperatur einer Staubwolke, sondern aus der Glimmtemperatur einer Staubschicht. Die Glimmtemperatur bezieht sich auf eine Schichtdicke von 5 mm. Je dicker die Staubschicht wird, um so niedriger ist die

Temperatur des Glimmbeginns, aber um so mehr erwärmt sich auch das elektrische Betriebsmittel.

Im Dickebereich bis etwa 50 mm ist es dem Sachverständigen noch möglich, hinreichend sicher abzuschätzen, wie weit die Grenztemperatur herabgesetzt werden muß. Dabei kann sich ergeben, daß die Grenztemperatur bis auf etwa $1/_3$ der Glimmtemperatur zu vermindern ist (Beispiel für einen Staub mit 400 °C Glimmtemperatur bei 50 mm Schichtdicke). Ob und wie ein wärmeabgebendes Betriebsmittel unter noch dickeren („übermäßig dicken") Staubschichten oder ganz und gar eingeschüttet betreibbar ist, kann nur prüftechnisch ermittelt werden.

Solche Betriebsbedingungen sollten grundsätzlich vermieden werden.

2. Elektrisch leitfähige Stäube

Daß Metallstäube nicht nur mit Luft explosionsfähige Gemische bilden, sondern auch leitfähige Fremdschichten erzeugen, wird nicht immer hinreichend beachtet. Ein staubdichtes Gehäuse (IP 6X) schützt sicher gegen das Eindringen von Metallstäuben.

Frage 17.5 Dürfen Betriebsmittel mit Zündschutzarten wie „d" oder „e" auch bei Staubexplosionsgefahr verwendet werden?

Der Staubexplosionsschutz elektrischer Betriebsmittel stellt etwas andere Forderungen an die Dichtheit der Gehäuse und die zulässigen Oberflächentemperaturen als der Gasexplosionsschutz. Trotzdem dürfen dafür grundsätzlich auch Betriebsmittel mit Zündschutzarten und Temperaturklassen verwendet werden, die im Gasexplosionsschutz üblich sind (siehe die Abschnitte 6 und 7), allerdings nur unter folgen Voraussetzungen:

- Sie erfüllen die Bedingungen gemäß Tafel 17.1.
- Sie tragen die Kennzeichen G D (neue Betriebsmittel gemäß EXVO und Richtlinie 94/9/EG).

Die zulässige Oberflächentemperatur ist immer speziell zu überprüfen. Als Vergleichswert kann die Grenztemperatur der Temperaturklasse des Betriebsmittels dienen (vgl. Tafel 6.2). Wie das zu geschehen hat, zeigen die Beispiele in **Tafel 17.2**.

Darüber hinaus ist zu beachten:
Je nach Zündschutzart muß man prüfen:

- bei druckfester Kapselung „d": die Staubdurchlässigkeit der vorgeschriebenen Gehäusespalte,
- bei Überdruckkapselung „p": die Funktionssicherheit bei Staubbelastung,
- bei Eigensicherheit „i": die Funktionssicherheit bei möglicher Staubbelastung (Fremdschicht, Überbrückung von Kriechstrecken).

Das braucht man nicht zu beachten, wenn das Betriebsmittel der EXVO entspricht und neben dem Kennbuchstaben G noch ein D aufweist.

Tafel 17.2 Elektrische Betriebsmittel in Bereichen mit Staubexplosionsgefahr – Beispiele zur Ermittlung der zulässigen Grenztemperatur oder Temperaturklasse

Stoff	PVC	Eisen	Steinkohle
ermittelte Kennzahlen	Temperaturwerte in °C		
1. Zündtemperatur[1]	530	310	590
2. $2/3 \cdot 1.$	353	207	393
3. Glimmtemperatur[1]	380	300	345
4. 3. – 75 K	305	225	170
Ergebnisse			
5. zulässige Grenztemperatur (kleinere von 2. und 4.)	305	207	170
6. nächst tiefere Grenztemperatur einer Temperaturklasse[2]	300	200	135
7. Temperaturklasse zu 6.	≥ T2	≥ T3	≥ T4

[1] gemäß Angabe des Auftraggebers (aus Gefahrstoffdatenblatt, Tabellenwerk oder nach prüftechnischer Ermittlung)
[2] aus Tafel 6.1 (gemäß EN 50014 DIN VDE 0170/0171 Teil 1)

Frage 17.6 Was ist bei einer Installation in Bereichen mit Staubexplosionsgefahr besonders zu beachten?

Wesentliches zu dieser Frage wurde an anderer Stelle schon beantwortet, z. B. im Abschnitt 12: „Kabel und Leitungen". Eine explosionsfähige Atmosphäre, also eine Staubwolke, muß in Arbeitsstätten die Ausnahme bleiben. Man kann jedoch nicht grundsätzlich ausschließen, daß sich begrenzt eine Staubschicht bildet.
In staubgefährdeten Bereichen gilt als oberster Grundsatz, Staubablagerungen auf elektrischen Einrichtungen soweit als möglich zu vermeiden.
Dazu heißt es im Anhang zur ElexV: „Anlagen in Bereichen, die im Hinblick auf Stäube explosionsgefährdet sind, sind so oft zu reinigen, daß sich in oder auf den Betriebsmitteln Staub nicht in gefahrdrohender Menge ansammeln kann."
Wo es die elektrotechnische Versorgungsaufgabe nicht zuläßt, Staubablagerungen auf einem Betriebsmittel durch geschützte Anordnung auszuschließen, muß auf reinigungsfreundliche Gestaltung und Anordnung geachtet werden.

Worauf man ebenfalls achten sollte:
Die Bedingung für Steckvorrichtungen in DIN VDE 0165 (02.91), 7.1.4, „... max. Abweichung von der Senkrechten 30°" wurde 1992 offiziell zurückgezogen. Das bedeutet aber nicht, es wären nur noch Steckdosen zulässig, deren Stecker exakt senkrecht sitzt. Eine von unten steckbare Steckdose läßt sich besser bedienen und kontrollieren, wenn sie eine vorwärts geneigte Einführungsöffnung hat. **Bild 17.2** zeigt eine Wandsteckvorrichtung, die den Bedingungen von DIN VDE 0165 (02.91) entspricht (siehe Tafel 17.1) und zusätzlich einen Kurzschlußauslöser enthält.

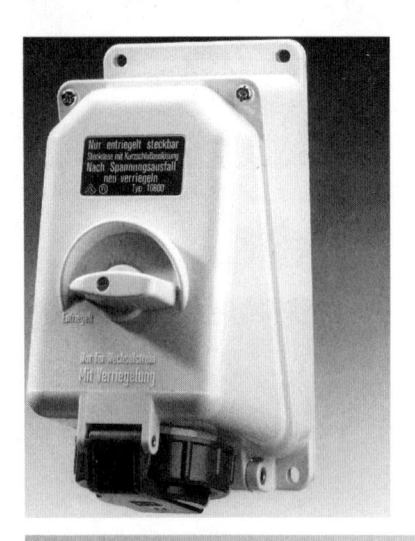

Bild 17.2 Beispiel einer Steckdose mit Staubexplosionsschutz für Zone 11 (IP 67, im gesteckten Zustand IP 54, abschaltbar, verriegelt, 16 A, 230 V)   (Fa. Mennekes)

18 Ergänzende Maßnahmen und Mittel des elektrischen Explosionsschutzes

Frage 18.1 Welche grundsätzlichen Bedingungen stellt der Blitzschutz?

Ein Blitz als starke atmosphärische Entladung ist am Einschlagspunkt naturgemäß immer zündgefährlich. Die starke Erwärmung von Fang- und Ableiteinrichtungen kann zündgefährlich sein. Verschleppte oder induzierte Blitz-Überspannungen gefährden die Explosions- und die Funktionssicherheit.
Zum **Erfordernis für Blitzschutzmaßnahmen in explosionsgefährdeten Bereichen** ist aus den Explosionsschutz-Richtlinien (EX-RL, ZH1/10) zu entnehmen:

- **Nur in Zone 2 können Blitzschutzmaßnahmen entfallen.**
- Bei **Zone 0 und 20** (bzw. **Zone 10**) kommt es darauf an, auch gefährliche Rückwirkungen eines Blitzschlages von außerhalb sicher zu verhindern, z. B. durch Überspannungsschutzgeräte. Das gilt besonders für Innenräume technischer Einrichtungen wie Tanks, Behälter und technologische Apparate mit elektrisch isolierten Einbauten. Ein Funkenüberschlag muß unbedingt vermieden werden. Bei erdüberdeckten Einrichtungen entfällt der äußere Blitzschutz, aber es muß auf Potentialausgleich geachtet werden, z. B. über einen Ringerder.

Nach Meinung des Verfassers ist ein Verzicht auf äußeren Blitzschutz auch in den *Zonen 22 bzw. 11* unter günstigen Voraussetzungen möglich, z. B. bei Anlagen im Freien.
Die **neue Vornorm DINV ENV 61024-1 VDE V 0185 Teil 100** (08.96), Blitzschutz baulicher Anlagen, enthält eine Methode, um die „akzeptierte Einschlagshäufigkeit" differenziert abzuschätzen. Das „Blitzschutzsystem" (LPS) umfaßt äußere und innere Maßnahmen. Es gibt vier „Schutzklassen" für die Wirksamkeit eines Blitzschutzsystems. Diese neuen Betrachtungsweisen und Regeln beziehen den Blitzschutz für explosionsgefährdete Bereiche und für elektronische Systeme jedoch nicht ein. Die Vornorm (Teil 100) **gilt nicht für explosionsgefährdete Bereiche**. Im IEC arbeitet man aber schon an entsprechenden Festlegungen.

Weiterhin gilt noch die **DIN 57 185 VDE 0185 (11.82) als berufbare Verständigungsbasis** für den Blitzschutz in explosionsgefährdeten Bereichen.
Im Teil 2 der Norm wird im Abschnitt 6.2 ausführlich auf folgendes eingegangen:

- äußerer Blitzschutz explosionsgefährdeter Bereiche mit unterschiedlichen Erfordernissen
  - für Gebäude mit Bereichen der Zonen 0, 1, 2 sowie 10, 11 und
  - für spezielle Arten von Anlagen im Freien.

Darin ist aber auch der folgende grundsätzliche Hinweis enthalten:
Vor allem bei eigensicheren Anlagen, Fernmelde- und MSR-Anlagen sind die normierten Maßnahmen nicht ausreichend, um schädliche Einwirkungen zu verhindern. Als Zusatzmaßnahmen sind genannt: Kabel und Leitungen mit Schirm, Metallmantel oder verdrillten Adern, verstärkter Blitzschutz-Potentialausgleich, Einbau von Überspannungsschutzgeräten (ÜSG).

Was außerdem zu beachten ist

- Beim **Entwurf von Blitzschutzanlagen** ist dringend anzuraten, die Konzepte des Blitzschutzes, des Explosionsschutzes (Zonen) und anderer beeinflußter Fachdisziplinen rechtzeitig aufeinander abzustimmen. Anlagen mit empfindlicher Elektronik sind ohne einen bedarfsgerecht angepaßten Blitz- und Überspannungsschutz (LEMP), der auch die EMV-Belange einschließt, nicht akzeptabel. Grundlagen dafür sind auch DIN VDE 0185 Teil 103 (09.97), Schutz gegen elektromagnetischen Blitzimpuls – Teil 1: Allgemeine Grundsätze, und einschlägige Fachliteratur.
- **Zone 2**: Im Gegensatz zur EX-RL (s. o.) geht DIN 57 185 VDE 0185 Teil 2 nicht davon aus, daß Blitzschutz hier entfällt, sondern legt technische Maßnahmen fest. Der Auftraggeber muß entscheiden, was zu tun ist.
- Bei **Anlagen gemäß Verordnung über brennbare Flüssigkeiten (VbF)** gelten die Festlegungen elektrotechnischer Blitzschutzmaßnahmen in TRbF 100, für Tankstellen in TRbF 40.
- Für den Bestandsschutz in ostdeutschen Anlagen gilt TGL 200-0616 (Blitzschutzmaßnahmen) in Verbindung mit TGL 30044 (Blitzschutz; Allgemeine Forderungen).

Frage 18.2 Was gilt für den Schutz gegen elektrostatische Entladungen?

Elektrostatische Entladungen können in verschiedener Form auftreten. Als Funken-, Gleitstiel oder Büschelentladung sind sie zündfähig. Dazu muß es nicht kommen, wenn man gefährliche Aufladungen vorbeugend vermeidet oder gefahrlos ableitet.
Gemäß DIN VDE 0165 (02.91) dürfen in elektrischen Anlagen keine gefährlichen elektrostatischen Aufladungen auftreten. Eigensichere Anlagen sind da besonders empfindlich. Die Norm gibt dazu keine konkreten Schutzmaßnahmen an, sondern verweist auf die **Richtlinien „Statische Elektrizität"** (mit vollem Titel: Richtlinien für die Vermeidung von Zündgefahren infolge elektrostatischer Aufladungen) des Hauptverbandes der gewerblichen Berufsgenossenschaften; ZH1/200).
Elektrostatische Aufladungen entstehen durch mechanisches Trennen gleich- oder verschiedenartiger Stoffe, sammeln sich auf den getrennten Teilen an und können sich durch Influenz auf andere Oberflächen oder auf Personen übertragen.
Bei welchen Vorgängen das geschehen kann, ist aus **Tafel 4.3** zu entnehmen. Gefährlich wird es, sobald die Ladung in den Bereich der Mindestzündenergie gelangt (vgl. Tafel 4.5). Dem kann man prinzipiell durch folgende Schutzmaßnahmen begegnen:

Ergänzung des elektrisches Explosionsschutzes 213

- Potentialausgleich aller leitfähigen Teile, die sich aufladen können,
- elektrostatische Erdung; Ableitwiderstand $\leq 10^6$ Ω, bei eigensicheren Stromkreisen ≥ 15 kΩ bis $\leq 10^6$ Ω; Entladezeitkonstante $< 10^{-2}$ s,
- statisch leitfähige Stoffe; spezifischer Widerstand $\leq 10^4$ Ωm
- Vermeiden aufladbarer Stoffe, d. h.,
  - bei Feststoffen: Oberflächenwiderstand $\leq 10^9$ Ωm
  - bei Flüssigkeiten: Leitfähigkeit $\geq 10^{-8}$ S/m oder spezifischer Widerstand $> 10^8$ Ωm (ebenso bei Fußböden).

Zum Vermeiden zündfähiger Entladungen gilt bezogen auf die Zoneneinteilung:

- **Zonen 0 und 20** bzw. **Zone 10**: Entladungen absolut vermeiden,
- **Zonen 1 und 21**: Entladungen vermeiden im ungestörten Betrieb und bei erfahrungsgemäß zu erwartenden Störzuständen einschließlich Wartung und Reinigung
- **Zonen 2 und 22**: Entladungen im ungestörten Betrieb vermeiden; Maßnahme Erdung allgemein ausreichend; Zusatzmaßnahmen nur erforderlich, wo häufig Entladungen auftreten können (z. B. bei nicht elektrostisch leitfähigen Keilriemen).

Was man dabei beachten sollte

- Bei explosionsgeschützten elektrischen Betriebsmitteln ist es Sache des Herstellers, die elektrostatische Unbedenklichkeit zu gewährleisten. Zumeist wird der Anwender gar nicht über die technischen Voraussetzungen verfügen, die elektrostatischen Eigenschaften eines Betriebsmittels zu prüfen. Das ist zu bedenken, bevor man sich dazu entscheidet, in eigensicheren Stromkreisen bei Zone 1 ein Betriebsmittel normaler Bauart zu verwenden.
- Die Gefahr elektrostatischer Aufladungen ist typisch z. B. beim Fördern von brennbaren Flüssigkeiten oder Stäuben durch Rohrleitungen (Metall, Kunststoff, Glas), beim Abfüllen und Betanken, an Riementrieben oder bei Personen mit isolierender Kleidung. Dabei handelt es sich um technologische und physikalische Sachverhalte, deren Ursachen nur der Sachverständige erkennen und überprüfen kann.
- Als Elektrofachkraft muß man damit genügend vertraut sein, um beim Auftraggeber die erforderlichen elektrotechnischen Schutzmaßnahmen abzufragen und um bei Wartungsarbeiten gefährlichen Aufladungen vorbeugen zu können. In diesem Zusammenhang ist auch auf mögliche Probleme durch elektrostatische Eigenschaften von Kabeln und Leitungen hinzuweisen (vgl. Abschnitt 12).
- Am Beispiel der elektrostatischen Sprüheinrichtungen zum Auftragen von Beschichtungsstoffen sieht man, daß Elektrostatik und Explosionsschutz nicht absolut unvereinbar sind, sogar bei Spannungen weit über 10 kV. Ortsfeste Anlagen werden von Fachbetrieben errichtet und gewartet. Anstelle von Daten und Fakten kann hier nur auf DIN VDE 0147 (ortsfeste elektrostatische Sprühanlagen) und DIN VDE 0745 (elektrostatische Handsprüheinrichtungen) verwiesen werden.

Frage 18.3 Welche Bedingungen stellt der Explosionsschutz an elektrische Heizanlagen?

In explosionsgefährdeten Betriebsstätten kann die Wärmeentwicklung elektrischer Widerstände auf folgende Arten genutzt werden:

a) mit Heizgeräten, z. B. mit EEx-Raumheizern oder mit Heizeinsätzen für Wärmeübertrager oder Behälter,
b) als Oberflächenbeheizung mit Heizkabeln bzw. -leitungen oder
c) speziell auch durch direkte Nutzung des elektrischen Widerstands metallischer Rohrleitungen oder Behälter.

Mit Blick auf die Zoneneinteilung explosionsgefährdeter Bereiche gilt:

– In den **Zonen 0 und 20** bzw. **Zone 10** sind Heizgeräte weitestgehend zu vermeiden. Es sind nur speziell dafür geprüfte und bescheinigte Heizeinrichtungen zugelassen (bei Flüssigkeiten: Wärmequelle überdeckt vom Flüssigkeitsspiegel und dadurch nicht in Zone 0 wirksam).
– **Zonen 1 und 21**: Es sind als explosionsgeschützt gekennzeichnete Betriebsmittel zu verwenden.
– **Zonen 2 und 22** bzw. **Zone 11**: Es gelten die speziellen Festlegungen in DIN VDE 0165 (02.91) für Zone 2 und sonst die Bedingungen der Errichtungsnormen zur Auswahl von Betriebsmitteln in diesen Zonen.

Heizanlagen für die Zonen 1 und 21, in denen individuell ausgewählte Heizkabel oder -leitungen angewendet werden, erfordern grundsätzlich bescheinigtes Anschlußmaterial (siehe auch Frage 12.11). Normen für Anlagen zur elektrischen Begleitheizung sind noch in Arbeit. DIN VDE 0165 (02.91) legt fest, daß nicht bescheinigte elektrische Heizeinrichtungen in Zone 1 von einem Sachverständigen überprüft werden müssen.

Bei der Auswahl einer Heizeinrichtung muß grundsätzlich beachtet werden:

1. **Die zulässige Temperatur wird beschränkt durch die jeweils zulässige maximale Oberflächentemperatur.** Sie wird wie folgt bestimmt:
– bei **Gasexplosionsgefahr**: entweder die Zündtemperatur des gefährdenden Stoffes oder die maximale Oberflächentemperatur der betreffenden Temperaturklasse (vgl. Tafel 6.2, Temperaturklassen T 1 bis T 6).
– bei **Staubexplosionsgefahr**: entweder $2/3$ der Zündtemperatur des gefährdenden Stoffes oder dessen Glimmtemperatur – 75 K (vgl. Tafel 17.1, Oberflächentemperatur). Diese Bedingung gilt für die Oberfläche aller wärmeabgebenden Bauteile, sofern sie nicht gegen Berührung mit explosionsfähiger Atmosphäre geschützt sind. Grundsätzlich müssen Umgebungstemperaturen, die 40 °C überschreiten, vermindernd einbezogen werden.

2. **Unzulässige Oberflächentemperaturen müssen durch geeignete Maßnahmen verhindert sein**, z. B. durch selbsttätige Temperaturüberwachung mit direkter oder indirekter Abschaltung und mit Wiedereinschaltsperre. Für Zone 2 genügt ein Warnsignal. Man kann dazu beispielsweise einen explosionsgeschützten Tempe-

raturwächter mit Kapillare wie im **Bild 18.1** verwenden. Mit speziell dafür angebotenen Widerstands-Thermometerfühlern (Pt 100) wird der Temperaturverlauf darstellbar und regelbar.
Selbstbegrenzende Geräte oder Heizkabel erfordern keine zusätzliche Temperaturüberwachung. Als Beispiele dafür sind selbstbegrenzende Heizleitungen oder die Heizplatte im **Bild 18.2** anzuführen.

Bild 18.1 Beispiel einer Temperaturüberwachungseinrichtung (Kapillarrohrwächter) in EEx ed IIC T6, IP 65, 250 V, 16 A (Fa. BARTEC)

Bild 18.2 Beispiel einer Heizplatte in EEx d IIC T3, selbstbegrenzend, von 50 W bis 200 W, zur Beheizung von Schutzschränken (Fa. BARTEC)

Heizkabel können auch so ausgewählt und eingesetzt werden, daß sich die Temperatur unterhalb der maximalen Oberflächentemperatur selbst stabilisiert. Weil der elektrische Widerstand mit steigender Temperatur zunimmt, verringert sich die Heizleistung auf einen spannungsabhängigen Betriebswert. Das Gleichgewicht tritt ein, wenn die Verlustwärme der beheizten Einrichtung, z. B. einer Rohrleitung, genauso groß ist wie die zugeführte Wärme. Folgendes Problem kann jedoch dabei auftreten: Eine nachträglich eintretende Minderung der Verlustwärme, z. B. infolge veränderter Nutzung der beheizten Einrichtung oder anderer Wärmeisolierung mit besserer Dämmung, kann den stabilen Temperaturwert auch unzulässig erhöhen.

3. **Zusatzmaßnahmen für Heizeinrichtungen der Zündschutzart „e"**, die von einem TT-, TN- oder IT-System versorgt werden: Neben dem Überstromschutz sind Maßnahmen gemäß Tafel 18.1. erforderlich. Damit sollen Übertemperaturen durch Erdschluß- oder Ableitströme vermieden werden.

Tafel 18.1 Elektrische Heizeinrichtungen; zusätzliche Bedingungen für Schutzeinrichtungen gemäß EN 50019 DIN VDE 01070/0171 Teil 6 (Zündschutzart Erhöhte Sicherheit „e")

Schutzmaßnahme VDE 0100 Teil 410	Bedingungen für die Schutzmaßnahme gegen gefährliche Körperströme
TT-System oder **TN-System**	mit Fehlerstrom-Schutz $\leq$ 300 mA, vorzugsweise jedoch 30 mA, dabei in 5 s abschaltend, bei 5fachem Bemessungs-Ansprechstrom in $\leq$ 0,15 s abschaltend
IT-System	mit Isolations-Überwachungseinrichtung, abschaltend bei $\leq$ 50 Ω/V[1]

[1] gemäß IEC 79-14 nicht erforderlich für Heizeinrichtungen, die sich innerhalb eines Betriebsmittels befinden und dadurch geschützt sind

4. **Heizanlagen mit einer Technik gemäß Punkt c)** sind in DIN VDE 0165 (02.91) nur für Zone 2 geregelt, und zwar mit folgenden Bedingungen:
   - automatische Abschaltung oder Alarm bei Isolationsfehlern
     - im geerdetem Heizstromkreis z. B. durch FI-Schutz (RCD),
     - im nicht geerdeten Heizstromkreis z. B. durch Isolationsüberwachung,
     - ausgenommen, die Konstruktion der Heizeinrichtung schließt Isolationsfehler aus.

Bei solchen Heizanlagen gelten die für Zone 2 festgelegten IP-Schutzarten nur für die Anschlußkästen.

5. **Raumheizer** müssen so aufgestellt sein, daß die Wärmeabgabe nicht behindert ist.

6. Der Hersteller gibt in der **Betriebsanweisung** die sicherheitstechnischen Bedingungen an.

Frage 18.4 Was ist für den kathodischen Korrosionsschutz zu beachten?

Kathodische Korrosionsschutzanlagen (KKS) werden angewendet, um an erdverlegten Behältern und Rohrleitungen und aus Stahl Schäden durch äußere Korrosion zu verhindern. Die Schutzstromdichte liegt in der Größenordnung von wenigen $\mu A/m^2$, bezogen auf die Oberfläche des schützenden Objektes, und kann bei älteren Objekten einige mA/m^2 erreichen. Trotz des geringen negativen Potentials sind bei Fremdstromanlagen spezielle Schutzmaßnahmen erforderlich, ausgenommen bei Anlagen, die nur mit Verlustanoden arbeiten.

Im Regelwerk des Deutschen Vereins des Gas- und Wasserfaches (DVGW) ist festgelegt, wie die Anlagen zu planen, zu errichten und zu warten sind (DVGW-Arbeitsblätter GW 10, GW 12, G 601 und weitere). KKS-Anlagen müssen von Fachbetrieben errichtet und betreut werden. DIN VDE 0165 (02.91) verweist auf die **AfK-Empfehlung Nr. 5, Kathodischer Korrosionsschutz in Verbindung mit explosionsgefährdeten Bereichen** (ZfGW-Verlag Frankfurt/Main):

– Nur die erforderlichen Isolierstücke dürfen sich in explosionsgefährdeten Bereichen befinden, jedoch nicht die „Schutzstromgeräte" (KKS-Anlagen einschließlich Stromversorgung und Fremdstromanoden).
– Jedes Isolierstück ist in den Rohrleitungen auf möglichst kurzem Weg durch eine explosionsgeschützte Trennfunkenstrecke zu überbrücken.

Darüber hinaus sollte man folgendes beachten

– Im Regelwerk für den KKS an überwachungsbedürftigen Anlagen (z. B. für Rohrfernleitungen TRbF 301, Tankanlagen TRbF 521, Druckbehälter TRB 601) sind teilweise auch Bedingungen für den Explosionsschutz von Trennfunkenstrecken enthalten.
Trennfunkenstrecken für kathodischen Korrosionsschutz sind nach Auffassung maßgebender Fachleute (K 235 der DKE) nicht als elektrische Betriebsmittel zu betrachten. Sie sollten geprüft und in ihren Bemessungsdaten bescheinigt sein, erfordern aber keinen EEx-Prüfschein. Daß die Anschlußstellen sich für die Zündschutzart „e" nicht eignen, ist nicht als zündgefährlich zu beanstanden. Ein Hinweis auf mögliche Zündgefahren durch Überbrückung sollte aber nicht fehlen.
– Bei Fremdstromanlagen können nach dem Abschalten mitunter noch längere Zeit Restspannungen anstehen.
– Auf elektrisch isolierte Rohrfernleitungen, die parallel zu Hochspannungsfreileitungen verlaufen, können Längsspannungen induziert werden, deren Spitzenwerte die Ansprechspannung der Trennfunkenstrecke erreichen.
– IEC 79-14 empfiehlt, Isolierstücke (also auch die Trennfunkenstrecken) möglichst außerhalb explosionsgefährdeter Bereiche anzuordnen. Das ist die beste Vorbeugung gegen Ex-Probleme durch Sonderfälle des kathodischen Korrosionsschutzes.

Frage 18.5 Wo können versteckte Zündgefahren vorliegen und wie begegnet man solchen Gefahren?

Wodurch Zündgefahren entstehen können, wurde im Abschnitt 4.8 erläutert. Aus den aufgezählten Beispielen für Zündquellen (Tafel 4.3) ist schon zu erkennen, daß die Explosionssicherheit einer Betriebsstätte mehr erfordert als nur das normgerechte Installieren und Betreiben explosionsgeschützter Betriebsmittel. Jede Energieanwendung, deren Wirkungsweise es bedingt oder zuläßt, daß sich Energie frei auf das Umfeld überträgt, kann zündgefährlich sein. Elektrofachleute denken dabei zuerst an Fehler- und Ausgleichsströme, an den Einsatz elektrischer Arbeitsmittel oder an andere wärmeanwendende Arbeitsverfahren. Auch an der Zündgefahr von Laserstrahlen wird kaum jemand zweifeln. Gefahren durch andere Energiequellen, die mit Hochfrequenz, Licht- oder Schallwellen arbeiten und von außen in den Ex-Bereich einstrahlen, sind oft nicht sofort erkennbar. Beim Umgang mit solchen Quellen muß also nicht nur darauf geachtet werden, Zündgefahren im Ex-Bereich zu vermeiden, sondern es muß auch darüber befunden werden, ob man solche Quellen in der Nähe eines Ex-Bereiches verwenden kann.

Tafel 18.2 stellt solche Anwendungsfälle zusammen und gibt dafür Schutzmaßnahmen an. Als Quelle dafür dienten die Explosionsschutz-Richtlinien (EX-RL, ZH1/10) und die DIN EN 50281-1-2 VDE 0165 Teil 2 (Entwurf 10.97), Elektrische Betriebsmittel zur Verwendung in Bereichen mit brennbarem Staub.

Auch hier muß nochmals betont werden, wie wichtig es ist, daß die sicherheitstechnischen Festlegungen der Gerätehersteller beachtet werden (Betriebsanleitung).

Weitere Hinweise zur Verwendbarkeit individueller elektrischer Geräte in explosionsgefährdeten Bereichen wurden der Fachliteratur entnommen:

- **Funkgeräte**: Nicht zündgefährlich sind Geräte mit Sendeleistungen $\leq$ 6 W, z. B. ungepulst arbeitende Handies, Funktelefone oder Betriebsfunkgeräte. Davon unabhängig ist zu bewerten, welchen Explosionsschutz das Gerät am Einsatzort erfordert. Baumustergeprüfte Ex-Handfunkgeräte für Zone 1 haben Leistungen $\leq$ 2 W.
- **digitaler Mobilfunk**, **Radar** und andere **gepulste HF-Quellen**: Dazu ist eine fachkundige Einzelbewertung erforderlich.
- **Hörgeräte** und **elektronische Armbanduhren** sind in den Zonen 1, 2, und 11 unbedenklich verwendbar.

Ergänzung des elektrisches Explosionsschutzes

Tafel 18.2 *Erfordernis von Maßnahmen des Explosionsschutzes gegen spezielle Zündgefahren*

---

1. Ausgleichströme (Streu- oder Leckströme)

1.1 **Gefahrenquelle:** betriebsmäßig oder bei Störungen auftretende Ströme, die sich unkontrolliert über nicht isolierte Metallkonstruktionen verzweigen
1.2 **Gefahr:** unzulässige Erwärmung, Funkenbildung
1.3 **Schutzmaßnahmen:** Potentialausgleich für sämtliche nicht isolierten leitfähigen Anlagenteile; stromtragfähige Überbrückung von Konstruktionsteilen vor dem Trennen oder Demontieren; nicht unbedingt erforderlich in Zone 2 und 22 bzw. 11,
(DIN VDE 0165 sowie DIN VDE 0150 und 0190 beachten)

---

2. Hochfrequenzanlagen

2.1 **Gefahrenquelle:** elektromagnetische Felder im Bereich 9 kHz bis 300 GHz, z. B. Funksender und Hochfrequenzerzeuger für Erwärmung, Radar, Schweißen, Mobilfunk
2.2 **Gefahr:** Erwärmung und mögliche Funkenbildung durch den Antenneneffekt leitfähiger Teile, die sich im Strahlungsfeld befinden (bei starken Feldern auch an nicht leitfähigen Teilen)
Zündgefahr besteht bei Überschreiten folgender Grenzwerte
a) Zonen 1 und 2:

Explosionsgruppe	IIA	IIB	IIC	
Wirkleistung,	6 W	4 W	2 W	(kontinuierliche
gemittelt über	100 µs	100 µs	20 µs	Quellen)
Einzelimpuls	950 µJ	250 µJ	50 µJ	(gepulste Quellen)

b) Zone 21 und 22 bzw. 11: 6 W (Voraussetzung: Mindestzündenergie des Staubes ≤ 1 mJ)
c) Zonen 0 und 20 bzw. 10: 80 % von a) bzw. b)

2.3 **Schutzmaßnahmen**
– allgemein: allseitiger Sicherheitsabstand (kann richtungsabhängig sein, ist speziell zu ermitteln),
– für alle Zonen: explosionsgeschützt gekennzeichnete Geräte, zündgefährliche Einstrahlung ausschließen,
Entwurf DIN VDE 0848 Teil 3 beachten

---

3. Lichtquellen (optischer Spektralbereich)

3.1 **Gefahrenquelle:** elektromagnetische Wellen im Bereich $3 \cdot 10^{11}$ Hz bis $3 \cdot 10^{15}$ Hz, z. B. Laser, Sonnenlicht, Blitzlicht
3.2 **Gefahr:** Erwärmung, durch Bündelung noch verstärkt (bei Lasern auch ohne Bündelung, bei Sonnenlicht auch durch zufällige Effekte), oder Absorption (bei Gasen, Stäuben); Lichtquellen sind grundsätzlich zündgefährlich bei Überschreiten folgender Grenzwerte im Strahlengang,
a) Zonen 0 und 10:
– 5 mW/mm^2 für Dauerlichtlaser und sonstiges Dauerlicht,
– 0,1 mJ/mm^2 für Impulslaser oder -licht (Impulsabstand < 5 s gilt als Dauerlicht),
b) Zonen 1, 2 und 11:
– 10 mW/mm^2 für Dauerlichtlaser und sonstiges Dauerlicht,
– 0,5 mJ/mm^2 für Impulslaser oder -licht,
c) Zonen 20 und 21: wie a),
d) Zone 22: nicht festgelegt

▼

Tafel 18.2 *Erfordernis von Maßnahmen des Explosionsschutzes gegen spezielle Zündgefahren (Forts.)*

3.3	**Schutzmaßnahmen** – in Zone 0 und 10: Lasereinrichtungen nicht zulässig, andere Lichtquellen: explosionsgeschützt gekennzeichnete Geräte verwendbar, – in Zone 2 und 11: Geräte normaler Bauart verwendbar, wenn der Hersteller die Eignung für Zone 11 bestätigt, – *in Zone 1, 20, 21 und 22:* explosionsgeschützt gekennzeichnete Geräte verwendbar, – *in allen Zonen:* zündgefährliche Einstrahlung oder Resonanzabsorption ausschließen, UVV VBG 93 beachten
4.	**UV-Strahler, radioaktive und andere Strahlungsquellen**
4.1	**Gefahrenquelle:** ionisierende Strahlung z. B. von UV-Strahlern, Röntgeneinrichtungen, Lasern, Beschleunigern, Kernreaktoren
4.2	**Gefahr:** Energieabsorption (besonders bei Staubpartikeln) und/oder Erwärmung der radioaktiven Quelle, Strahlung kann Stoffe umwandeln und explosionsgefährliche Komponenten bilden, Zündgefahr kann vorliegen a) bei UV-Bestrahlungsstärke $> 0{,}5$ W/cm^2 bzw. Bestrahlung mit > 50 mJ/cm^2 b) bei Röntgen-Ionendosisleistung 3 mA/kg
4.3	**Schutzmaßnahmen** – *in Zone 0 und 10:* • nur speziell dafür zugelassene UV-Geräte verwendbar, • radioaktive Stoffe nach Strahlenschutzverordnung (Freigrenze gemäß Anlage 4 oder nach spezieller Festlegung), gasdicht umschlossen mit Aktivität $\leq 4\cdot 10^{10}$ Bq, – *in Zone 1, 21 und 22:* explosionsgeschützt gekennzeichnete Geräte verwendbar; Ir-Quellen (Werkstoffprüfung) mit $\leq 10^{12}$ Bq hinsichtlich Wärmeableitung unbedenklich, – *in Zone 2 und 11:* Geräte normaler Bauart verwendbar, wenn der Hersteller die Eignung dafür bestätigt, – *in allen Zonen:* zündgefährliche Werte gemäß 4.2 ausschließen oder spezielle Schutzmaßnahmen festlegen
5.	**Ultraschallgeräte**
5.1	**Gefahrenquelle:** Ultraschallwellen, z. B. von Impulsecho-Prüfgeräten und anderen Diagnostikgeräten
5.2	**Gefahr:** Energieabsorption in festen oder flüssigen Stoffen, Erwärmung durch Molekularresonanz Zündgefahr besteht bei > 10 MHz und Molekularresonanz, kann auftreten bei ≤ 10 MHz und Leistungsdichte > 1 mW/mm^2
5.3	**Schutzmaßnahmen** – *in Zone 0 und 10:* nur speziell dafür zugelassene Geräte anwendbar (nachgewiesene Unbedenklichkeit der Schalleistung), – *in Zone 1:* explosionsgeschützt gekennzeichnete Geräte verwendbar, – *in Zone 2 und 11:* Geräte normaler Bauart verwendbar, wenn der Hersteller die Eignung für Zone 11 bestätigt, – *in Zone 20 und 21:* wie bei Zone 0 und 10, Grenzwerte bei Dauerwirkung gemäß 5.2, pulsierend: ≤ 20 mJ/mm^2 oder 1 mW/mm^2, – *in allen Zonen:* dementsprechend als explosionsgeschützt gekennzeichnete Geräte verwenden, Grenzwerte gemäß 5.2 beachten

Quellen: EX-RL; ZH1/10(06.96), prEN 50281-1-2(10.97)

19 Betreiben und Instandhalten explosionsgeschützter Anlagen

Frage 19.1 Welche normativen Festlegungen sind für das Betreiben von Elektroanlagen in explosionsgefährdeten Betriebsstätten besonders zu beachten?

Als maßgebende Rechtsnormen für das Betreiben explosionsgeschützter Elektroanlagen sind zu nennen:
- die „Verordnung über elektrische Anlagen in explosionsgefährdeten Bereichen" (ElexV) und
- die Unfallverhütungsvorschriften VBG 1 und VBG 4.

Seit 1980 bildet die ElexV in der Bundesrepublik Deutschland das rechtliche Fundament des elektrischen Explosionsschutzes in industriellen Bereichen. 1996 wurde die ElexV neu gefaßt (vgl. Abschnitt 2). **Tafel 19.1** gibt einen Überblick über technische Normen als Grundlage für das Betreiben elektrischer Anlagen unter Ex-Bedingungen. **Bei den Normen für das Betreiben steht DIN VDE 0105 an erster Stelle. Teil 9 dieser Norm enthält zusätzlich zum Teil 1 Festlegungen für explosionsgefährdete Bereiche.** Daß der Teil 1 der Norm 1997 durch DIN VDE 0105 Teil 100 (Betrieb von elektrischen Anlagen) abgelöst wurde, bleibt für den Explosionsschutz vorerst ohne Belang. Der Abschnitt „Explosionsgefährdete Arbeitsbereiche" der neuen Norm beschränkt sich auf wenige empfehlende Hinweise zu grundsätzlichen Sachverhalten. Da sich die bisherige Norm im Teil 9 auf den Teil 1 bezieht, wird die neue Basisnorm erst dann für den Explosionsschutz gültig, wenn auch Teil 9 überarbeitet vorliegt. Demnächst ist noch nicht damit zu rechnen. Es ist nicht viel, was die Norm für das Betreiben in explosionsgefährdeten Bereichen zusätzlich festlegt. **Tafel 19.2** faßt den wesentlichen Inhalt in Stichworten zusammen.

Eine allgemeingültige Norm für das Instandhalten kann nur die wesentlichen Grundsätze regeln. Selbst bei Anlagen, die sich technisch weitgehend gleichen, beeinflussen die konkreten technischen, betrieblichen und personellen Bedingungen den Instandhaltungsaufwand ganz wesentlich. Wie in allen Anlagen mit erhöhtem Sicherheitsbedürfnis ist es auch für Anlagen in explosionsgefährdeten Bereichen unumgänglich, den Instandhaltungsaufwand konkret zu ermitteln und bedarfsgerecht festzulegen, damit die Instandhaltung planmäßig durchgeführt werden kann. Eine vorbeugende Instandhaltung, die verschleißbedingten Produktionsausfällen zuvorkommt, begünstigt sowohl die Explosionssicherheit als auch die Arbeitssicherheit.

Wer damit noch keine Erfahrung hat und sich erst mit den Grundlagen vertraut machen muß, kann sich am **Entwurf DIN EN 60079-17 VDE 0165 Teil 10, Prüfung und Instandhaltung elektrischer Anlagen in gasexplosionsgefährdeten Bereichen orientieren. **Tafel 19.1** informiert über den Inhalt dieses Entwurfs. **Das Instandhalten von Anlagen in staubexplosionsgefährdeten Bereichen soll künftig in DIN VDE 0165 Teil 2 mit erfaßt werden** (Entwurf ebenfalls in Tafel 19.1 angegeben). Im Gegensatz zur Ausführlichkeit des eben genannten DIN EN-Entwurfes enthält der Normentwurf zum Staubexplosionsschutz zur Prüfung und Instandhaltung nur wenige allgemeine Hinweise.

Tafel 19.1 Betreiben elektrischer Anlagen in explosionsgefährdeten Bereichen, grundlegende Begriffe[1] und Normen

Begriff	Tätigkeiten	Grundlegende Elektro-Normen für das Betreiben in Ex-Bereichen
Betreiben dazu gehören:	**Bedienen und Arbeiten**	DIN VDE 0105 Teil 1 (07.83) Betrieb von Starkstromanlagen; DIN VDE 0105 Teil 9 (05.86) Zusatzfestlegungen für explosionsgefährdete Bereiche:
Bedienen	Beobachten und Stellen (Schalten, Einstellen, Steuern)	– Allgemeine Anforderungen – Bedienen von Starkstromanlagen (Benutzen, Verhalten bei Kurzschlüssen) – Erhalten des ordnungsgemäßen Zustandes und
Arbeiten	**Instandhalten** durch – **Wartung,** – **Inspektion** (Überwachen) • **Überprüfen** (Besichtigen auf äußere Mängel), • **Prüfen** (genaues Besichtigen einzelner Teile), • **Untersuchen** (Messen, Erproben) – **Instandsetzen** (Wiederherstellen des Sollzustandes) durch • Arbeiten mit bzw. ohne Einfluß auf den Explosionsschutz	wiederkehrende Prüfungen – Herstellen und Sichern des spannungsfreien Zustandes, Freigabe – Arbeiten unter Spannung **Entwurf DIN EN 60079-17 VDE 0165 Teil 10** bisher als E VDE 0170/0171 Teil 110 (11.95) **Prüfung und Instandhaltung elektrischer Anlagen in gasexplosionsgefährdeten Bereichen** – allgemeine Anforderungen (Dokumentation, Qualifikation, Prüfungsarten und -grade, Prüfobjekte und -umfänge, Prüfpläne), – zusätzliche Anforderungen, bezogen auf die Zündschutzarten „d", „e", „i", „p" und Zone-2-Betriebsmittel, – Tabellenteil mit Prüfplänen (Betriebsmittel/ Installation/Umgebungseinflüsse), – Liste der 10 Hauptfaktoren, die die Betriebssicherheit von Betriebsmitteln beeinträchtigen, – Anhang A: Entscheidungsschema „Typischer Prüfungsablauf bei wiederkehrenden Prüfungen"
	Ändern (Erweitern oder Verkleinern der Anlage)	
	Reinigen **Inbetriebnehmen**	**Entwurf DIN EN 50281-1-2 VDE 0165 Teil 2 (10.97)** **Elektrische Betriebsmittel zur Verwendung in Bereichen mit brennbarem Staub**, Teil 1-2; **Auswahl, Errichten, Instandhalten** (Abschnitt Prüfung und Instandhaltung ist auf Grundsätze beschränkt)

[1] Begriffe nach DIN 31051 Teil 1 und DIN VDE 0105 Teil 1

Tafel 19.2 Betreiben elektrischer Anlagen in explosionsgefährdeten Bereichen; zusätzliche Festlegungen in DIN VDE 0105 Teil 9 (05.86)

Tätigkeit	Bedingung für das Ausführen in Ex-Bereichen
Allgemein	Berücksichtigung von DIN VDE 0105 Teil 1 und Teil 9
Informieren	Beschäftigte sind über besondere Gefahren zu unterrichten
Benutzen elektrischer Betriebsmittel	– **Widerstandsgeräte und Heizeinrichtungen:** ungehinderte Wärmeabfuhr sicherstellen, – **Leitungen ortsveränderlicher Betriebsmittel:** mechanischen Schutz sicherstellen (besonderer Hinweis auf Hand- und Hohlraumleuchten in Behältern und engen Räumen), – **Kurzschluß, wiedereinschalten:** erst nach Abtrennen oder Beheben des Fehlers, oder es ist gefahrfreie Atmosphäre sichergestellt
Erhalten des ordnungsgemäßen Zustandes	– **Prüfung der Anlagen:** Prüfung durch Elektrofachkraft; festgelegte Prüffristen beachten, (z. B. ElexV, VBG 4), ausgenommen Anlagen, die unter Leitung eines verantwortlichen Ingenieurs ständig überwacht werden, – **Anpassung an geänderte Betriebsbedingungen:** auch dann, wenn die Anlagen einer Änderung der betrieblichen Verhältnisse, z. B. Zone, Temperaturklasse, Explosionsgruppe, nicht mehr genügen – **Aufhebung von Schutzmaßnahmen,** von denen der Explosionsschutz abhängt: nur so lange zulässig, wie gefahrfreie Atmosphäre sichergestellt ist, – **Sichtprüfung vor dem Benutzen:** auch ortsveränderliche Betriebsmittel einbeziehen
Lampenwechsel	– nur mit typ- und leistungsgerechten Lampen, – **bei ortsfesten Leuchten:** • in Zone 0: alle aktiven Leiter ausgeschaltet, • in Zone 1: zumindest Außenleiter ausgeschaltet, – **bei ortsveränderlichen Leuchten:** außerhalb des Ex-Bereiches vornehmen; – **bei Leuchten der Zündschutzart „e":** • Allgebrauchslampen nur mit T-Kennzeichen, • Sonderlampen nur mit Kenn-Nr. (Leistungsschild), – **bei Hand- und Hohlraumleuchten:** Glühlampen bis höchstens 50 V oder stoßfest, – **mit Leuchtstofflampen** in Ex-Bereichen der Explosionsgruppe IIC, Wechsel oder Lampentransport: nur bei gefahrfreier Atmosphäre oder mit anderen Maßnahmen, um gefahrloses Arbeiten sicherzustellen
Arbeitserlaubnis, Erfordernis	**Instandhaltungs- oder Änderungsarbeiten, die mit Zündgefahren verbunden sind:** – nur zulässig mit Genehmigung des Betriebsleiters oder seines Beauftragten, – nur zu erteilen, wenn sichergestellt ist, daß dabei örtlich und zeitlich • keine explosionsfähige Atmosphäre auftritt oder • andere Maßnahmen Explosionsgefahren ausschließen; gilt auch bei kathodischem Korrosionsschutz; ElexV beachten
Beschaffenheit der Anlagen	Festlegungen in DIN VDE 0165 erfüllen
Reinigung	**Bereiche mit brennbaren Stäuben:** Reinigung so organisieren, daß sich auf den Betriebsmitteln Staub nicht in gefahrdrohender Menge ansammelt

▼

Tafel 19.2 *Betreiben elektrischer Anlagen in explosionsgefährdeten Bereichen; zusätzliche Festlegungen in DIN VDE 0105 Teil 9 (05.86) (Forts.)*

Tätigkeit	Bedingung für das Ausführen in Ex-Bereichen
Spannungsfreier Zustand, Freigabe vor Arbeitsbeginn	**Erden und Kurzschließen:** nur zulässig mit gegen Selbstlockern gesicherten Vorrichtungen, und wenn sichergestellt ist, daß vor Ort – keine explosionsfähige Atmosphäre auftritt oder – kein zündfähiger Funke entsteht
Arbeiten unter Spannung	Grundsatz: im Ex-Bereich nicht zulässig Ausnahmen: – gefahrlose Atmosphäre ist sichergestellt, – eigensichere Stromkreise, – Prüfungen mit explosionsgeschütztem Prüfgerät

Frage 19.2 Sind Arbeiten an elektrischen Anlagen unter Ex-Bedingungen als „gefährliche Arbeiten" im Sinne der UVV VBG 1 zu betrachten?

In der UVV **VBG 1, § 36 „Gefährliche Arbeiten"**, sind besondere Überwachungsmaßnahmen für die Beschäftigten festgelegt. Gemäß Durchführungsanweisung zum § 36 sind damit Arbeiten gemeint, bei denen eine erhöhte Gefährdung aus dem Arbeitsverfahren, den verwendeten Stoffen sowie aus der Umgebung gegeben sein kann. Ursache einer explosionsfähigen Atmosphäre sind die jeweils verwendeten Gefahrstoffe und die Arbeitsverfahren, bei denen die Stoffe freigesetzt werden können. Trifft der § 36 der VBG 1 auch zu für explosionsgefährdete Bereiche?
Dazu ist zu sagen:

1. **Instandhaltungsarbeiten an elektrischen Anlagen in explosionsgefährdeten Bereichen sind grundsätzlich nicht als „gefährliche Arbeiten" einzuordnen**, und das meinen auch die Fachleute im K 235 der DKE (zuständig für das Errichten elektrischer Anlagen in explosionsgefährdeten Bereichen). Allein aus der Tatsache, daß ein örtlicher Bereich im Sinne der ElexV oder der VbF als explosionsgefährdet eingestuft worden ist, folgt noch nicht, daß alle Arbeiten als „gefährliche Arbeiten" zu betrachten sind.
2. **Bestimmte Arbeiten in einem Ex-Bereich können aber auch „gefährliche Arbeiten" im Sinne des § 36 der VBG 1 sein, wenn der Sachverhalt den Erläuterungen in der Durchführungsanweisung entspricht.** Was gefährliche Arbeiten sind, erklärt die Durchführungsanweisung mit Beispielen von erhöhten Gefährdungen. Dazu zählen z. B. Feuerarbeiten in brand- und explosionsgefährdeten Bereichen oder Arbeiten in engen Räumen, Hohlkörpern, Silos usw.

Betreiben und Instandhalten von Ex-Anlagen

Frage 19.3 Unter welchen Voraussetzungen kann die regelmäßige Prüfung einer explosionsgeschützten Elektroanlage entfallen?

So wird immer gefragt, wenn wieder irgendwo gespart werden muß. Im Explosionsschutz elektrischer Anlagen darf aber der Prüfaufwand nicht zum Spekulationsobjekt werden, um die Betriebskosten zu senken. Um keine Mißverständnisse aufkommen zu lassen, sei zuerst auf § 13 (1) der ElexV hingewiesen:
„Wer eine elektrische Anlage in explosionsgefährdeten Bereichen betreibt, hat diese

- in ordnungsgemäßem Zustand zu erhalten,
- ordnungsmäßig zu betreiben,
- ständig zu überwachen,
- notwendige Instandhaltungs- und Instandsetzungsarbeiten unverzüglich vorzunehmen und
- die den Umständen nach erforderlichen Sicherheitsmaßnahmen zu treffen."

Das galt schon bisher und gilt auch weiterhin. Ebenso verlangt die ElexV im § 12 weiterhin vom Betreiber, „zu veranlassen, daß die elektrischen Anlagen auf ihren ordnungsgemäßen Zustand *hinsichtlich der Montage, der Installation und des Betriebes* (kursiv: erst in der neuen Fassung eingefügt) durch eine Elektrofachkraft oder unter Leitung und Aufsicht einer Elektrofachkraft **geprüft werden**

1. vor der ersten Inbetriebnahme und
2. in bestimmten Zeitabständen.

Der Betreiber hat die Fristen so zu bemessen, daß entstehende Mängel, mit denen gerechnet werden muß, rechtzeitig festgestellt werden. **Die Prüfungen nach Satz 1 Nr. 2** sind jedoch alle drei Jahre durchzuführen; sie **entfallen, soweit die elektrischen Anlagen unter Leitung eines verantwortlichen Ingenieurs ständig überwacht werden.**" Aber was bedeutet „ständig überwacht"? Im wörtlichen Sinn kann es wohl nicht gemeint sein wie auch manches andere in der verkürzten Sprache des Gesetzes.

Was man dabei beachten sollte:

1. Prüfungen werden nicht nur vor der Erstinbetriebnahme und in bestimmten Zeitabständen gefordert, sondern auch **nach Änderungen und Instandsetzungen der Betriebsmittel oder Anlagen** (EXVO, ElexV, UVV VBG 1 und VGB 4).
2. Die neue Einfügung in § 12 ElexV „hinsichtlich der Montage, der Installation und des Betriebes" darf nicht so verstanden werden, daß nun nicht mehr die Beschaffenheit der Betriebsmittel prüfungsbedürftig sei, sondern nur noch ihre Anordnung, Befestigung und Verwendung. **Aus § 13(1) wird klar, worauf sich der Prüfumfang insgesamt zu orientieren hat.**
3. Die ersten Worte in § 12(1) ElexV „Der Betreiber hat zu veranlassen ..." bedeuten nicht, daß der Betreiber die Erstprüfung und die weiteren Prüfungen selbst durchzuführen hätte. Er hat sie zu veranlassen, d. h., **der Betreiber ist dafür verantwortlich, daß die Prüfungen vorgenommen werden.**

4. Für den letzten Absatz in § 12(1) ElexV, wonach die regelmäßigen Prüfungen entfallen, wenn die Anlagen unter Leitung eines verantwortlichen Ingenieurs ständig überwacht werden, wird eine ergänzende Interpretation vorbereitet. In den Fachgremien der DKE ist man noch dabei, sich darüber zu verständigen. Vorerst kann gesagt werden:

- **„Ständige Überwachung" soll**
  - **als kontinuierliche Betreuung einer Anlage durch fach- und ortskundiges Personal verstanden werden**, welches
  - auftretende Veränderungen frühzeitig erkennt, Gegenmaßnahmen einleitet, Mängel beseitigt und
  - dauerhaft den ordnungsgemäßen Zustand der Anlage sichert.
- Fachkundiges Personal soll
  - ausreichende Kenntnisse im Fachgebiet Explosionsschutz haben,
  - Aufbau, Wirkungsweise und Beanspruchung der elektrischen Anlage kennen,
  - mit den betrieblichen und örtlichen Verhältnissen vertraut sein.
- **Der „verantwortliche Ingenieur" soll eine fachkundige Person in leitender Funktion sein**, die
  - mit dem Stand der Technik und dem Vorschriftenwerk des Explosionsschutzes vertraut ist,
  - Vorgaben für die kontinuierliche Betreuung der Anlage definiert,
  - die Erfüllung aller Vorgaben prüft und nachweist,
  - die Qualifikation des fachkundigen Personals kontrolliert und organisiert.

5. Unternehmen, deren Größe oder Struktur eine ständige Überwachung der beschriebenen Art nicht gestattet, müssen die Prüfungen regelmäßig in festzulegenden Zeitabständen als Dienstleistung organisieren. Der zeitliche Abstand darf gemäß ElexV 3 Jahre nicht überschreiten. Wenn das europäische Recht der vorbereiteten Ex-Arbeitsschutzrichtlinie (ATEX 118a) verbindlich wird, verkürzt sich dieser Zeitraum voraussichtlich auf 1 Jahr.

- Ortsveränderliche Betriebsmittel müssen auch in explosionsgeschützter Ausführung halbjährlich überprüft werden, auf Baustellen sogar aller 3 Monate (UVV VBG 4, DA zu § 5)
- Prüfungen durch Sachverständige des Verbandes der Schadenversicherer (VdS) haben eine andere Rechtsgrundlage und sind kein Nachweis im Sinne des § 12 der ElexV oder § 13 der VbF.

Frage 19.4   Welchen Einfluß hat die Zoneneinstufung auf die Instandhaltung?

Dazu macht die ElexV erstaunlicherweise keine Angaben. In DIN VDE 105 Teil 9, der Norm für das Betreiben elektrischer Anlagen in explosionsgefährdeten Bereichen, wird mit Bedingungen an den spannungslosen Zustand beim Lampenwechsel (vgl. Tafel 19.2) auch nur nebenbei auf die Zoneneinteilung eingegangen. Ist das Zonenkonzept für den sicherheitsgerichteten Bereich des Instandhaltens nebensächlich?

Betreiben und Instandhalten von Ex-Anlagen

Das scheint nur auf den ersten Blick so zu sein. **Beim Instandhalten besteht ein grundsätzlich anderes Gefahrenpotential als beim stationären Betrieb**, denn Instandhaltungsarbeiten

- greifen in das Betriebsgeschehen ein,
- sind technologisch und/oder elektrotechnisch mehr oder weniger mit Abweichungen vom Normalbetrieb verbunden, wodurch spezifische Gefahren und Gefährdungen auftreten können,
- greifen teilweise auch in die Zündschutzmaßnahmen ein,
- sind naturgemäß nur beschränkt mit explosionsgeschützen Arbeitsmitteln durchführbar,
- können mit Wechselwirkungen auf benachbarte Bereiche verbunden sein,
- erfordern es, mögliche Explosionsgefahren unter diesen Gesichtspunkten speziell zu beurteilen.

An den folgenden Beispielen werden die Unterschiede in der jeweiligen Gefahrensituation deutlich:

- Überprüfen auf äußere Mängel (keine Eingriffe),
- Lampenwechsel (Eingriff unter Bedingungen des bestimmungsgemäßen Betriebes),
- Austausch einer kompletten Lösemittelpumpe, eines Analysengerätes (Eingriff in den bestimmungsgemäßen Anlagenzustand mit möglicher Freisetzung gefährlicher Stoffe),
- Isolationsmessung, Schweißarbeiten (Eingriff in den bestimmungsgemäßen Zustand durch Zündquellen).

Einstufungen explosionsgefährdeter Bereiche in Zonen sind in der Regel auf den bestimmungsgemäßen Betrieb bezogen und können für die Instandhaltung nicht unbesehen übernommen werden.
Deshalb sind aber die allgemeinen Grundsätze des Explosionsschutzes (vgl. Abschnitte 3 und 4) für die Instandhaltung nicht außer Kraft, ganz im Gegenteil. **Sind arbeitsbedingte Zündgefahren nicht sicher auszuschließen, so dürfen Instandhaltungsarbeiten nur vorgenommen werden, wenn im Wirkungsbereich keine explosionsfähige Atmosphäre vorhanden ist.**
Je nach dem, welche Gefahrensituation sich durch eine Instandhaltungsmaßnahme örtlich einstellen kann, gilt demzufolge prinzipiell:

- In den **Zonen 0, 10 oder 20** dürfen grundsätzlich keine Instandhaltungsarbeiten ausgeführt werden, es sei denn, die erforderliche absolute Sicherheit gegen Zündgefahren ist zweifelsfrei nachgewiesen.
- In den **Zonen 1 oder 21** dürfen Instandhaltungsarbeiten nur ausgeführt werden, wenn die Arbeitsverfahren und die dazu erforderlichen Arbeitsmittel weder bei ordnungsgemäßer Anwendung noch bei vorhersehbaren Störungen oder Schäden zündgefährlich werden können.

– In den **Zonen 2 oder 22** dürfen Instandhaltungsarbeiten nur ausgeführt werden, wenn die Arbeitsverfahren und die dazu erforderlichen Arbeitsmittel bei ordnungsgemäßer Anwendung nicht zündgefährlich werden können.

Bestehen Zweifel an der Wirksamkeit von Zündschutzmaßnahmen und muß eine gefahrfreie Arbeitsumgebung sichergestellt werden, dann ist dafür zu sorgen, daß aufkommende Gefahren frühzeitig genug erkannt werden. Gefährdungen von Beschäftigten sind in jedem Fall auszuschließen.

Daß bei einem Austausch die neuen oder anderen Betriebsmittel allen Anforderungen entsprechen müssen, die am Einsatzort und für die jeweilige Zone zu stellen sind, ist selbstverständlich. Weiteres hierzu wird unter Frage 19.6 beantwortet.

Frage 19.5 Für welche Arbeiten im Ex-Bereich muß ein Erlaubnisschein vorliegen?

Als Voraussetzung für Schweißarbeiten in brand- und explosionsgefährdeten Bereichen fordert die **UVV VBG 15** eine **schriftliche Schweißerlaubnis** des Unternehmers (des Verantwortlichen), in der alle anzuwendenden Sicherheitsmaßnahmen festgelegt sein müssen. Bevor die Arbeiten beginnen können, muß die Explosionsgefahr beseitigt sein und eine restliche Brandgefahr darf nicht zur Entzündung führen. Keine andere Unfallverhütungsvorschrift fordert eine derartige schriftliche Erlaubnis, auch nicht die ElexV.

DIN VDE 0105 Teil 9 (05.86) fordert eine „Genehmigung des Betriebsleiters oder seines Beauftragten", wenn Instandhaltungs- und Änderungsarbeiten vorgenommen werden sollen, bei denen eine explosionsfähige Atmosphäre gezündet werden kann. Die Arbeitserlaubnis aber darf nicht gegeben werden, ohne vorher entsprechende Sicherheitsmaßnahmen gegen Explosionsgefahren durchzuführen (hierzu Tafel 19.2). An die Form, ob schriftlich oder mündlich, stellt auch diese Norm keine Bedingungen.

Im **Normentwurf „Prüfung und Instandhaltung elektrischer Anlagen in gasexplosionsgefährdeten Bereichen"** (vgl. Tafel 19.1) wird eine „schriftliche Genehmigung" vorausgesetzt, um wichtige Arbeiten an unter Spannung stehenden Teilen mit normalen Sicherheitsvorkehrungen vorzunehmen. In der Genehmigung ist zu bestätigen, daß während des vorgesehenen Zeitraumes keine explosionsgefährliche Atmosphäre besteht.

In der betrieblichen Praxis nicht nur von Großunternehmen **ist es vielfach üblich, jede Arbeit in explosionsgefährdeten Bereichen, die mit Zündgefahren oder Eingriffen in Zündschutzmaßnahmen verbunden ist, nur mit Erlaubnisschein zu gestatten.** Dazu kann z. B. gehören

– das Benutzen wärmeintensiver Arbeitsverfahren (Schleifen, Trennschleifen, Löten, Heißluft u. ä.),
– das Arbeiten in Gruben und engen Räumen,
– das Öffnen von Gehäusen und Schutzschränken,
– der Lampenwechsel, ausgenommen bei Zone 2 und 11 (bzw. 22),
– das Herstellen des spannungsfreien Zustandes,
– das zeitweilige Entfernen fest installierter Betriebsmittel,

– das Verwenden nicht explosionsgeschützter Arbeitsmittel (elektrisches und nicht elektrisches Handwerkzeug, Meßgeräte mit oder ohne Spannungsquelle u. ä.).

In jedem Falle gilt das für Arbeiten, bei denen mögliche Näherungen zu entzündlichen Stoffen oder explosionsfähiger Atmosphäre durch spezielle Schutzmaßnahmen unterbunden werden müssen (vgl. auch Frage 19.4).

Was man dabei außerdem beachten sollte:

– Für den Auftragnehmer von Instandhaltungsarbeiten ist der Erlaubnisschein ein wichtiges Dokument für die Arbeitssicherheit, auf das unter keinen Umständen verzichtet werden sollte. Es nimmt den Auftraggeber in die Pflicht, vor der Arbeitsfreigabe seiner gesetzlichen Verantwortung nachzukommen, deckt Abstimmungslücken auf und läßt erkennen, was man als Auftragnehmer selbst abzusichern hat.
– In der noch nicht verabschiedeten Ex-Arbeitsschutzrichtlinie der EG (ATEX 118a) wird gefordert, für alle Tätigkeiten, die gefährlich sind oder gefährlich werden können, ein Arbeitsfreigabesystem einzurichten.

Frage 19.6 Muß man in explosionsgefährdeten Bereichen besonderes Werkzeug verwenden?

Werkzeuge sind ortsveränderliche Arbeitsmittel, ebenso wie Prüfeinrichtungen, Meßgeräte oder andere Geräte, z. B. ein Elektroschweißgerät oder Gasschweißgerät einschließlich der Druckgasbehälter und Schläuche. Dafür bestehen zentrale Rechtsnormen und zumeist auch spezielle technische Regeln.
Wo immer mit Gefährdungen zu rechnen ist, dürfen nur solche Arbeitsmittel bereit gestellt werden, die bestimmungsgemäß dafür geeignet sind. Die Arbeitsmittel müssen den dafür geltenden Rechtsvorschriften entsprechen und dürfen selbst keine zusätzlichen Gefahren verursachen. Das wird grundsätzlich gefordert in der Arbeitsmittelbenutzungsverordnung (AMBV) vom 11. März 1997. Weitere grundsätzliche Bedingungen des Explosionsschutzes enthält die noch nicht verabschiedete EG-Arbeitsschutzrichtlinie (ATEX 118a, Anhang II). An dieser Stelle soll auf drei wesentliche Grundsätze hingewiesen werden:
Die Arbeitsmittel

– **dürfen selbst keine Explosionsgefahr bewirken oder an andere Stellen übertragen,**
– **dürfen keine Zündgefahr darstellen oder an andere Stellen übertragen,**
– **sind durch ergänzende organisatorische Maßnahmen in einen explosionssicheren Betriebszustand zu bringen und zu überwachen, wenn sie bei wechselndem Gefahrenpotential eingesetzt werden.**

Das verträgt sich nicht immer mit der technischen Realität, z. B. bei Schweißgeräten. Es macht nochmals deutlich, daß vor allem bei der Instandsetzung die Arbeitssicher-

heit unmittelbar davon abhängt, das Auftreten explosionsfähiger Atmosphäre während der Arbeit zu vermeiden (siehe auch Frage 19.5).
In **EN 1127-1**, der neuen Norm für die Grundlagen des Explosionsschutzes, regelt der Anhang A die Bedingungen für **„Werkzeuge zum Einsatz in explosionsgefährdeten Bereichen"**.
Nach dem arbeitsbedingten Auftreten von Funken unterscheidet die Norm zwei Arten von Werkzeugen:

a) Werkzeuge, bei denen nur Einzelfunken entstehen, z. B. Schraubendreher, Schraubenschlüssel, Schlagschrauber,
b) Werkzeuge, die bei Trenn- und Schleifarbeiten einen Funkenregen entstehen lassen,

und legt fest, welche Werkzeuge abhängig von der Zone und vom gefährdenden Stoff eingesetzt werden dürfen. **Tafel 19.3** faßt die Angaben zusammen. Diese Festlegungen sind auch in den Explosionsschutz-Richtlinien (EX-RL, ZH1/10) zu finden.

Tafel 19.3 Erlaubnis für funkengebende mechanische Werkzeuge normaler Bauart in explosionsgefährdeten Bereichen (nach EN 1127-1, Anhang A)

Zone	Häufigkeit einer Funkenbildung bei Werkzeuggebrauch	
	a) vereinzelt z. B. Schlagschrauber	b) vielfach (Funkenregen) z. B. Trennschleifer
0, 20	nicht zulässig	nicht zulässig
1	eingeschränkt zulässig[1]	nicht zulässig
2	zulässig	nicht zulässig
21, 22	zulässig	eingeschränkt zulässig[2]

[1] Verwendungsverbot für Stahlwerkzeuge bei explosionsfähiger Atmosphäre durch Stoffe der Explosionsgruppe IIC (Acetylen, Schwefelkohlenstoff, Wasserstoff) und durch Schwefelwasserstoff, Ethylenoxid oder Kohlenmonoxid

[2] Nur zulässig mit folgenden Zusatzmaßnahmen:
 – Abschirmung der Arbeitsstelle gegenüber den übrigen Bereichen dieser Zone,
 – Beseitigung vom Staubablagerungen an der Arbeitsstelle oder Befeuchtung, damit Staub weder aufwirbelbar noch entzündbar ist; außerdem in die Schutzmaßnahmen einzubeziehen: möglicher Funkenflug, Entstehen von Glimmnestern in entfernten Bereichen

Was man dabei beachten muß:
- Da die Norm in den Beispielen Elektrowerkzeuge nicht ausschließt, könnte vermutet werden, elektrische Arbeitsmittel seien grundsätzlich inbegriffen. So ist es aber nicht. **Es geht hier ausschließlich darum, Zündgefahren durch mechanisch erzeugte Funken zu verhindern** (Schlag-, Reibschlag- oder Schleiffunken). Materialpaarungen, bei denen verhältnismäßig energiereiche Funken entstehen (z. B. Leichtmetalle/Rost) oder Stoffe, die eine sehr niedrige Mindestzündenergie haben, sind dabei besonders zu beachten.
- **Elektrotechnische Arbeitsmittel** für die Instandhaltung unter Ex-Bedingungen, z. B. Meß- und Prüfmittel

Betreiben und Instandhalten von Ex-Anlagen

- dürfen in normaler Ausführung verwendet werden, wenn die in der Frage 19.5 genannten Bedingungen für ein gefahrloses Arbeiten erfüllt sind, oder
- müssen das gleiche Niveau des Explosionsschutzes aufweisen wie andere Betriebsmittel für die betreffende Zone.

Für viele Prüf- und Meßaufgaben sind auch EEx-Geräte verfügbar, z. B. Spannungs- und Drehfeldprüfer, Magnetfeldsucher, Multimeter, Widerstands-, Erdungs-, Temperatur- oder Beleuchtungsstärkemesser, Feld-Kalibratoren; ebenso Gaswarngeräte, Akku-Handscheinwerfer und Batterie-Taschenlampen, Handies und Taschenrechner. **Bild 19.1** zeigt am Beispiel eines EEx-Vielfachmessers, daß sich explosionsgeschützte Geräte äußerlich kaum von Geräten normaler Bauart unterscheiden.

Solche Handgeräte haben zumeist die höchste Temperaturklasse (T6) und auch die höchste Explosionsgruppe (IIC). Es gibt aber auch Ausnahmen. Man sollte nie darauf verzichten, bei der Gerätekontrolle vor Arbeitsbeginn auch den erforderlichen Explosionsschutz zu überprüfen.

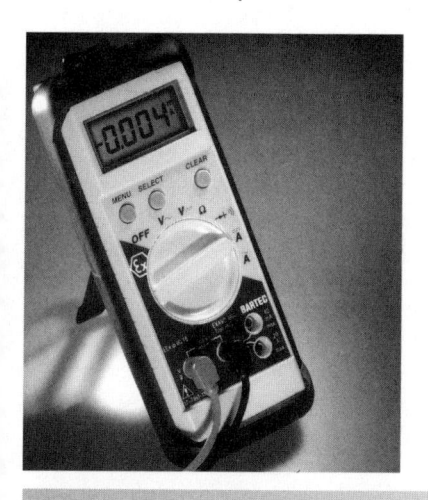

Bild 19.1 Beispiel eines explosionsgeschützten Handmeßgerätes für Zone 1 in EEx ib IIC T6 (EXAVO 160i) (Fa. BARTEC)

Frage 19.7 Darf die Instandhaltung in explosionsgefährdeten Bereichen auch von Hilfskräften vorgenommen werden?

Darüber gibt es in den Vorschriften noch keine übereinstimmende Aussagen. Liest man dazu nach in der **ElexV**, so findet man im § 12 nur für das Prüfen eine Aussage über die erforderliche Qualifikation: **die elektrischen Anlagen sind durch eine Elektrofachkraft oder unter Leitung und Aufsicht einer Elektrofachkraft zu prüfen**, und dabei sind die dem Stand der Technik entsprechenden Regeln zu beachten.

DIN VDE 0105 Teil 9 (05.86) legt fest, daß eine Elektrofachkraft *die Prüfung* vorzunehmen hat, ausgenommen, die Anlage wird unter Leitung eines verantwortlichen Ingenieurs ständig überwacht.
In der vorbereiteten **europäischen Ex-Arbeitsschutzrichtlinie (ATEX 118a**, Anhang II) ist als Mindestfestlegung enthalten, daß mit der Prüfung Personen zu beauftragen sind, „die durch ihre Berufsausbildung, ihre Berufserfahrung und ihre derzeitige Berufsausübung über Fachkenntnisse auf dem Gebiet des Explosionsschutzes verfügen". Die Forderung, dafür nur anerkannte oder benannte Personen zuzulassen, wurde 1997 wieder fallengelassen.
Im **Normentwurf DIN EN 60079-17 VDE 065 Teil 10**, Prüfung und Instandhaltung elektrischer Anlagen in gasexplosionsgefährdeten Bereichen (hierzu Tafel 19.1) heißt es, daß die Prüfung und Instandhaltung nur ausgeführt werden darf von ausgebildetem und erfahrenem Personal mit Kenntnissen über

– die verschiedenen Zündschutzarten und Installationsverfahren,
– die einschlägigen Regeln und Vorschriften und
– die allgemeinen Grundsätze zur Bereichseinteilung,

wofür regelmäßig Wiederholungslehrgänge vorgesehen sein müssen.
Was ist daraus zu entnehmen? Nach Meinung des Verfassers sind die Angaben der genannten Vorschriften wie folgt zu verstehen:

1. Die **Prüfung** elektrischer Anlagen und Betriebsmittel explosionsgefährdeten Bereichen muß grundsätzlich erfahrenen Elektrofachkräften vorbehalten bleiben, die auf dem Gebiet des Explosionsschutzes umfassende Fachkunde nachweisen können.
   Einfache Überprüfungen und Erprobungen ohne Eingriff in den Explosionsschutz, z. B. der Befestigung, Beschilderung, Bedienung, Beleuchtung oder von ortsveränderlichen Geräten können auch von unterwiesenen Personen vorgenommen werden. Ob das unter Leitung und Aufsicht einer erfahrenen Elektrofachkraft zu geschehen hat, muß jeweils speziell beurteilt und festgelegt werden.
2. **Instandhaltungsarbeiten oder Änderungen** an elektrischen Anlagen in explosionsgefährdeten Bereichen sind grundsätzlich von erfahrenen Elektrofachkräften auszuführen. In beschränktem Umfang können auch elektrotechnisch unterwiesene Personen eingesetzt werden, und zwar unter folgenden Voraussetzungen:
   - kein Eingriff in Anlagenteile, von denen der Explosionsschutz unmittelbar abhängig ist,
   - Einweisung, Kontrolle und Prüfung der ordnungsgemäßen Ausführung durch eine erfahrene Elektrofachkraft, die mit der betreffenden Anlage und den speziellen Erfordernissen des Explosionsschutzes vertraut ist und
   - Zustimmung des verantwortlichen Betreibers.
3. **Reinigungsarbeiten äußerlicher Art** an elektrischen Anlagen in explosionsgefährdeten Bereichen können auch elektrotechnische Laien erledigen, wenn die unter 2. genannten Voraussetzungen erfüllt werden.

Frage 19.8 Welche Forderungen bestehen für den Nachweis durchgeführter Prüfungen und Instandsetzungen?

Gemäß § 12 der ElexV und § 5 der UVV VBG 4 ist ein „Prüfbuch mit bestimmten Eintragungen" zu führen, aber nur, wenn es die zuständige Behörde oder Berufsgenossenschaft ausdrücklich verlangt. Sonst ist dazu nichts weiter festgelegt. **Die Rechtsnormen zum Explosionsschutz überlassen es dem Betreiber festzulegen, in welcher Form der ordnungsgemäße Zustand der Anlagen nachgewiesen wird, für die er verantwortlich ist.**

Sieht man es nur von der rechtlichen Beweislast, dann genügt es, wenn der Betreiber der Behörde entsprechende Belege vorweisen kann. Daraus muß zweifelsfrei erkennbar sein, daß der ordnungsgemäße Zustand der betreffenden Anlage

– bei neuen oder geänderten Anlagen vor der ersten Inbetriebnahme durch Prüfung festgestellt wurde, oder
– bei bestehenden Anlagen pflichtgemäß kontrolliert wird, entweder
  a) in sachgerecht festgelegten Abständen, die 3 Jahre nicht überschreiten oder
  b) durch ständige Überwachung unter Leitung eines verantwortlichen Ingenieurs.

Rein rechtlich ist also nur zu belegen, daß die Prüfungen rechtzeitig und fachkundig vorgenommen worden sind und daß sie den ordnungsgemäßen Zustand bestätigen. Auf welche Weise das geschehen ist, mit welchen Mitteln und Einzelergebnissen, bleibt dabei zweitrangig. Für die Aufsichtsorgane wird das erst interessant, wenn gefährdende Sicherheitsmängel zur Diskussion stehen.

Als Elektrofachkraft mit Fachverantwortung hingegen ist man ohne konkrete Kenntnis über den technischen Zustand der anvertrauten Anlage nicht handlungsfähig. Ob man diese Verantwortung als externer Dienstleister einmalig übernimmt oder im Rahmen der „ständigen Überwachung", ist dabei nebensächlich.

Aufträge für Inspektionen und Instandsetzungen elektrischer Anlagen in explosionsgefährdeten Bereichen sollten grundsätzlich schriftlich gegeben werden. Die Durchführung sollte immer mit einem gesonderten schriftlichen Beleg nachgewiesen werden, den der Betreiber zu den Akten nimmt.

Tafel 19.4 gibt Empfehlungen dafür, was jeweils belegbar festzuhalten ist.

Was man dabei noch beachten sollte:
Nicht nur unter Ex-Bedingungen müssen Instandhaltungsarbeiten sorgfältig geplant werden, um den normalen Betriebsablauf nicht unnötig zu beeinträchtigen. Checklisten eignen sich sehr gut dafür, eine Inspektion gezielt vorzubereiten und durchzuführen. Damit ein rationelles Arbeiten möglich wird,

– müssen die Prüfungspunkte auf die spezifischen Erfordernisse des Explosionsschutzes der jeweiligen Anlage ausgerichtet sein,
– ist die Checkliste so abzufassen, daß die Aufgabe effektiv abgearbeitet werden kann.

Als Grundlage für eine sachgerechte Auswahl der jeweils zu prüfenden Einzelheiten kann z. B. der Entwurf DIN EN 60079-17 VDE 0165 Teil 10 dienen (Prüfung und Instandhaltung elektrischer Anlagen in gasexplosionsgefährdeten Bereichen).

Tafel 19.4 Empfehlungen für die Dokumentation bei der Instandhaltung elektrischer Anlagen in explosionsgefährdeten Bereichen

---

1. Für eine Inspektion sind zu dokumentieren

- der Arbeitsauftrag,
- die Festlegungen zur Arbeitsfreigabe,
- die speziell zu verwendenden Meß- und Prüfmittel,
- das Inspektionsergebnis (Bericht, Meß- und Prüfprotokolle)

---

2. Im Arbeitsauftrag zur Inspektion sind anzugeben

- verantwortlicher Auftraggeber (Ansprechpartner),
- Objekt der Inspektion (exakte Bezeichnung der Anlage),
- Termin (wenn nötig mit Zeitangaben),
- Inspektionsaufgabe (Besichtigung, Messung usw.),
- Auftrag zur sofortigen Instandsetzung (sofern zutreffend),
- wesentliche technische und sicherheitstechnische Sachverhalte (Zonen-Einstufung, Temperaturklasse, Explosionsgruppe, betriebliche Normen usw.)

---

3. Im Inspektionsbericht sind anzugeben

- der Arbeitsauftrag (Auftraggeber, Datum, Bezeichnung der inspizierten Anlage),
- die inspizierten Anlagenteile (eindeutige Bezeichnung, z. B. Beleuchtung, Stromkreis),
- festgestellte Mängel,
- Normverstöße, speziell im Explosionsschutz,
- Einschätzung zum Instandsetzungserfordernis,
- Angabe von sofort durchgeführten Instandsetzungen,
- Prüfbelege (z. B. Meßprotokolle),
- Name und Unterschrift des Prüfers, Datum,
- Bestätigung der Kenntnisnahme durch den Auftraggeber

---

4. Im Arbeitsauftrag zur Instandsetzung sind anzugeben

- verantwortlicher Auftraggeber (Ansprechpartner),
- Objekt der Instandsetzung (exakte Bezeichnung der Anlage),
- Termin (wenn nötig mit Zeitangaben),
- Wesentliche technische und sicherheitstechnische Sachverhalte (wie bei 2.)

---

5. Im Instandsetzungsnachweis sind anzugeben

- Bezeichnung der Betriebsstätte,
- eindeutige Bezeichnung der instandgesetzten Anlage,
- Anlaß der Instandsetzung (z. B. gemäß Arbeitsauftrag ..., Inspektionsergebnis ...),
- vorgenomme Instandsetzung (eindeutige Angaben über Art und Umfang),
- Hinweise auf spezielle Betriebsbedingungen, besonders für neue Betriebsmittel (sofern gemäß Betriebsanweisung des Herstellers zutreffend),
- Bestätigung, daß der ordnungsgemäße Zustand abschließend geprüft wurde

Betreiben und Instandhalten von Ex-Anlagen

Frage 19.9 Was ist bei der Instandsetzung elektrischer Betriebsmittel für explosionsgefährdete Bereiche zu beachten?

Jede Instandsetzung eines Betriebsmittels, die in den Explosionsschutz eingreift, muß von einem Sachverständigen geprüft und bestätigt werden, entweder durch eine Bescheinigung oder ein Prüfzeichen am Betriebsmittel. Das ist so festgelegt im § 9 der ElexV. Nicht einbezogen sind Betriebsmittel für Zone 2 und Zone 22 bzw. 11 sowie einige Sonderfälle (vgl. Frage 9.7).

Man begreift es nicht sofort, wieso die ElexV für jedes elektrische Betriebsmittel, das an einem Bauteil mit Einfluß auf den Explosionsschutz repariert worden ist, die Prüfung durch einen anerkannten Sachverständigen verlangt. Für das Errichten oder Instandsetzen einer Anlage hingegen, wie umfangreich oder kompliziert sie auch sein mag, fordern die Rechtsvorschriften nur im Sonderfall eine solche Prüfung. Es ist aber an dieser Stelle weder sinnvoll, Gründe dafür zu erörtern noch Vermutungen anzustellen, ob das EG-Recht daran etwas ändern wird.

„Sachverständige" für die vorgeschriebenen Prüfungen sind die Institutionen oder Personen gemäß § 15 der ElexV (PTB, BVS, IBExU, TÜV usw. (siehe auch in Tafel 2.4 und Frage 3.6).

Dazu gehören auch die sogenannten „Sachkundigen". Das sind Beschäftigte eines Unternehmens, die von der zuständigen Behörde dafür anerkannt sind, Betriebsmittel zu prüfen, die durch das Unternehmen instandgesetzt worden sind.

Welche Bauteile die Wirksamkeit der Zündschutzmaßnahmen eines bestimmten elektrischen Betriebsmittels beeinflussen, das kann selbst ein Sachverständiger nicht in jedem Fall spontan erkennen. **Auch wenn die Reparatur lediglich dazu dient, das Betriebsmittel wieder in seinen ursprünglichen Zustand zu versetzen, gelingt das nicht immer ohne Eingriff in den Explosionsschutz.**
Man kann sich sachkundig machen anhand der

– Normen für die Zündschutzarten (Tafel 2.6), der
– speziellen Erzeugnisnorm für das betreffende Betriebsmittel oder der
– Angaben in der Baumusterprüfbescheinigung (Prüfschein),

am besten aber anhand der

– Dokumentation des Herstellers.

Bauteile, die den Explosionsschutz beeinflussen, dürfen nur gegen Originalteile ausgetauscht werden. In **Tafel 19.5** sind einige einfache Reparaturen angegeben, die nach gängiger Fachmeinung nicht von einem Sachverständigen geprüft werden müssen. Repariert wird nicht am Einsatzort des Betriebsmittels, sondern außerhalb des explosionsgefährdeten Bereiches in der Werkstatt. Reparaturwerkstätten für explosionsgeschützte elektrische Betriebsmittel müssen nicht mehr (wie ehemals) behördliche Eignungsprüfungen absolvieren. Da es nicht sehr viele Fachwerkstätten gibt, die über einen anerkannten Sachverständigen gemäß § 15 ElexV verfügen, empfiehlt es sich, prüfpflichtige Instandsetzungen vom Hersteller ausführen zu lassen.

Tafel 19.5 *Instandsetzung explosionsgeschützter elektrischer Betriebsmittel; Beispiele für einfache Arbeiten, die keine Prüfung durch Sachverständige erfordern*

Zündschutzart, Betriebsmittel	Art der Instandsetzung bei Austausch gegen Originalteile
„e", allgemein	– Einbau/Ausbau/Austausch von Klemmen, Gehäuseschrauben, Dichtungen, – Bohren von Löchern für Kabel- und Leitungseinführungen nach Herstellerangabe,
„e"-Leuchten	– Ersatz von Gehäuseteilen, Lampenfassungen, Sicherheitsschaltern, Vorschaltgeräten,
„e"-Motoren	– Austausch von Klemmenkasten, Lager, Lüfterrad, Lüfterhaube, Gehäusefuß
„d", allgemein „d"-Motoren	– Reinigen von Dichtflächen, – Austausch des „e"-Klemmenkastens, der darin enthaltenen Klemmen, – Austausch von Lager, Lüfterrad, Lüfterhaube, Gehäusefuß, Bürsten, Bürstenträgern, – Aufarbeiten von Kollektoren, Schleifringen,
„de"-Schaltgeräte	– Austausch von Überstromschutzgliedern, komplett

Was man noch beachten sollte:

– Provisorische Reparaturen sind nicht zulässig.
– Bei instandgesetzten Betriebsmitteln, deren Reparatur in den Explosionsschutz eingreift, muß die Kennzeichnung so ergänzt oder geändert werden, daß der Vorgang eindeutig erkennbar ist.
– Die Prüfstellen für explosionsgeschützte Betriebsmittel (PTB, BVS usw., aufgeführt unter 3.6) haben Merkblätter für spezielle Instandsetzungen herausgegeben.
– Die weitere Bearbeitung des Normentwurfes „Reparatur und Überholung von Betriebsmitteln für den Einsatz in explosionsgefährdeten Bereichen" (DIN EN 60079 Teil 19 VDE 0165 Teil 201; Februar 1993) ist eingestellt worden. Der verhältnismäßig ausführliche Inhalt hat daher nur orientierenden Charakter.

Frage 19.10 Worauf ist beim Umgang mit Brenngasen besonders zu achten?

Wenn Arbeiten mit wärmeanwendenden Verfahren auszuführen sind, bei denen Brenngase verwendet werden, dann kommt es darauf an, die erforderlichen Sicherheitsmaßnahmen beim Umgang mit Druckgasflaschen (ortsveränderliche Druckbehälter) zu beachten.
Die leicht entzündlichen Gase können sich naturgemäß mit Luft bzw. Sauerstoff zu einer explosionsfähigen Atmosphäre verbinden, breiten sich aber an freier Luft auf sehr unterschiedliche Art aus, z. B.:

Betreiben und Instandhalten von Ex-Anlagen

- Propan/Butan-Gemische sind auch gasförmig noch wesentlich schwerer als Luft (etwa 2fach).
- Wasserstoff ist vielfach leichter als Luft (0,07).
- Acetylen ist nur wenig leichter als Luft (0,9).

Alle diese Gase sind farblos. Aus 1 kg flüssigem Propan, das sind 2 l, entsteht beim Verdampfen an freier Luft (Normaldruck) eine Gasmenge von etwa 500 l. Es reichen also theoretisch schon etwa 0,4 g Flüssigpropan aus, um eine als gefahrdrohend geltende Menge von 10 l explosionsfähigen Gemisches zu erzeugen! Sehr gefährlich kann es werden, wenn ein Handbrenner versehentlich an eine Treibgasflasche angeschlossen wird. Dann gelangt das Gas noch flüssig an den Brenner, verdampft erst beim Austritt und beim Entzünden entwickelt sich eine mächtige Stichflamme. Treibgasflaschen erkennt man äußerlich daran, daß sie einen Schutzkragen haben.

Wärmeanwendende Arbeitsverfahren dürfen in explosionsgefährdeten Bereichen nur mit schriftlicher Arbeitserlaubnis durchgeführt werden (siehe auch Frage 19.5). Mit Gasversorgungs- und Verbrauchsanlagen dürfen nur Personen umgehen, die regelmäßig unterwiesen werden und wissen, wie sie möglichen Gefahren wirksam begegnen.

Leider gibt es keine Vorschrift, die sämtliche für den Umgang mit solchen Gasen vorgeschriebenen Sicherheitsmaßnahmen zusammengefaßt. An dieser Stelle kann nur auf die dafür wesentlichen Unfallverhütungsvorschriften hingewiesen werden:

- VBG 15, Schweißen, Schneiden und verwandte Verfahren,
- VBG 21, Verwendung von Flüssiggas,
- VBG 61, Gase,
- VBG 43, Heiz-, Flämm- und Schmelzgeräte für Bau- und Montagearbeiten.

In diesen UVV VBG wird auf weitere Bestimmungen hingewiesen. Besonders zu erwähnen sind außerdem zwei Merkblätter des Deutschen Verbandes für Schweißtechnik (DVS):

- **Merkblatt DVS 0211, Druckgasflaschen in geschlossenen Kraftfahrzeugen,**
- **Merkblatt DVS 0212, Umgang mit Druckgasflaschen.**

Aus dem letztgenannten Merkblatt geht auch hervor, wo es verboten ist, Gasflaschen zu lagern und was bei der Wahl des Standortes von Druckgasflaschen beachtet werden muß. Es sind Schutzbereiche (Zone 2) um den Standort vorgeschrieben. Werden nur Einzelflaschen zur Gasentnahme aufgestellt, dann ist gemäß DVS 0212 nur bei Acetylen ein Schutzstreifen erforderlich, und zwar bis mindestens 1 m nach allen Seiten.

Frage 19.11 Dürfen Anlagen, die nach DDR-Recht errichtet worden sind, noch betrieben werden?

Ja, das ist festgelegt im Einigungsvertrag, Anlage I, Kapitel VIII. **Anlagen dürfen grundsätzlich zeitlich unbegrenzt weiter betrieben werden, wenn sie normge-**

recht nach den Vorschriften der DDR für Elektrotechnische Anlagen in explosionsgefährdeten Arbeitsstätten entweder

- vor dem 03. Oktober 1990 errichtet oder
- bis zum 31. Dezember 1991 in Betrieb genommen worden sind.

Für die Beschaffenheit der Betriebsmittel und Anlagen gelten weiterhin die TGL-Normen, wogegen das Betreiben ab 31. Dezember 1991 der ElexV zu folgen hat (und den weiteren Verordnungen über überwachungsbedürftige Anlagen, vgl. Bild 2.1). Wie lange eine solche Anlage tatsächlich noch betrieben werden kann, hängt ab vom ordnungsgemäßen Zustand, d. h.,

- vom Prüfergebnis gemäß ElexV oder der VbF,
- von der fachkundigen Beurteilung spezieller Sachverhalte durch den Prüfenden, z. B. zur Klemmsicherheit des Leitermaterials, zur Abdichtung von Kabel- und Leitungseinführungen, zur Bemessungsspannung von Motoren und zur Schutzmaßnahme gegen elektrischen Schlag. Dabei wird jedoch immer vorausgesetzt, daß
  • keine wesentlichen Änderungen der Anlage und der technologischen Nutzung vorgenommen worden sind und daß
  • keine Gefahren für die Beschäftigten oder Dritte bestehen.

Die Typ-Prüfbescheinigungen für explosionsgeschützte Betriebsmittel nach TGL-Normen, ehemals ausgestellt vom Institut für Bergbausicherheit Leipzig, Bereich Freiberg (IfB), haben ab 1. Januar 1996 ihre Gültigkeit verloren. Deshalb muß man aber diese Leuchten, Motoren, Schalter oder andere TGL-bescheinigte Betriebsmittel nicht auswechseln, wenn sie sich noch in ordentlichem Zustand befinden. Fragen dazu beantwortet das Institut für Sicherheitstechnik Freiberg (IBExU; früher IfB) Fuchsmühlenweg 7, 09599 Freiberg.

In einer ergänzenden Bekanntmachung des Bundesministers für Arbeit und Sozialordnung vom 5. Juli 1991, „Rechtsangleichung des Arbeitsschutzrechts in den neuen Bundesländern einschließlich Berlin-Ost", ist im Abschnitt 2.3.2 u. a. festgelegt: *Die nach dem Recht der bisherigen DDR verbindlichen DDR- und Fachbereichstandards gelten für die Anlagen und Betriebsmittel als Grundsätze für die Instandhaltung bis zu ihrer Aussonderung weiter. Das gilt auch für Betriebsmittel, deren erstmalige Inbetriebnahme bis 1995 zulässig ist.*

Hinweise auf die hier angesprochenen Normen sind in den jeweiligen Abschnitten dieses Buches zu finden. Die Bekanntmachung des BMA bezog schon im Jahr 1991 mit ein, daß es bald nicht mehr möglich sein wird, solche Anlagen durchgehend nach DDR-Normen instand zu halten. Wenn es die veränderte Liefersituation nicht mehr zuläßt, die Beschaffenheit der Anlagen und Betriebsmittel TGL-gerecht zu erhalten, dürfen vergleichbare Vorschriften und Regeln des Rechts für überwachungsbedürftige Anlagen angewendet werden, d. h., die ElexV und die dazu benannten VDE-Normen. Demnach kann der Betreiber frei entscheiden, ab wann die betreffende Anlage grundsätzlich auf die ElexV umgestellt wird. Ein weiterer Aufschub fördert aber weder das Betriebsergebnis noch die Explosionssicherheit.

Weiterführende Literatur und Normen zur ElexV

A   Literaturverzeichnis

Im folgenden werden unter 1. und 2. gesetzliche Grundlagen sowie interpretierende Literatur angegeben, und unter 3. folgen Literaturhinweise zu den einzelnen Abschnitten des Buches. Die Zusammenstellung erhebt keinen Anspruch auf Vollständigkeit.

1.   Rechtsgrundlagen

1.1   Zum „neuen Recht"

– Amtsblatt der Europäischen Gemeinschaften Nr. L100 vom 19.04.1994 **Richtlinie 94/9/EG** des Europäischen Parlaments und des Rates vom 23. März 1994 zur Angleichung der Rechtsvorschriften der Mitgliedsstaaten für Geräte und Schutzsysteme zur bestimmungsgemäßen Verwendung in explosionsgefährdeten Bereichen (ATEX 100a)

– BGBl. Teil I 1996 Nr. 65 vom 19. Dezember 1996, S. 1914–1952

a) Zweite Verordnung zum Gerätesicherheitsgesetz und zur Änderung von Verordnungen zum Gerätesicherheitsgesetz vom 12. Dezember 1996;

- Artikel 1: Verordnung über das Inverkehrbringen von Geräten und Schutzsystemen für explosionsgefährdete Bereiche – **Explosionsschutzverordnung – 11. GSGV (EXVO)**

- Artikel 6: Änderung der Verordnung über elektrische Anlagen in explosionsgefährdeten Räumen vom 27. Februar 1980 (ElexV)

- Artikel 8: Änderung der Verordnung über brennbare Flüssigkeiten vom 27. Februar 1980 (VbF)

- Artikel 2 bis 5, 7 und 9: Änderung der weiteren Verordnungen über überwachungsbedürftige Anlagen,

- Artikel 10: Änderung der Dritten Verordnung zur Durchführung des Energiewirtschaftsgesetzes

b) Bekanntmachung der **Neufassung der Verordnung über elektrische Anlagen in explosionsgefährdeten Bereichen (ElexV) vom 13. Dezember 1996**

c) Bekanntmachung der **Neufassung der Verordnung über brennbare Flüssigkeiten (VbF) vom 13. Dezember 1996**

- Kommission der Europäischen Gemeinschaften: Geänderter Vorschlag für eine Richtlinie des Rates über Mindestvorschriften zur Verbesserung des Gesundheitsschutzes und der Sicherheit der Arbeitnehmer, die durch explosionsfähige Atmosphäre gefährdet werden können. Dokument KOM(97) 123 endg. 95/0235 (SYN) vom 11.04.1997 (Entwurf **ATEX 118a**)

- Bundesarbeitsblatt 1997 Nr. 3: Nachdruck der o.g. neuen Rechtsgrundlagen Richtlinie 94/9/EG, 11.GSGV (EXVO), ElexV, VbF; ElexV auch als ZH1/309, VbF auch als ZH1/75.1; Carl Heymanns Verlag KG Köln

- Bergverordnung über die allgemeine Zulassung schlagwettergeschützter und explosionsgeschützter elektrischer Betriebsmittel (Elektrozulassung-Bergverordnung – **ElZulBergV**) i. d. F. vom 10. März 1993 (BGBl. I S. 316), geändert durch Artikel 35 des Gesetzes vom 25. Oktober 1994 (BGBl. I S. 3082)

- Arbeitsschutzgesetz (ArbSchG) vom 7. August 1996 (BGBl.I S. 1246), geändert durch Artikel 9 des Gesetzes vom 27. September 1996 (BGBl.I S. 1461)

- Arbeitsstättenverordnung (ArbStättV) vom 20. März 1975, zuletzt geändert durch Verordnung vom 4. Dezember 1996, BGBl. I S. 1841

- VBG 1 Allgemeine Vorschriften, vom 1. April 1977 i.d.F. 1. Juli 1991 mit DA vom April 1996

- VBG 4 Elektrische Anlagen und Betriebsmittel, vom 1. April 1979 mit DA vom April 1997

1.2 Literatur zum neuen Recht

- *Jeiter, W.; Nöthlichs, M.; Fähnrich, R.:* Explosionsschutz elektrischer Anlagen. Explosionsschutz; Kommentar zur EXVO und ElexV mit Textsammlung. Berlin: Erich Schmidt Verlag, 12. Lieferung 1997

- *Nowak, K.:* Ex-Normen-Dokumentation. der elektromeister + deutsches elektrohandwerk München Heidelberg. Teil 1: 72(1997)20, S.1917-1921, Teil 2: 72(1997)21, S. 2034-2039

- *Wehinger, H.; Mattes, H.:* Veränderungen in den Rechtsgrundlagen des Ex-Schutzes. etz Berlin 117(1996)15-16, S. 44-49

- *Mattes, H.:* Einheitliche Spielregeln für den europäischen Explosionsschutz. Ex-Zeitschrift, Fa. R. Stahl Schaltgeräte GmbH, Künzelsau. Heft 29 (Mai 1997) S. 6-9

- *Landesinstitut für Arbeitsschutz und Arbeitsmedizin des Freistaates Sachsen, Chemnitz:* Neue Vorschriften zum Explosionsschutz. Mitteilung Nr. 15/97 vom 03.11.1997

Literatur und Normen 241

- Seminar „Neue EU-Ex-Richtlinie" der Physikalisch-Technischen Bundesanstalt (PTB) Braunschweig und Berlin mit der TU Braunschweig am 12./13. November 1996 in Braunschweig, Tagungsunterlagen
- Euroforum Konferenz „Neue Regelungen für den Explosionsschutz" am 11. und 12. Dezember 1996 in Bad Homburg, Tagungsunterlagen
- Richtlinien für die Vermeidung der Gefahren durch explosionsfähige Atmosphäre mit Beispielsammlung – Explosionsschutz-Richtlinien (EX-RL), ZH1/10. Herausgeber: Berufsgenossenschaft der chemischen Industrie, Stand 1997
- *Wehinger, H. u. a.:* Explosionsschutz elektrischer Anlagen – Einführung für den Praktiker. Hrsg.: Technische Akademie Esslingen und expert verlag. Rennigen-Malmsheim: expert verlag 1995 (Band 429 Kontakt und Studium Elektrotechnik)
- *Lienenklaus, E.:* Elektrischer Explosionsschutz nach DIN VDE 0165. VDE-Schriftenreihe Nr. 65, VDE-Verlag Berlin Offenbach: 1992, mit 1. Ergänzung 1997: Änderungen durch EG-Recht, ATEX 100a, ElexV, ExVO, DIN VDE 0165
- *Greiner, H.:* Explosionsschutz bei Drehstrom-Getriebemotoren. Firmenschrift SD 397. Fa. Eberhard Bauer GmbH & Co, Esslingen 1997
- *Pester, J.:* Rechtsnormen des Explosionsschutzes. Elektropraktiker Berlin 50(1996)11, S. 902-903

2. Weitere Rechtsnormen („altes Recht")

- Gerätesicherheitsgesetz (**GSG**) i. d. F. der Bekanntmachung vom 23. Oktober 1992, BGBl. I S. 1793
- Verordnung über elektrische Anlagen in explosionsgefährdeten Räumen (**ElexV**) vom 27. Februar 1980 (BGBl.I S. 214), zuletzt geändert durch § 14 des Gesetzes vom 19. Juli 1996 (BGBl.I S. 1019)
- Bundesministerium für Arbeit und Sozialordnung: Explosionsschutz elektrischer Betriebsmittel; **Bezeichnung von Normen** i. S. des § 2 der allgemeinen Verwaltungsvorschrift **zur ElexV**. 6. Bekanntmachung des BMA vom 18. Februar 1998 – IIIb5-35471. Bundesarbeitsblatt 04/98 S. 77–78
- Verordnung über Anlagen zur Lagerung, Abfüllung und Beförderung brennbarer Flüssigkeiten zu Lande (Verordnung über brennbare Flüssigkeiten (**VbF**) – vom 27.02.1980 (BGBl.I S. 229), zuletzt geändert durch § 14 des Gesetzes vom 19. Juli 1996 (BGBl.I S. 1019), mit Technischen Regeln für brennbare Flüssigkeiten (TRbF). Herausgeber: Vereinigung der technischen Überwachungsvereine e. V., Essen
- Gefahrstoffverordnung (**GefStoffV**) und Anhänge I–IV i. d. F. der Zweiten Änderungsverordnung vom 19. September 1994, mit TRGS 300 – Sicherheitstechnik

(Bekanntmachung des BMA vom 22. November 1993, III b4 - 35125 -5, Bundesarbeitsblatt 1/1994 S. 39-51)

- *Steyrer, H.; Isselhard, K.:* Verordnung über elektrische Anlagen in explosionsgefährdeten Räumen. Köln: Carl Heymanns Verlag. 3. Aufl. 1993

- *Korger, G.:* Die Verwaltungspraxis bei der Durchführung der Verordnung über elektrische Anlagen in explosionsgefährdeten Räumen, in Explosionsschutz elektrischer Anlagen - Einführung für den Praktiker. Hrsg.: Technische Akademie Esslingen und expert verlag. Rennigen-Malmsheim: expert verlag 1995 (Band 429 Kontakt und Studium Elektrotechnik)

- **Rechtsangleichung** des Arbeitsschutzrechts in den neuen Bundesländern einschließlich Berlin-Ost. Bekanntmachung des BMA vom 5. Juli 1991 – III b5 – 30013. Bundesarbeitsblatt 9/1991 S. 76-87

- *Egyptien, H.-H.; Schliephacke, J.; Siller, E.:* Elektrische Anlagen und Betriebsmittel – VBG 4 – Erläuterungen und Hinweise für den betrieblichen Praktiker. Hrsg: BG der Feinmechanik und Elektrotechnik Köln, 3. Auflage 1993

- TGL 30042 – Gesundheits- und Arbeitsschutz, Brandschutz; Verhütung von Bränden und Explosionen; Allgemeine Festlegungen für Arbeitsstätten, mit „Erläuterungen zur TGL 30042", Herausgeber: Zentralstelle für Schutzgüte im VEB Komplette Chemieanlagen Dresden , 3. Aufl. 1979

3. Ergänzende Literatur zu den Abschnitten 2 bis 19

Zu 2   Rechtsgrundlagen und Normen

Schriften der Berufsgenossenschaft der Feinmechanik und Elektrotechnik, Köln
- Sicherheit durch Brand- und Explosionsschutz (MB 42)

- Gefahrstoffe; Tips für angehende Fachleute (AB 5)

- Elektroinstallation (MB 4)

- Prüfung elektrischer Anlagen und Betriebsmittel (MB 10)

- Sicherheitsregeln für die Elektrofachkraft (MB 25)

- Empfehlungen für den sicheren Einsatz elektrischer Anlagen und Betriebsmittel (MB 20)

- Regeln für die Arbeitssicherheit

- Sicherheitsregeln für die Wiederholungsprüfung elektrischer Betriebsmittel

- Richtlinien für die Auswahl und das Betreiben von ortsveränderlichen Betriebsmitteln nach Einsatzbereichen

- Feuergefährdete Betriebsstätten und gleichgestellte Risiken – Richtlinien für den Brandschutz (VdS-Richtlinie Nr. 20335), im „Handbuch der Schadenverhütung", Band 1 – Brandschutz. Herausgeber: Verband der Schadenversicherer e.V.

(Vergleiche hierzu auch die Aufstellung der vom Bundesministerium für Arbeit und Sozialordnung veröffentlichten Normen zur ElexV im Teil B dieses Abschnitts.)

Zu 3 Verantwortung

- *Kube, D.:* Die Haftung des Handwerkers für fehlerhafte Produkte. Die Wirtschafts- und Steuerhefte (WStH) Bad Homburg v. d. H., o. J.(1992)15, S. 499-502

Zu 4 Ursachen und Arten von Explosionsgefahren

- *Nabert, K.; Schön, G.:* Sicherheitstechnische Kennzahlen brennbarer Gase und Dämpfe. Braunschweig: Deutscher Eichverlag 2. Auflage 1993; zusammen mit:

- *Redeker, T; Schön, G.:* 6. Nachtrag (Ersatz für 1. bis 5. Nachtrag) zur 2. Auflage von *Nabert, K.; Schön, G.:* Sicherheitstechnische Kennzahlen brennbarer Gase und Dämpfe. Braunschweig: Deutscher Eichverlag 1990

- *Bussenius, S.:* Wissenschaftliche Grundlagen des Brand- und Explosionsschutzes. Stuttgart: Verlag W. Kohlhammer 1996

- Berufsgenossenschaftliches Institut für Arbeitssicherheit Sankt Augustin: Brand- und Explosionskenngrößen von Stäuben. Enthalten im BIA-Handbuch – Ergänzbare Sammlung der sicherheitstechnischen Informations- und Arbeitsblätter für die betriebliche Praxis. Berlin: Erich Schmidt Verlag, Stand 1997

- *Olenik, H.:* Physikalisch-chemische Grundlagen des Explosionsschutzes, in Explosionsschutz elektrischer Anlagen – Einführung für den Praktiker. Hrsg.: Technische Akademie Esslingen und expert verlag. Rennigen-Malmsheim: expert verlag 1995 (Band 429 Kontakt und Studium Elektrotechnik)

- *Pester, J.:* Einteilung explosionsgefährdeter Bereiche nach EN 60079-10/VDE 0165 Teil 101. Elektropraktiker Berlin Teil 1: 51(1997)2, S. 165-166, Teil 2: 51(1997)3 S. 258-261

- *Pester, J.:* Explosionsgefährdete Arbeitsstätten. Berlin: Verlag Tribüne, 2. Aufl. 1990

Zu 5   Hinweise zu Planung und Auftragsannahme
– *Pester, J.:* Ex-Anlagen errichten – Zur Verständigung der Vertragspartner vor der Errichtung von Ex-Anlagen. Technische Überwachung Düsseldorf 37(1996)10, S. 50-57

– *Pester, J.:* Ein neues Arbeitsmittel für den Entwurf von Ex-Anlagen. Teil 1 – Wozu und Warum? Elektropraktiker Berlin 50(1996)1, S.42-43 Teil 2 – Inhalt und Nutzen. Elektropraktiker Berlin 50(1996)2, S. 119-120

Zu 6   Merkmale und Gruppierungen elektrischer Betriebsmittel
– *Arnhold, T.; Völker, P.:* Daten zur Zuverlässigkeit technischer Systeme. Ex-Zeitschrift Fa. R. Stahl Schaltgeräte GmbH, Künzelsau. Heft 27(Juni 1995) S. 37-39

Zu 7   Zündschutzarten
– *Wimmer, H. W.:* Elektrische explosionsgeschützte Betriebsmittel für die Zone 2. Ex-Zeitschrift Fa. R. Stahl Schaltgeräte GmbH, Künzelsau. Heft 26(Juni 1994) S. 13-14

Zu 8   Kennzeichnung
– *Wehinger, H. u. a.:* Explosionsschutz elektrischer Anlagen – Einführung für den Praktiker. Hrsg.: Technische Akademie Esslingen und expert verlag. Rennigen-Malmsheim: expert verlag 1995 (Band 429 Kontakt und Studium Elektrotechnik)

– *Olenik, H.; Rentzsch, H.; Wettstein, W.:* BBC-Handbuch für den Explosionsschutz. Essen: Verlag W. Girardet, 2. Auflage. 1983

– *Wehinger, H.:* CE-Zeichen – Verwendung durch Ex-Sachverständige. 15. CEAG-Sachverständigen-Seminar 1995. Cooper CEAG Sicherheitstechnik GmbH Soest, Druckschrift Nr. 1179/1/07.96, S. 49

Zu 9   Grundsätze für die Betriebsmittelauswahl
– *Olenik, H.:* Auswahl elektrischer Betriebsmittel für explosionsgefährdete Bereiche, in Explosionsschutz elektrischer Anlagen – Einführung für den Praktiker. Hrsg.: Technische Akademie Esslingen und expert verlag. Rennigen-Malmsheim: expert verlag 1995 (Band 429 Kontakt und Studium Elektrotechnik)

– *Storck, H.:* Errichten elektrischer Anlagen in explosionsgefährdeten Räumen nach DIN VDE 0165, enthalten in Explosionsschutz elektrischer Anlagen – Einführung für den Praktiker. Hrsg.: Technische Akademie Esslingen und expert verlag. Rennigen-Malmsheim: expert verlag 1995 (Band 429 Kontakt und Studium Elektrotechnik)

Zu 10 Einfluß des Explosionsschutzes auf die Gestaltung elektrischer Anlagen
- *Lienenklaus, E.:* Elektrischer Explosionsschutz nach DIN VDE 0165. VDE-Schriftenreihe Nr. 65, VDE-Verlag Berlin Offenbach: 1992, mit 1. Ergänzung 1997: Änderungen durch EG-Recht, ATEX 100a, ElexV, ExVO, DIN VDE 0165

- *Becker, H. u. a.:* Starkstromanlagen in Krankenhäusern. VDE-Schriftenreihe Band 17. Berlin Offenbach: VDE-Verlag, 1997

- *Krämer, M.; Johannsmeyer, U.; Wehinger, H.:* Elektronische Schutzsysteme in explosionsgeschützten Anlagen. Bremerhaven: Wirtschaftsverl. NW Verl. für neue Wiss., Hrsg: Bundesanstalt für Arbeitsmedizin und Arbeitsschutz Dortmund FB 754 1997

- *Johannsmeyer, U.:* Explosionsschutz bei Feldbussystemen. Ex-Zeitschrift Fa. R. Stahl Schaltgeräte GmbH, Künzelsau. Heft 24 (September 1992) S. 60

- *Johannsmeyer, U.:* Der eigensichere Feldbus für die Prozeßautomatisierung. 15. CEAG-Sachverständigen-Seminar 1995. Cooper CEAG Sicherheitstechnik GmbH Soest, Druckschrift Nr. 1179/1/07.96, S. 11-24

- *Schimmele, A.:* Eigensichere Feldbussysteme. Ex-Zeitschrift Fa. R. Stahl Schaltgeräte GmbH, Künzelsau. Heft 26 (Juni 1994) S. 43-47

- *Doege, Hillebrand:* Kommunikation Warte/Meßumformer – Feldbus in der Prozeßautomation. 15. CEAG-Sachverständigen-Seminar 1995. Cooper CEAG Sicherheitstechnik GmbH Soest, Druckschrift Nr. 1179/1/07.96, S. 2-10

- *Trumpa:* Der Feldbus in der Verfahrenstechnik – eine Standortbestimmung zur Installation im MSR-Bereich. 15. CEAG-Sachverständigen-Seminar 1995. Cooper CEAG Sicherheitstechnik GmbH Soest, Druckschrift Nr. 1179/1/07.96, S. 17-24

- *Münch, E.; Lang, R.:* Bussysteme im Ex-Bereich – Es geht auch anders. Elektrotechnik für die Automatisierung Würzburg 78(1996)4 (Sonderdruck; Bartec)

- *Hils, F.:* Durchbruch in der Verfahrenstechnik? Erste Anwendung des Feldbusses Profibus PA in der Chemie. Chemie Technik Heidelberg 26(1997)4, S. 48-51

- *Prüßmeier, U.; Hoppe, G.:* Welcher Bus wird heutigen und zukünftigen Anforderungen gerecht? MSR-Magazin Mainz 9(1997)4, S. 74-77

- *Nachbargauer, K.:* Eigensichere E/A-Module bringen jeden Feldbus in den Ex-Bereich. MSR-Magazin Mainz 9(1997)6 (Sonderdruck)

- *Kabisch, H.:* Offene Feldbussysteme für die Automatisierung. Elektropraktiker Berlin 51(1997)1, S. 42-46

- *Grumstrup, B. F.; Hagen, M.:* Der HART-Ausgang – neue Perspektiven für HART. Ex-Zeitschrift Fa. R. Stahl Schaltgeräte GmbH, Künzelsau. Heft 27(September 1995) S. 40-45

Zu 11 Einfluß der Schutzmaßnahmen gegen elektrischen Schlag
- *Kiefer, G.:* VDE 0100 und die Praxis. Berlin Offenbach VDE-Verlag 7. Auflage 1996
- *Rudolph, O.; Winter, O.:* EMV nach VDE 0100; Erdung, Potentialausgleich, TN-; TT- und IT-System, Vermeiden von Induktionsschleifen, Schirmung, Lokale Netze. VDE-Schriftenreihe Band 66. Berlin Offenbach: VDE-Verlag 1995
- *Biegelmeier, G.; Kiefer, G.; Krefter, K.-H.:* Schutz in elektrischen Anlagen – Band 2; Erdungen, Berechnung, Ausführung und Messung. VDE-Schriftenreihe Band 81. Berlin Offenbach VDE-Verlag GmbH, 1996
- *Günther, B.:* Der Potentialausgleich in explosionsgeschützten Anlagen. Ex-Zeitschrift Fa. R. Stahl Schaltgeräte GmbH, Künzelsau. Heft 18 (November 1986) S. 18-22

Zu 12 Kabel und Leitungen
- *Haufe, H.; Nienhaus, H.; Vogt, D.:* Schutz von Kabeln und Leitungen bei Überstrom. VDE-Schriftenreihe Band 32. Berlin Offenbach: VDE-Verlag 3. Auflage 1992
- *Schmidt, F.:* Brandschutz in der Elektroinstallation. Elektropraktiker-Bibliothek. Berlin: Verlag Technik 1996
- *Pusch, E.:* Elektrische Heizleitungen – Bauarten, Einsatz, Verarbeitung. Elektropraktiker-Bibliothek. Berlin: Verlag Technik 1997
- *Völkel, U.:* Explosionsbelastungen in Rohren der Druckfesten Kapselung. Ex-Zeitschrift Fa. R. Stahl Schaltgeräte GmbH, Künzelsau. Heft 24 (September 1992) S. 60-61
- *Kramar, Z.:* Aus Fehlern lernen. Ex-Zeitschrift Fa. R. Stahl Schaltgeräte GmbH, Künzelsau. Heft 27(September 1995) S. 51-52
- *Fohrmann:* Erfahrungen mit Kabelabschottungen zwischen Ex-freien Schalträumen und Ex-Anlagen. 12. CEAG-Sachverständigen-Seminar 1992. ABB CEAG Sicherheitstechnik GmbH, Teilbereich Explosionsschutz Soest, Druckschrift Nr. 1059/800/7.93 D, S. 32-34

Zu 13 Leuchten und Lampen
- *Nowak, K.:* Leuchten in Spritzlackierräumen. der elektromeister + deutsches elektrohandwerk München Heidelberg 72(1997)20, S. 1896-1897
- *Arnhold, T.:* Batteriemanagement für explosionsgeschützte Notleuchten. Ex-Zeitschrift Fa. R. Stahl Schaltgeräte GmbH, Künzelsau. Heft 28 (Juni 1996) S. 40-43
- *Wehinger, H.:* Diskussionsstand in CENELEC bei Sonderproblemen von Ex-Motoren. 15. CEAG-Sachverständigen-Seminar 1995. Cooper CEAG Sicherheitstechnik GmbH Soest, Druckschrift Nr. 1179/1/07.96, S. 44-49

Zu 14 Elektromotoren
- *Falk, K.:* Explosionsgeschützte Elektromotoren, VDE-Schriftenreihe Band 64. Berlin Offenbach: VDE-Verlag 2. Auflage 1997
- *Greiner, H.:* Explosionsschutz bei Drehstrom-Getriebemotoren. Firmenschrift SD 397. Fa. Eberbard Bauer GmbH & Co, Esslingen 1997
- *Greiner, H.:* Auswirkungen der neuen Normspannung 400 V auf explosionsgeschützte Drehstrommotoren. der elektromeister + deutsches elektrohandwerk, München, Heidelberg 73(1998), S. 1293–1298

Zu 15 Eigensichere Anlagen
- Physikalisch-Technische Bundesanstalt Braunschweig: PTB-W-39 Zusammenschaltung nichtlinearer und linearer eigensicherer Stromkreise. Bremerhaven: Wirtschaftsverlag NW Verlag für neue Wissenschaft, 1989
- *Dose, W.-D.:* Explosionsschutz durch Eigensicherheit. Hrsg: G. Schnell. Berlin Offenbach: VDE-Verlag/Friedr. Vieweg & Sohn Verlagsgesellschaft Braunschweig Wiesbaden 1993
- *Beermann, D,; Günther, B.; Schimmele, A.:* Eigensicherheit in explosionsgeschützten MSR-Anlagen. Technische Akademie Wuppertal. VDE Verlag Berlin Offenbach: 1988
- *Müller, K.-P.:* Überspannungsschutz in eigensicheren MSR-Kreisen. der elektromeister+ deutsches elektrohandwerk München Heidelberg 72(1997)20, S. 1931-1934
- *Blömer, G.:* Explosionsschutz in der Meß-, Steuer- und Regelungstechnik mit Sicherheitsbarrieren. Ex-Zeitschrift Fa. R. Stahl Schaltgeräte GmbH, Künzelsau. Heft 23 (September 1991) S. 25-31
- *Johannsmeyer, U.:* Spezifikation der zulässigen äußeren Induktivitäten und Kapazitäten bei eigensicheren Stromkreisen. 17. CEAG-Sachverständigen-Seminar 1997. Cooper CEAG Sicherheitstechnik GmbH Soest, Druckschrift Nr. 1326/1/03.98, S. 11-14

Zu 16 Überdruckgekapselte Anlagen
- *Groh, H.:* Überdruckkapseln in Zone 2 und im Staubexplosionsschutz. etz Berlin (1995)19, S. 10-16
- *Lorenz, H.:* Explosionsgeschützte Überdruckkapseln. etz Berlin (1995)19, S. 18-24
- *Messlinger:* IEC – EN 61285 Analysengeräteräume. 15. CEAG-Sachverständigen-Seminar 1995. Cooper CEAG Sicherheitstechnik GmbH Soest, Druckschrift Nr. 1179/1/07.96, S. 34-42

Zu 17 Staubexplosionsgeschützte Anlagen

- *Greiner, H.:* Explosionsschutz bei Drehstrom-Getriebemotoren. Firmenschrift SD 397. Fa. Eberbard Bauer GmbH & Co, Esslingen 1997

- Handbuch zum Arbeitsschutz und zur technischen Sicherheit – Sicherheitstechnische Maßnahmen bei staubexplosionsgefährdeten Anlagen. Hrsg.: Landesamt für Arbeitsschutz Sachsen-Anhalt: Arbeitsmaterial für behördeninterne Weiterbildungsveranstaltung. Dessau: 1994

- *Greiner, H.:* Normungsarbeiten zum Staubexplosionsschutz. Ex-Zeitschrift, Fa. R. Stahl Schaltgeräte GmbH, Künzelsau. Heft 26 (Juni 1994) S. 18-22

- VDI-Richtlinie 2263: Staubbrände und Staubexplosionen – Gefahrenbeurteilung und Schutzmaßnahmen. Ausg. Mai 1992

Zu 18 Ergänzende Maßnahmen und Mittel des elektrischen Explosionsschutzes

- *Hasse, P.; Wiesinger, J.:* Blitzschutz für Gebäude und für elektronische Anlagen. der elektromeister + deutsches elektrohandwerk München Heidelberg 72(1997)20, S. 1913-1916

- *Trommer, W.; Hampe, E.-A.:* Blitzschutzanlagen – Planen, Bauen, Prüfen. Heidelberg: Hüthig Buch Verlag 1994

- *Graube, M.; Johannsmeyer, U.:* Optoelektronische Systeme im explosionsgefährdeten Bereich. Ex-Zeitschrift Fa. R. Stahl Schaltgeräte GmbH, Künzelsau. Heft 29 (Mai 1997) S.38-40

- *Luckgei, J.:* Elektrische Begleitheizung in stabilisierender Bauart mit selbstregelndem Heizband. 17. CEAG-Sachverständigen-Seminar 1997. Cooper CEAG Sicherheitstechnik GmbH Soest, Druckschrift Nr. 1326/1/03.98, S. 32-35

Zu 19 Betreiben und Instandhalten

- *Oberhem, H.:* Prüfung von elektrischen Anlagen im Ex-bereich vor der Erstinbetriebnahme. 15. CEAG-Sachverständigen-Seminar 1995. Cooper CEAG Sicherheitstechnik GmbH Soest, Druckschrift Nr. 1179/1/07.96, S. 51-53

- *Thieme, W.:* Sicherheitskonzept für den Explosionsschutz, dargestellt am Beispiel der BUNA GMBH. Ex-Zeitschrift Fa. R. Stahl Schaltgeräte GmbH, Künzelsau. Heft 26(Juni 1994) S. 39-42

- *Schallus, K.:* Betrieb von Starkstromanlagen. VDE-Schriftenreihe Band 13. Berlin Offenbach: VDE-Verlag, 6. Auflage 1988

- *Lessig, H.-J.:* Betrieb und Instandhaltung von explosionsgeschützten elektrischen Anlagen, enthalten in Explosionsschutz elektrischer Anlagen – Einführung für den

Praktiker. Hrsg.: Technische Akademie Esslingen und expert verlag. Rennigen-Malmsheim: expert verlag 1995 (Band 429 Kontakt und Studium Elektrotechnik)

- *Slominski, W. R.:* Richtlinien für die Montage und Instandhaltung von explosionsgeschützten elektrischen Betriebsmitteln und Anlagen. Ex-Zeitschrift Fa. R. Stahl Schaltgeräte GmbH, Künzelsau. Teil 1 bis 3: Heft 18 (November 1986) S.23-30, Teil 4: Heft 19 (November 1987), S. 23-26

- DIN V ENV 50269 VDE 0170/0171 Teil 60 (05.98): Auswahl und repräsentative Prüfung von Hochspannungsmaschinen

- *Wegener:* Steckdosenverteiler im Ex-Bereich. 15. CEAG-Sachverständigen-Seminar 1995. Cooper CEAG Sicherheitstechnik GmbH Soest, Druckschrift Nr. 1179/1/07.96, S. 50

- *Mangold:* Gefährlicher zündfähiger Funke (Stahlschraube auf Aluminiumkörper, HART-COAT®-Oberfläche). 15. CEAG-Sachverständigen-Seminar 1995. Cooper CEAG Sicherheitstechnik GmbH Soest, Druckschrift Nr. 1179/1/07.96, S. 56

- *de Haas, Wagner, Fabig, Ferch, Günther und andere Instandhaltungsfachleute aus Chemiebetrieben:* Vorträge zu Themen der Instandhaltung und Instandsetzung explosionsgeschützter Betriebsmittel und Anlagen. 10. CEAG-Sachverständigen-Seminar 1990. ABB CEAG Geschäftsbereich Explosionsschutz Eberbach, Druckschrift Nr. CGS 765/3/01.91 D

- *Dreier, H.; Krovoza, F.:* Richtlinien für die Instandsetzung explosionsgeschützter elektrischer Betriebsmittel. Technische Überwachung Düsseldorf 8(1967)10, S. 362-363

- Physikalisch-Technische Bundesanstalt Braunschweig: Merkblatt (ATEX 100a) Zertifizierungsverfahren für explosionsgeschützte Geräte. Stand 11/97

- *Winkler, A.; Lienenklaus, E.; Rontz, A.:* Sicherheitstechnische Prüfungen in elektrischen Anlagen mit Spannungen bis 1000 V, VDE-Schriftenreihe Band 47. Berlin Offenbach: VDE-Verlag, 2. Auflage 1995

- *Bödeker, K.:* Prüfung ortsveränderlicher Geräte. Elektropraktiker-Bibliothek. Berlin: Verlag Technik 1996

- *Egyptien, H.-H.:* Verwendung von Flüssiggas. Elektropraktiker Berlin 52(1998)2, Lernen und Können 2/98 S.12-13

Zu 19.11   Bestandsschutz in den neuen Bundesländern
- *Linström, H.-J. u. a.:* Explosionsgeschützte Betriebsmittel. Berlin: Verlag Technik 1988

- *Pester, J.:* Explosionsgefährdete Arbeitsstätten. Berlin: Verlag Tribüne, 2. Auflage 1990

- *Pester, J.:* Ex-Anlagen mit Gasexplosionsgefahr – Gerätewechsel in Altanlagen. Elektropraktiker Berlin. Teil 1: 47(1993)4, S. 308-310, Teil 2: 47(1993)5 S. 461-462

B Veröffentlichte Normen zur ElexV

Bezeichnung von Normen im Sinne des § 2 der allgemeinen Verwaltungsvorschrift zur ElexV vom 27. Februar 1980 (Bundesanzeiger Nr. 43 vom 1. März 1980)
Quellen:
- 6. Bekanntmachung des BMA vom 18. Februar 1998 – IIIb5 – 35471 – in BABl. 4/98 S.77–78
  (Ersatz für die Bekanntmachung des BMA vom 5. September 1996, BABl. 11/96 S. 69),
- VDE-Schriftenreihe Band 2, Katalog der Normen 1998.

1. VDE-Bestimmungen ohne Bezug auf EN (national gültige Normen)

DIN VDE 0105		Betrieb von Starkstromanlagen
Teil 4	09.88	Zusatzfestlegungen für ortsfeste elektrostatische Sprühanlagen
Teil 9	05.86	Zusatzfestlegungen für explosionsgefährdete Bereiche
DIN VDE 0107	10.94	Starkstromanlagen in Krankenhäusern und medizinisch genutzten Räumen außerhalb von Krankenhäusern
VDE 0147 (DIN 57147)		Errichten ortsfester elektrostatischer Sprühanlagen
Teil 1	09.83	Allgemeine Festlegungen
Teil 2	08.85	Flockmaschinen
DIN VDE 0165	02.91	Errichten elektrischer Anlagen in explosionsgefährdeten Bereichen
DIN VDE 0170/0171		
Teil 1 A 102	05.88	Elektrische Betriebsmittel für explosionsgefährdete Bereiche, Allgemeine Bestimmungen, Änderung 102
Teil 13	11.86	Anforderungen für Betriebsmittel der Zone 10
DIN VDE 0848		Gefährdung durch elektromagnetische Felder
Teil 3	03.85	Explosionsschutz

2. VDE-Bestimmungen, übernommen von EN
(ausgenommen die Normen gemäß Punkt 3.)

VDE 0147 (DIN EN 50176)		Ortsfeste elektrostatische Sprühanlagen	
Teil 101	09.97	für brennbare flüssige Stoffe	
VDE 0147 (DIN EN 50177)		Ortsfeste elektrostatische Sprühanlagen	
Teil 102	09.97	für brennbare Beschichtungspulver	
DIN VDE 0745	(EN 50053)	Elektrostatische Handsprüheinrichtungen ...	
VDE 0750 (DIN EN 60601-1)		Medizinische elektrische Geräte	
Teil 1	03.96	Allgemeine Festlegungen für die Sicherheit,	
A13	10.96	mit Änderung 13	
(DIN EN 60601-1 A13)			

3. VDE-Bestimmungen, übernommen von EN
gemäß Angleichungsrichtlinie 97/93/EG

DIN VDE 0170/0171		Elektrische Betriebsmittel für explosionsgefährdete Bereiche;	
Teil 1	03.94	Allgemeine Bestimmungen	(EN 50014)
Teil 2	01.95	Ölkapselung „o"	(EN 50015)
Teil 3	05.96	Überdruckkapselung „p"	(EN 50016)
Teil 4	02.95	Sandkapselung „q"	(EN 50017)
Teil 5	03.95	Druckfeste Kapselung „d"	(EN 50018)
Teil 6	03.96	Erhöhte Sicherheit „e"	(EN 50019)
Teil 7	04.96	Eigensicherheit „i"	(EN 50020)
Teil 9	07.88	Vergußkapselung „m"	(EN 50028)
Teil 10	04.82	Eigensichere Systeme „i"	(EN 50039)
DIN VDE 0745		Bestimmungen für die Auswahl, Errichtung und Anwendung elektrostatischer Sprühanlagen für brennbare Sprühstoffe (aus den im folgenden genannten Teilen sind nur die Absätze einbezogen, die die Beschaffenheit betreffen)	
Teil 100	01.87	Elektrostatische Handsprüheinrichtungen	(EN 50050)
Teil 101	12.87	für flüssige Sprühstoffe mit einer Energiegrenze von 0,24 mJ sowie Zubehör	(EN 50053-1)
Teil 102	09.90	für Pulver mit einer Energiegrenze von 5 mJ sowie Zubehör	(EN 50053-2)

Teil 103	09.90	für Flock mit einer Energie-grenze von 0,24 mJ oder 5 mJ sowie Zubehör (EN 50053-3)

Hierzu gehören außerdem die vorangegangenen Ausgaben (05.78) der unter 3. genannten DIN VDE 0170/0171 einschließlich ihrer Änderungen bis 1992. Die Ausgaben einschließlich der Änderungen sind in der Bekanntmachung des BMA aufgelistet. Auf eine Wiederholung wird hier verzichtet. Als Grundlage für Prüfbescheinigungen zum Explosionsschutz elektrischer Betriebsmittel sind diese früheren Ausgaben nur noch bis 29. September 1998 anwendbar.

Sachwörterverzeichnis

A

Ableitwiderstand	213
Abschirmung	181
Abstimmungsbedarf	73
Abweichungen	29
Adern	
nicht belegte	159
Anlage	127
eigensichere	160, 179
fremdbelüftete	191
überdruckgekapselte	190
überwachungsbedürftige	19, 64
Anlauf	
schwerer	176
Anzugstromverhältnis	175
Arbeiten	
gefährliche	224
Arbeitsfreigabe	229
Arbeitsschutzgesetz	20
Armbanduhren	218
Atmosphäre	
explosionsfähige	25, 53
Aufladung	212
Auflagen	79
Auftraggeber	50, 64, 74-75, 80
Auftragnehmer	49-50, 71
Auftragsannahme	71
Ausbreitungsverhalten	202
Ausgleichströme	218
Ausnahmen	29, 79
Ausschaltbarkeit	136

B

Baumuster-Prüfbescheinigung	40, 111
Bedingungen	
atmosphärische	66, 122
Begleitheizung	161
Behörde	78

Belüftung	
von Räumen	198
Bereich	
explosionsgefährdeter	56, 63
Bestandsschutz	38, 79
Bestimmungsgemäß	21
Betreiben	21, 35, 221
Betreiber	49, 64, 78
Betriebsanleitung	27, 50, 118
Betriebsmittel	83
ältere	120
Auswahl	116, 130
einfache elektrische	186
ortsveränderliche	160
Staubexplosionsschutz	207
zugehöriges	90, 182
Beurteilung	37, 57, 74
Blitzschutz	211
Brandgefahr	59
Brenngase	236
Bussysteme	138

C

CE-Kennzeichnung	27-28
CE-Symbol	103
Conduit-System	149, 156
Containment-System	194, 196

D

Dichteverhältnis	67
Diffusionskoeffizient	67
Dokumente	75
Drehzahl	
variable	176
Druckanstieg	68
Druckfeste Kapselung „d"	95

E

EG-Baumusterprüfbescheinigung	111

Sachwörterverzeichnis

EG-Explosionsschutzrichtlinie	21
EG-Zeichen	103
Eigenschaften	
entzündlicher Stoffe	66
Eigensichere elektrische Systeme	
„i-SYST"	96
Eigensicherheit	90, 179
Niveau	97
Eigensicherheit „i"	95, 98-99
Einführungen	155
Einstufung	37, 45, 54
ElexV	21, 30, 80
EMV	27, 78
Energieversorgung	130
Entladung	
elektrostatische	212
Entzündlichkeit	53, 61
Erdung	145, 147
Erhöhte Sicherheit „e"	95, 100
Erlaubnisschein	228
Errichten	35, 37, 180
Erstinbetriebnahme	41
Erwärmungszeit t_E	174
Explosion	53
Explosionsdruck	53, 68
Explosionsgefahr	53, 130
Explosionsgrenzen	53, 67
Explosionsgruppe	68, 86-87
Explosionspunkte	67
Explosionsschutz	
Grenzwerte	144
Gruppierung	83
Kennzeichen	104
Niveau	84, 86
primärer	65
sekundärer	65
„auf Verdacht"	80
Explosionsschutzverordnung	19
Explosionssicherheit	83, 93
integrierte	64
EXVO	19, 22, 79, 84

F

Fehlerströme	144
Flammpunkt	54, 67
Freischalten	137
Freisetzungsquelle	57-58, 65
Freisetzungsstelle	196
Fremdspannung	152, 181
Funken	62, 94
mechanisch erzeugte	230
Funkgeräte	218
Funktionssicherheit	119

G

Gasexplosionsgefahr	55
Gaswarneinrichtung	136, 198
Gefahrklasse	67
Gefahrstoff	53, 61
Gefahrstoffverordnung	48-49, 53
Gehäuse	
schwadensicheres	125, 194
Geräte	19, 23, 84
analysentechnische	190
Gerätegruppe	84, 86, 108
Gerätekategorie	84, 86
Gerätesicherheitsgesetz (GSG)	19
Glimmtemperatur	68
Glühlampen	168
Grenzspaltweite	68
Grenzwerte	183-184
Gruppierung	92
intern	97
GSG (Gerätesicherheitsgesetz)	19

H

Heizanlagen	214
Heizgeräte	214
Heizkabel	33
Heizleitungen	161
Hilfe	
beratende	51
Hilfskräfte	231
Hochfrequenzanlagen	219
Hörgeräte	218

I

I-SYST	188
IECEx	114
Import	28
Induktivität	183
Inertgas	195
Ingenieur	
verantwortlicher	226
Inspektion	222, 233
Installation	
in Bereichen mit Staubexplosionsgefahr	209

Sachwörterverzeichnis

Installationsart 151
Instandhaltung 38, 43, 72, 123, 138, 221, 226
Instandsetzung 235
Inverkehrbringen 23
IP-Schutzarten 92, 101

K
Kabel 149
  abgeschirmte 180
Kapazität 183
Kategorien 59, 84
Kennzahl 74, 76
  sicherheitstechnische 66, 79
Kennzeichnung 53-54, 103-104
  zu Besonderheiten 108
KLE 155
Knickschutz 155
Komponenten 23, 84, 91
Konformitätsbescheinigung 29, 111
Konformitätserklärung 27, 29, 91
Kontrollbescheinigung 111
Korrosionsschutz
  kathodischer 217
Kriechstrecken 208

L
Lampen 167
Lampenauswahl 167
Laser 218
Leckstrom 145, 186
Leiterverbindungen 158
Leitung 149
  abgeschirmte 180
Leuchten 99, 164
Leuchtstofflampen 99, 168
Lichtquellen 219
Luftstrecken 185

M
Meldepflicht 81
Menge
  gefahrdrohende 36, 53, 56
Merkmal 28
  des endzündlichen Stoffes 87
  des Stoffes 89
  explosionsgeschützter Betriebsmittel 87, 89
  explosionsgeschützter Geräte 36
  Sicherheitsniveau 87

Mindestquerschnitt 150
Mindestzündenergie 61, 68
Mindestzündstrom 68
Motoren 170
Motorschutz 172

N
Natriumdampflampen 169
Neutralleiter 147
Niveau des Explosionsschutzes 36
Normen 130
Normspaltweite (NSW) 88
Notausschaltung 78, 138
NSW (Normspaltweite) 88

O
Oberflächentemperatur 89
Ölkapselung „o" 96

P
Pflichten 48-49
  des Betreibers 49
Planung 71-72
Potentialausgleich 78, 148
Potentialtrenner 186
Prüfschein 111
Prüfstelle 113
Prüfung 225
Prüfungen 41
  Nachweis durchgeführter 233

R
Radar 218
Rechtsnormen 19
Regeln
  technische 44
Regeln der Technik 38, 50, 76
Reparaturverteilungen 131
Richtlinie 94/9/EG 21-22, 64

S
Sandkapselung „q" 95
Schaltanlagen 131
Schlagwetter 55
Schutzeinrichtungen 136
Schutzleiter 148
Schutzmaßnahmen 60, 71, 78
  gegen elektrischen Schlag 144
Schutzschrank 121
Schutzsysteme 19, 23, 71, 84, 91

Sachwörterverzeichnis

Schweißerlaubnis	228
Schwerer Anlauf	176
Sicherheitsbarriere	186
Sicherheitskonzeption	71
Sicherheitsniveau	89
Sonderschutz „s"	94
Stand der Technik	38
Standort	
von Zentralen	132
Stäube	
leitfähige	208
Staubexplosionsgefahr	37, 55
Staubexplosionsschutz	84, 89, 100, 102, 109, 202
Betriebsmittel	207
Staubschicht	209
Störfall	78, 142
Strahlungsquellen	220
Symbole	103
System	
eigensicheres	179, 187

T

Teilbescheinigung	111
Temperaturklasse	67, 89, 165, 208
Trennstufe	187
Trompeteneinführung	155

U

Überdruckkapselung	190
vereinfachte	200
Überdruckkapselung „p"	95, 100
Übergangszeit	42
Überschneidung	
unterschiedlich gefährdeter Bereiche	60
Ultraschallgeräte	220
Umgebungsbedingungen	116
Ursachen	53
UV-Strahler	220

V

Verantwortung	48, 50
Verdunstungszahl	67
Vergußkapselung „m"	95
Verhalten	
sicherheitsgerechtes	52
Verhaltensforderungen	66
Verhaltensweise	52
Verhältnisse	
betriebliche	56
elektrische	179
örtliche	56
Versuchsaufbauten	40
Verteilungsanlage	130, 158
Vorgaben	72, 76, 80, 116

W

Wanddurchführung	153
Wartung	222
Werkzeug	119, 229

X

X-Schein	26

Z

Zone	26, 32, 36-37, 124
Zone-2-Betriebsmittel	96
Zündgefahr	
versteckte	218
Zündgrenze	53
Zündquelle	53, 60
Zündschutzart	40, 93, 97-99
genormt	94
Zündschutzart „d"	97
Zündschutzart „i"	97
Zündschutzart „n"	96, 98, 101
Zündschutzgas	195
Zündtemperatur	67, 89
Zweifelsfälle	25, 51, 79

BARTEC entwickelt, produziert und vertreibt weltweit Produkte mit hohem Sicherheitsstandard. Elektrotechnik, Elektrofeinmechanik und Elektronik bilden die Basis unserer Arbeit.

BARTEC schafft sichere Lösungen in der Chemie, Petrochemie, im Maschinen- und Apparatebau sowie im Umweltschutz.

BARTEC GmbH
Max-Eyth-Straße 16
97980 Bad Mergentheim
Tel.: (0 79 31) 597-0
Fax: (0 79 31) 597-119
info@bartec.de
http://www.bartec.de

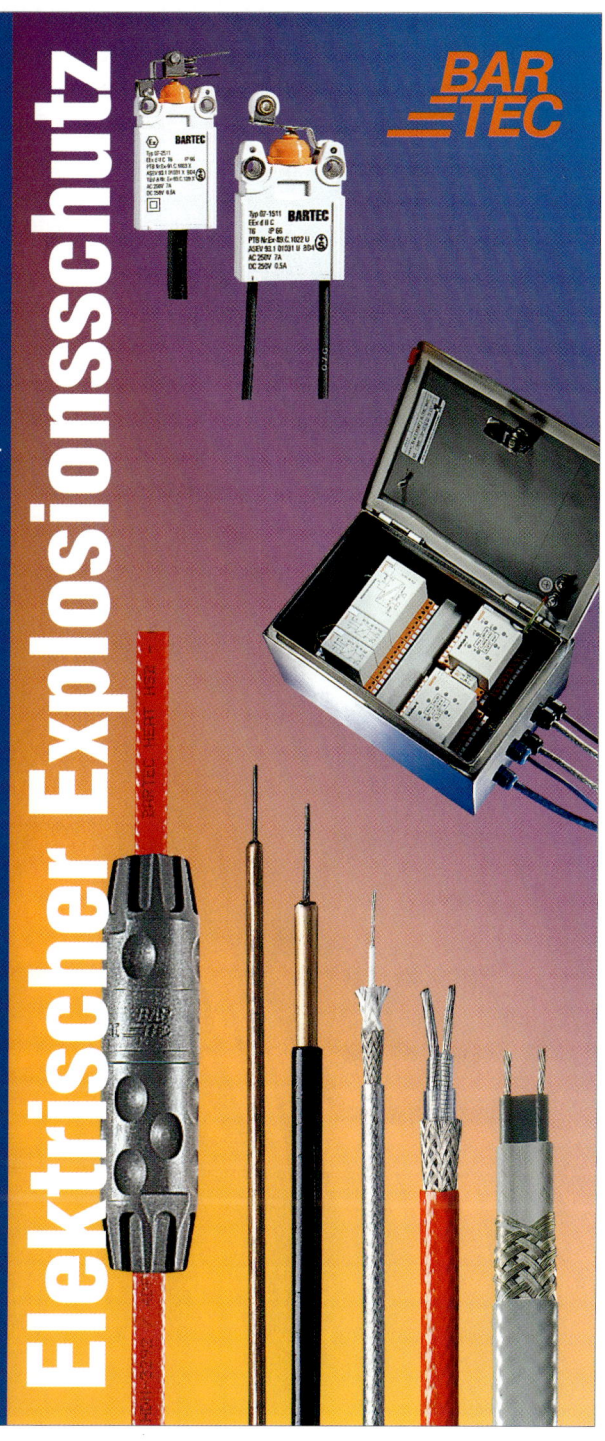

Elektrischer Explosionsschutz

⟨Ex⟩-Leuchten
für Ihre Sicherheit

Telefon Weimar
5 97 06 / 5 97 07
Fax 5 34 49
Steinbrückenweg 7 · 99425 Weimar

**SCHULZ & HEINISCH
EX-LEUCHTEN GmbH
WEIMAR**

MENNEKES®

Steckvorrichtungen für explosionsgefährdete Bereiche

Zone 2
Zone 11

MENNEKES Elektrotechnik GmbH & Co. KG
Postfach 13 64 · D-57343 Lennestadt · Telefon (0 27 23) 41-1
e-Mail: Info@mennekes.de
Internet: http://www.mennekes.de

ELEKTROPRAKTIKER *BIBLIOTHEK*

Eberhard Pusch
Elektrische Heizleitungen
Bauarten, Einsatz, Verarbeitung
176 Seiten, 80 Bilder, 30 Tafeln
Bestell-Nr.: 3-341-01169-2
DM 39,80
Faxabruf: 030/428 465 01118

Fehler bei der Planung und Ausführung von Heizleitungen können enorme Auswirkungen auf die Entstehungs- und Betriebskosten eines Gebäudes haben. Der Autor faßt für Sie sein über Jahrzehnte gewachsenes Praxiswissen kompetent, überschaubar und praxisnah zusammen:

- Beschreibung der verschiedenen Arten von Heizleitungen
- technische Ausführungen und moderne Anwendungen
- Verarbeitung, Montage und Anschluß
- besondere Einsatzmöglichkeiten
- Dimensionierung und Projektierung
- Fehlervermeidung
- Fehlerortung und- Fehlerbehebung u.v.m.

Friedemann Schmidt
Brandschutz in der Elektroinstallation
160 Seiten, 39 Bilder, 21 Tafeln
Bestell-Nr.: 3-341-01185-4
DM 39,80
Faxabruf: 030/428 465 01110

Sie erhalten eine praxisorientierte Zusammenstellung des aus brandschutztechnischer Sicht relevanten Wissens:

- Begriffe, Normen und Richtlinien des Brandschutzes
- Anforderungen des Brandschutzes in besonderen Räumen und Anlagen
- Gestaltung der Installation in Rettungswegen unter Berücksichtigung des Funktionserhalts
- Maßnahmen des Funktionserhaltes bei Anlagen für Sicherheitszwecke
- Ausführungen zu Sonderbauteilen
- Checkliste zur Beurteilung der brandschutzgerechten Ausführung elektrischer Anlagen u.v.m.

Weitere Informationen zu den Büchern erhalten Sie über Fax-Abruf unter den angegebenen Nummern.

Verlag Technik · 10400 Berlin

Tel: 030/421 51 462
Fax: 030/421 51 468